化学工业出版社“十四五”普通高等教育规划教材

BIM技术与应用

BIM JISHU
YU YINGYONG

李 楠 郗亚军 主编

化学工业出版社

·北京·

内 容 简 介

《BIM技术与应用》共10章内容，包括：BIM概述，BIM技术的软硬件，BIM技术标准与规范，BIM在建筑、结构、机电专业中的应用，BIM在各参与主体中的应用，BIM在项目全过程中的协同与应用，同时还包括BIM技术与装配式建筑、BIM与GIS技术、BIM与人工智能、BIM工程应用。每章后配有思考题、在线习题供读者自测使用。

本书适合土木建筑、智能建造、工程管理等相关专业的在校学生作为教材使用，也适用于从事工程设计、施工、造价、咨询等领域的专业人士，以及对BIM技术感兴趣的自学者。

图书在版编目（CIP）数据

BIM技术与应用 / 李楠，郗亚军主编. -- 北京 ：化学工业出版社，2026. 1. --（化学工业出版社“十四五”普通高等教育规划教材）. -- ISBN 978-7-122-49330-9

Ⅰ. TU201.4

中国国家版本馆CIP数据核字第20257GY798号

责任编辑：刘丽菲　　文字编辑：尉迟梦迪

责任校对：李雨晴　　装帧设计：刘丽华

出版发行：化学工业出版社

（北京市东城区青年湖南街13号　邮政编码100011）

印　　装：大厂回族自治县聚鑫印刷有限责任公司

787mm×1092mm　1/16　印张12¼　字数314千字

2026年1月北京第1版第1次印刷

购书咨询：010-64518888　　售后服务：010-64518899

网　　址：http://www.cip.com.cn

凡购买本书，如有缺损质量问题，本社销售中心负责调换。

定　　价：42.00元

前言

随着信息技术的飞速发展，建筑行业正经历着前所未有的变革。在这一变革浪潮中，建筑信息模型（building information modeling，BIM）技术以其独特的优势，逐渐成为推动建筑业转型升级的关键力量。 BIM 技术不仅改变了传统建筑设计的思维方式，还深刻影响了工程项目的全生命周期管理，从设计、施工到运维，每一个环节都因 BIM 技术的引入而焕发出新的活力。

在此背景下，我们编写了这本《BIM 技术与应用》，旨在为读者提供一个全面、系统、实用的 BIM 技术学习平台。在内容编排上，我们力求做到理论与实践相结合，既深入剖析 BIM 技术的核心概念、原理和软件操作，又通过丰富的案例分析和项目实践，帮助读者掌握 BIM 技术在工程项目中的实际应用技巧。

本书涵盖了 BIM 技术概述、BIM 软硬件工具、BIM 标准与规范、BIM 在工程建设各专业的应用、BIM 在各主体方面的应用以及 BIM 在项目全生命周期中的应用，展示了 BIM 技术在不同场景下的具体应用效果，以增强读者的实践能力和问题解决能力。本书也对 BIM 与 GIS 技术、人工智能、软件操作与应用等方面进行了深入的介绍。在人工智能的背景下，希望本书使读者能够全面掌握 BIM 技术与应用。

本书在编写过程中，特别注重教材的时效性和实用性，力求反映 BIM 技术的最新发展动态和行业应用趋势。同时，建议读者在学习过程中积极参与实践，将理论知识与实际操作紧密结合，不断提升自己的 BIM 技术应用水平。本书为新形态教材，每章后有思考题、在线习题供读者自测使用，可扫二维码获取。

本书由李楠、郗亚军主编，战玉宝、吴新华、韩一鸣、李贺、沙淑婷、李涵、黄兴正、张文硕、张广玺、任涛、牟鑫浩、刘帅杰、高孟进、张震、欧阳梦茹等参与了本书部分章节内容和习题的编写工作。

最后，衷心感谢所有为本书编写提供支持和帮助的专家、学者、同行。希望这本《BIM 技术与应用》能够成为读者学习 BIM 技术的得力助手，助力读者在建筑业的数字化转型之路上取得更大的成功！

编　者

二〇二五年八月

目录

第1章 BIM概述

1.1 BIM技术的概念与发展历程

建筑信息模型（building information modeling，BIM）技术是基于三维建筑模型的信息集成和管理技术，其中信息是BIM的核心，基于BIM的数据及信息的封装与解析是相关应用的源头，以BIM数据为核心的业务管理体系可以对接物联网、大数据、运营维护开发等数据库的相关应用领域。BIM技术的应用可以使建设项目的所有参与方（包括政府主管部门、业主、设计、施工、监理、造价、运维管理、项目用户等）在项目从概念产生到完全拆除的整个生命周期内都能够在模型中操作信息和在信息中操作模型（图1-1），从而从根本上改变从业人员依靠符号、文字、图纸进行项目建设和运维管理的工作方式，实现在建设项目全生命周期内提高工作效率和质量以及减少错误和风险的目标。

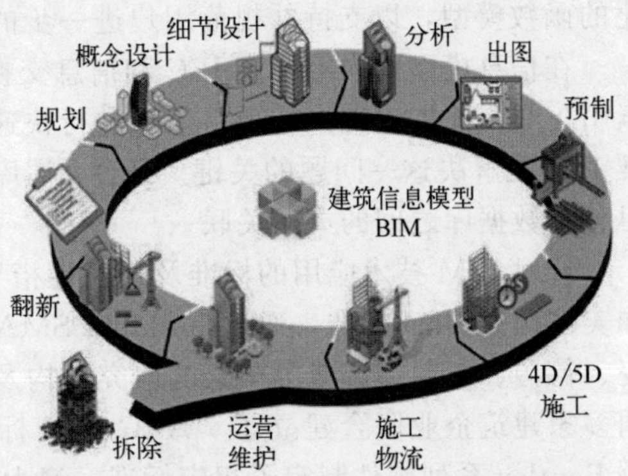

图1-1 建筑信息模型全过程管理示意图

1.1.1 BIM概念的提出

1975年，“BIM之父”——佐治亚理工大学的查尔斯·伊斯曼（Chuck Eastman）教授提出了BIM理念。至今，BIM技术的研究经历了三大阶段：萌芽阶段、产生阶段和发展阶段。BIM理念的启蒙，受到了1973年全球石油危机的影响，美国全行业需要考虑提高行业效益的问题。1975年，查尔斯·伊斯曼教授在其研究的课题“Building Description System”中提出“A computer-based description of a building”，该方法可以帮助实现建筑工程的可视化和量化分析，提高工程建设效率。

1.1.2 BIM技术在国外的发展

在国外，BIM技术的应用已经进入了较为成熟的阶段。在政府、行业和企业的推动下，欧美发达国家的BIM技术发展迅速。据统计，近年来北美市场中BIM技术涉足的项目达71%，在中大型项目中的应用更高达90%。BIM技术应用由设计方逐步扩大到施工承包方和业主方，而且承包商的BIM技术采用率已超过70%。

当前国际上已公布的BIM技术标准主要分为两类：第一类是由行业协会或机构提出的推荐性标准；第二类为BIM软件的应用和使用指导性标准。两者都只具备推荐性而无强制性。由于现有BIM标准体系的复杂性及分散性，同时各个应用场景存在差异，从业人员只能选择最适合的标准参照执行。

在 BIM 基础推荐性标准方面，数据模型标准（industry foundation classes，IFC）是目前最为通用且被广泛认可的标准之一。IFC 是为了描述建筑及建设行业的数据，促成建设项目中不同专业以及同一专业不同软件可以共享同一数据源，从而达到数据的共享及交互而设立的标准。

IFC 目前已经能够对建筑及其构件对象的分类、几何形状及尺寸参数、关联对象边界条件、定位数据、材料属性、生产时间以及造价等信息提供数据标准，甚至为对象的实施行为、组织关系或实施过程等信息描述提供数据标准。而如果在不同专业软件之间对这些含大量数据的对象进行信息交换、传递，必然需要一个规则，能够提取所需信息并进行传递。对数据处理这一流程的规范，则需要信息交换标准（information delivery manual，IDM），它主要包括参考流程、流程图及交换需求三个主要因素。它能够对项目中的特定对象提供一个参照点，进而捕获并逐步整合项目对象的业务流程，提供其详细信息，还能够提供一套模块化的函数模型，以支持并规范用户进一步的信息交换需求。

在信息模型的内容标准 IFC 和信息交换标准 IDM 的基础上，还需要一个迅速且高效的索引工具，才能对庞大的项目信息进行快速的识别及“寻址”。目前行业开发的数据字典标准 IFD 是解决这一问题的关键。IFD“词库”能为基于 IFC 的 BIM 模型建立建筑和建设项目各个数据库之间的灵活关联。

针对 BIM 技术应用的标准及规范性指导方面，许多发达国家也建立了自己的应用标准。如美国国家 BIM 标准，通过 building SMART 联盟进行推广及研究具体应用。在欧洲，丹麦、德国、芬兰、挪威等国家的研究机构及标准化组织也先后发布了本国的 BIM 标准。英国多家建筑企业联合建立了“AEC-BIM 标准”项目委员会，并依据典型的软件平台 Revit 及 Bentley 系列软件制定了相应标准。澳大利亚发布了《国家数字模拟指南》作为其建筑行业的 BIM 标准。

在亚洲，新加坡建筑管理署发布了《新加坡 BIM 发展路线规划》，该规划旨在促进整个建筑业广泛使用 BIM 技术，并制定了相关策略。日本建筑学会发布的《BIM 指南》，从 BIM 团队组建、数据信息处理、设计流程、预算应用、项目仿真等方面为相关设计和施工企业的 BIM 应用提供了指导。韩国公共采购服务中心发布了 BIM 路线图，制定了韩国在公共工程中应用 BIM 技术的目标；发布了《建筑领域 BIM 应用指南》，为开发商、建筑师和工程师提供必要的技术方法及要素指导。

1.1.3 BIM 技术在国内发展现状

近年来，我国政府将 BIM 技术视为建筑业数字化转型的核心驱动力，通过政策引导推动其发展。住房和城乡建设部发布了《关于推进建筑信息模型应用的指导意见》，明确 BIM 技术在工程设计、施工和运维全生命周期的应用目标，在《“十四五”建筑业发展规划》中提出“加快推进建筑信息模型（BIM）技术在工程全寿命期的集成应用，健全数据交互和安全标准，强化设计、生产、施工各环节数字化协同，推动工程建设全过程数字化成果交付和应用”“完善 BIM 报建审批标准，建立 BIM 辅助审查审批的信息系统，推进 BIM 与城市信息模型（CIM）平台融通联动，提高信息化监管能力”。地方政府积极响应，北京、上海、深圳等地已出台 BIM 应用强制政策，政策支持为 BIM 技术提供了制度保障，但区域性发展不均衡、标准体系待完善等问题仍需解决。国内高校和科研机构在 BIM 基础理论与技术创新中发挥了重要作用，高校通过校企合作培养 BIM 人才，围绕模型轻量化、多专业协同、AI 集成等方向开展研究。在行业应用方面，建筑、交通、能源等领域已广泛采用 BIM 技术，BIM 技术从试点走向规模化。在各行业组织的推动下，BIM 在各行业的应用整体处于

“点状突破”向“全面渗透”过渡阶段。国内BIM软件生态初具规模，企业推出自主BIM平台，覆盖建模、算量、运维等环节，但国产软件在复杂工程应用、算法精度等方面仍有较大发展空间。现阶段我国BIM技术发展呈现“政策驱动为主、应用场景拓宽、技术瓶颈待解”的特征。具体体现在以下几个方面：

1.1.3.1　政策层面

(1) 国家层面BIM相关政策发展历程

基于全球BIM技术的迅速发展，2015年6月，住房和城乡建设部发布了《关于推进建筑信息模型应用的指导意见》。该文件提出了推进建筑信息模型应用的指导思想与基本原则，同时明确提出推进BIM应用的发展目标。

2016年8月，住房和城乡建设部发布了《2016—2020年建筑业信息化发展纲要》，该文件指出，“十三五”时期，全面提高建筑业信息化水平，着力增强BIM、大数据、智能化、移动通讯、云计算、物联网等信息技术集成应用能力，建筑业数字化、网络化、智能化取得突破性进展，初步建成一体化行业监管和服务平台，数据资源利用水平和信息服务能力明显提升，形成一批具有较强信息技术创新能力和信息化应用达到国际先进水平的建筑企业及具有关键自主知识产权的建筑业信息技术企业。

2017年2月，国务院办公厅印发《关于促进建筑业持续健康发展的意见》，该文件要求加快推进建筑信息模型（BIM）技术在规划、勘察、设计、施工和运营维护全过程的集成应用，实现工程建设项目全生命周期数据共享和信息化管理，为项目方案优化和科学决策提供依据，促进建筑业提质增效。

2018年5月，住房和城乡建设部发布《城市轨道交通工程BIM应用指南》，首次明确城市轨道交通工程需建立全生命周期BIM技术标准与管理体系，并开展示范应用，国家通过制定标准与行业规范推动BIM技术在重点领域的落地。同时，《建设项目工程总承包管理规范》（GB/T 50358—2017）自2018年开始实施，规范提出，采用BIM技术的，招标文件中应当有明确要求，建设单位对承诺采用BIM技术或装配式技术的投标人应当适当设置加分条件。交通运输部也发布了《关于推进公路水运工程BIM技术应用的指导意见》，将BIM技术应用扩展至交通基础设施领域。

2020年7月，住房和城乡建设部等部门联合发布《关于推动智能建造与建筑工业化协同发展的指导意见》，提出推进数字化设计体系建设，明确应用自主可控的BIM技术，构建数字设计基础平台。国家将BIM技术纳入智能建造与绿色发展战略。国务院办公厅发布的《关于促进建筑业持续健康发展的意见》强调加快BIM技术在全生命周期的集成应用，实现数据共享与信息化管理。同时，《城乡建设领域碳达峰实施方案》提到将BIM技术与城市信息模型（CIM）平台结合，推动建筑行业绿色低碳转型。

2021年9月，住房和城乡建设部发布《建筑信息模型存储标准》（GB/T 51447—2021），至此国家BIM六大核心标准全部出台。国家层面政策聚焦BIM技术自主可控与应用普及。九部门联合印发《关于加快新型建筑工业化发展的若干意见》，要求试点推进BIM报建审批和施工图BIM审图模式，加强与CIM平台融通联动，同时《“十四五”建筑业发展规划》明确提出研发自主可控的BIM图形平台与建模软件，完善标准体系，并引导企业建立BIM云服务平台。

2021年10月，住房和城乡建设部发布《建筑信息模型存储标准》，标志着国家层面BIM六大核心标准（应用统一标准、施工应用标准、分类和编码标准、设计交付标准、设计制图标准、存储标准）进入收官阶段，国家进一步完善BIM标准体系，强化应用落地。此外，《住房和城乡建设部工程质量安全监管司工作要点》提出支持BIM软件研发，推动信息技术与工程质量安全管理深度融合。《关于推进全过程工程咨询服务发展的指导意见》则要求在工程咨询中全面应用 BIM 技术，提升信息化管理水平。

2022 年 3 月，住房和城乡建设部发布《“十四五”住房和城乡建设科技发展规划》，提出研究 BIM 与新一代信息技术融合应用，研发自主可控的 BIM 软件。政策进一步强调 BIM 技术在全生命周期的一体化应用，并推动区域协同。

2023 年 2 月，住房和城乡建设部等部门发布《“十四五”城镇化与城市发展科技创新专项规划》，提出建立自主知识产权的 BIM 三维图形平台及软件生态。国家通过标准修订与智能审查推动 BIM 技术的规范化应用。此外，住房和城乡建设部开展城市基础设施安全运行监测试点，要求运用 BIM 技术提升监测预警能力。

2024 年起，多地启动 BIM 技术强制应用。2025 年，香港、上海等地进一步强化 BIM 法律约束力与试点应用：香港自 4 月 1 日起要求政府工程项目 BIM 模型具备法律约束力；上海启动 BIM 模型招标试点，目标是五年内将 BIM 打造成基础性数字化工具。住房和城乡建设部发布《2025 年工程建设规范标准编制及相关工作计划》，将 7 项 BIM 核心标准纳入修编，重点优化模型互操作性与全生命周期覆盖。

（2）国内部分省市近年来 BIM 最新政策

① 北京市。2023 年，北京市住房和城乡建设委员会发布《北京市智能建造试点城市工作方案》，明确推动 BIM 技术在规划审批、施工图审查、竣工验收等环节的全流程应用，要求政府投资项目采用自主可控的 BIM 软件，并将 BIM 模型纳入智慧城市数据底座。2025 年 2 月，北京市科学技术委员会等部门联合发布《北京市科技支撑建筑领域创新发展行动计划（2025—2027 年）》，提出研发自主可控的 BIM 软件，推动 BIM 与人工智能、物联网融合应用。

② 上海市。2023 年，上海市住房和城乡建设管理委员会联合市发展改革委、市经济信息化委、市规划资源局发布《上海市全面推进建筑信息模型技术深化应用的实施意见》。自 2024 年 2 月起试行 BIM 智能辅助审查，覆盖建筑、结构、机电等专业，要求“一江一河”等重点区域建立基于 BIM 的城市区域模型。2025 年，《上海市 BIM 模型招标试点方案》启动 BIM 模型招标试点，目标是五年内将 BIM 打造成基础性数字化工具，支持国际数字之都建设。

③ 山东省。2022 年，山东省人民政府发布《山东半岛城市群发展规划》，提出综合运用 BIM 与 CIM 技术，构建智慧城市运行数据底图，到 2025 年实现城市建筑和基础设施信息“一张图”全覆盖。

④ 广东省。2022 年，广东省住房和城乡建设厅发布《关于推动智能建造与建筑工业化协同发展的实施意见》，要求大中型政府投资工程、装配式建筑全面应用 BIM 技术，鼓励研发自主可控的 BIM 软件，并将 BIM 审查纳入施工图智能辅助审批体系。

⑤ 湖南省。2023 年，湖南省住房和城乡建设厅发布《湖南省智能建造试点工作方案》，要求政府投资项目在设计、施工阶段应用 BIM 技术，建立省级 BIM 技术服务平台。

⑥ 安徽省。2024 年 12 月，安徽省住房和城乡建设厅等部门发布《关于推进建筑信息模型技术应用的实施意见》，政策要点是自 2025 年 2 月起，新立项政府投资的大型公共建筑、大于 1 万平方米的地下车库、三星级绿色建筑、装配式建筑、综合管廊的设计、施工全部应用 BIM 技术，计划于 2027 年覆盖全省规模以上工程，并建立 BIM 技术服务费计价标准。

⑦ 江苏省。2023 年 2 月 15 日，南京市市场监督管理局发布《建筑工程施工图信息模型智能审查规范》（DB3201/T 1143—2023），实现设计交付与审核的全流程管控，明确 BIM 模型交付深度与数据格式。

⑧ 湖北省。2023 年 4 月 12 日湖北省住房和城乡建设厅发布《关于全省施工图 BIM 审查功能上线试运行的通知》，自 2023 年 4 月起，全省房屋建筑和市政工程在施工图审查环节同步提交 BIM 模型，重要项目需采用正向 BIM 设计。2023 年 5 月，《湖北省智能建造试点工作方案》提出建立 BIM 技术全流程应用法规体系，培育 63 家智能建造产业协作联盟企业。

⑨ 四川省。2025 年 3 月，四川省住房和城乡建设厅发布《2025 年全省推进智能建造与装配式建筑发展工作要点》，提出要大力推广 BIM 技术。督促指导设计、施工企业创新应用 BIM 信息技术，增强 BIM 技术在设计方案、施工图深化设计和审查、成本分析、进度控制、施工管理、构件生产、建筑运维等全过程应用能力，提高 BIM 信息模型技术在建造全过程应用范围和深度，实现"一模到底"及竣工图 BIM 信息模型交付。

⑩ 天津市。2023 年 3 月，天津市住房和城乡建设委员会发布《天津市智能建造试点城市实施方案》，要求政府投资项目在设计、施工、运维阶段全面应用 BIM 技术，建立基于 BIM 的审图系统。2024 年《天津市智慧工地建设技术标准》规范 BIM 技术在智慧工地中的应用，明确模型交付标准与数据接口要求。

⑪ 福建省。2024 年 9 月，福建省住房和城乡建设厅发布《关于开展房屋建筑工程施工图 BIM 审查试点工作的通知》，在全省推行施工图 BIM 审查试点，具有建筑工程甲级及以上设计资质的企业，应积极发挥试点示范引领作用，可选取一批本单位承接的房屋建筑工程试行开展 BIM 正向协同设计，申报施工图 BIM 审查。同年颁布《福建省建筑信息模型交付标准》，细化 BIM 模型的交付深度与数据格式，明确审查流程与责任分工。

⑫ 重庆市。2023 年 7 月，重庆市人民政府办公厅发布《重庆市智能建造试点城市建设实施方案》，提出到 2025 年，培育 5 家以上智能建造示范企业，推动 BIM 技术在水利工程、轨道交通等领域的全生命周期应用。

⑬ 河南省。2021 年 5 月，河南省住房和城乡建设厅发布《河南省房屋建筑和市政基础设施工程信息模型（BIM）技术服务计费参考依据》，明确 BIM 技术服务费在工程建设其他费用中单独列支，规范计费标准与模型交付要求。

⑭ 河北省。2022 年 12 月，河北省住房和城乡建设厅发布《河北省装配式建筑评价标准》[DB13（J）/T 8321—2022]，将 BIM 技术纳入装配率加分项，鼓励社会投资项目采用 BIM 技术。

⑮ 辽宁省。2023 年 4 月，辽宁省住房和城乡建设厅发布《辽宁省智能建造项目全生命周期应用导则（试行）》，要求装配式建筑项目采用 BIM 正向设计，将 BIM 应用纳入工程总承包评标要素。

⑯ 陕西省。2021 年 2 月，陕西省住房和城乡建设厅印发《关于推动智能建造与新型建筑工业化协同发展的实施意见》，提出提升集成设计能力，推广 BIM 技术在新型建筑工业化中的应用，提升综合设计能力。

⑰ 浙江省。2025 年 7 月，浙江省人民政府办公厅出台的《关于加快推进建筑业高质量发展的若干意见》中提到，深化数字融合应用。推进建筑信息模型（BIM）技术全过程集成应用和 BIM 建模交付标准建设，开展 BIM 辅助报建审批和施工图 BIM 审查试点，探索 BIM 数据模型与城市信息模型（CIM）平台对接工作。积极推进建筑业领域人工智能应用，加强 AI 技术与建筑应用场景融合。

⑱ 广西壮族自治区。2022 年 7 月，广西壮族自治区住房和城乡建设厅编制了《广西建筑业高质量发展"十四五"规划》，提出要依托 BIM 项目管理平台和 BIM 数据中心，实现数据在勘察、设计、生产、施工、交易、验收等环节的有效传递和实时共享。

⑲ 云南省。2022 年 4 月，云南省住房和城乡建设厅印发《云南省促进建筑业高质量发展若干措施的通知》，提到要加强建设工程领域 BIM 技术运用，加强信息化管理、智能化应用，推动建造方式创新。

⑳ 江西省。2023 年 9 月，江西省住房和城乡建设厅发布《江西省加快推进智能建造发展工作方案》，提出推进全过程数字化应用，加快推进 BIM 技术在规划审批、施工图设计与审查、生产施工、关键工序模拟、竣工验收、工程运维等全生命周期的集成应用。

1.1.3.2 科研机构和高等院校的研究进展

建筑信息模型作为建筑行业数字化转型的核心技术，近年来在科研机构与高等院校中引发了广泛的研究与实践热潮。其通过三维建模、数据协同和全生命周期管理，显著提升了建筑项目的效率与质量，同时推动了跨学科融合与技术创新。

美国 Autodesk 公司推出"长城计划"合作项目，与清华大学、同济大学、华南理工大学、哈尔滨工业大学四所在国内建筑业有重要地位的大学合作组建联合实验室。国内科研机构如中国建筑科学研究院等，致力于 BIM 技术本土化研发，提出符合中国规范的建模标准与数据交换协议，开发了适用于复杂工程的多专业协同平台。华东建筑设计研究院与科技企业合作，探索 BIM 与人工智能（AI）、物联网（IoT）的深度融合，开发了基于深度学习的自动化建模工具，显著提升了大型项目的参数化设计效率。

在 BIM 应用人才培养方面，华中科技大学在国内首先开设了 BIM 工程硕士班。随后，重庆大学、广州大学、武汉大学也相继开设了 BIM 工程硕士班。部分国内高校已将 BIM 课程纳入土木工程、建筑学等专业的必修课，采用"基础建模-专业深化-综合实践"的三级培养模式，并引入虚拟现实（VR）技术增强教学沉浸感。高校加大了对建筑数字技术课程的改革力度，部分高校相关专业在毕业设计或毕业论文中加入了 BIM 的应用。

1.1.3.3 建筑施工行业应用进展

建筑信息模型作为建筑行业数字化转型的核心技术，近年来在建筑施工领域的应用不断深化。

根据权威机构的预测，全球 BIM 市场规模将从 2019 年的 70 亿美元增长至 2025 年的 163 亿美元，复合年增长率达 15%。这一增长背后，既是技术融合（如 AI、物联网、云计算）的推动，也是政策支持与行业需求的共同作用。

（1）BIM 技术应用的核心场景与创新实践

① 设计与施工协同优化。在碰撞检测与管线综合方面，BIM 技术通过三维建模实现多专业协同设计，显著减少施工阶段的碰撞问题。在 4D/5D 施工模拟方面，结合时间（4D）与成本（5D）维度，BIM 技术可动态模拟施工进度与资源分配。在参数化设计与生成式算法方面，人工智能与 BIM 的结合支持自动化生成施工逻辑与风险预测。

② 施工过程精细化管理。实时监控与资源配置方面，BIM 与物联网融合，通过传感器实时采集工地数据（如材料库存、设备状态），动态调整施工计划。在装配式建筑与模块化施工方面，BIM 技术可实现预制构件的精准设计与生产。在施工安全与质量管理方面，基于 BIM 的虚拟现实（VR）技术可模拟高风险作业场景，辅助工人培训与应急预案制定，降低事故率。

③ 运维阶段的全生命周期延伸。在智慧运维与设施管理方面，BIM 模型与运维系统（如 CMMS）集成，支持建筑设备状态监测与故障预警。在数据驱动的维护决策方面，结合大数据分析，BIM 可预测建筑构件的老化周期，优化维护计划。

（2）BIM 发展的技术融合与生态重构

① AI 与生成式设计的深度渗透。在自动化建模与纠错方面，基于深度学习的工具可自

动生成 BIM 模型并识别设计冲突。在智能风险预测方面，AI 通过分析施工日志与气象数据，预测工期延误概率并生成应对策略，提升项目管理韧性。

② 云计算与跨平台协同。在云端协作与数据共享方面，基于 WebGL 的轻量化 BIM 平台支持多团队异地协同设计。在大数据驱动的决策优化方面，云计算平台整合海量工程数据，辅助企业制订资源采购与供应链策略。

③ 数字孪生与智慧城市融合。在城市级 BIM-GIS 集成方面，将 BIM 与地理信息系统（GIS）结合，构建城市地下管廊三维管控平台，实现市政设施的可视化监控与应急响应。在元宇宙与虚拟仿真方面，BIM 模型与元宇宙技术结合，支持建筑全生命周期的虚拟运维。

BIM 技术在建筑施工行业的应用已从单一建模工具演变为覆盖建筑全生命周期的数字化管理平台。尽管面临标准碎片化、应用深度不足等挑战，但通过 AI 融合、政策驱动与生态重构，BIM 正推动建筑行业向智能化、可持续化转型。

1.1.3.4 技术联盟和技能比赛

目前，国内相关机构在软件商的赞助下也通过组织 BIM 设计大赛的形式推广 BIM。比较有影响的设计大赛主要有以下几类。

(1) 全国数字建筑创新应用大赛

这项赛事由中国建设教育协会主办、广联达科技股份有限公司协办，是面向全国的大型竞赛活动。大赛自 2008 年到 2024 年连续举办了十六届，共有来自全国 30 多个省、自治区、直辖市的千余所院校参赛，参赛师生总人数累计突破 24 万人。赛事连续两次入选中国高等教育学会高校竞赛评估与管理体系研究工作组发布的“全国普通高校大学生竞赛排行榜”。该项赛事以 BIM 在实际项目生命周期中各阶段的应用场景为基础，将行业新技术、新需求与传统教学更好地融合，全面培养大学生的创新思维能力，提高全国高校大学生对数字建筑的认知，增强其就业竞争力，围绕数字模型构建“平台＋工具＋数据＋模型”的新型模式，满足建筑行业对专业人才培养发展的新要求。

(2) 国际高校 BIM 毕业设计创新大赛

该赛事由中国土木工程学会建筑市场与招标投标研究分会、国家数字建筑行业产教融合共同体、广联达科技股份有限公司主办。自 2020 年起，“国际高校 BIM 毕业设计创新大赛”连续多年入选由中国高等教育学会发布的《全国普通高校学科竞赛排行榜》，是建筑类相关专业院校最为关注的全国性竞赛之一。为了在新形势下更好地发展新兴技术，加快建筑行业数字化人才培养，将行业新技术、新需求与传统教学更好地融合，全面培养大学生的创新能力和实践动手能力，大赛开设创新赛道，现场考查学生对专业理论知识、实操动手及项目实际问题的解决能力，以期培养出符合建筑行业需求的高技能人才。

(3) 工程建设行业 BIM 大赛

由中国施工企业管理协会主办的工程建设行业 BIM 大赛是全国性的 BIM 技术竞赛。该项赛事旨在推动 BIM 技术在工程建设全过程的集成应用，促进行业数字化水平提升和高质量发展。首届于 2020 年举办，此后大赛规模逐年扩大，第五届（2024 年）参赛成果达 3341 项，参赛类别涵盖建筑工程综合应用类、建筑工程专项应用类、交通工程类、水电能源类和市政公用类五大类。大赛通过专家评审与答辩环节选拔优秀成果，为行业搭建了技术创新与经验交流的平台。

(4)“龙图杯”全国 BIM 应用大赛

这项赛事由中国图学学会主办，自 2012 年开始，每年举办一届“龙图杯”全国 BIM 大赛和全国 BIM 高峰论坛，大赛累计参赛项目 1.6 万余个，参赛规模达 19 万人次，不断推动 BIM 技术在建筑行业的普及和深化应用，助力建筑业工业化、数字化和绿色化转型升级，已成为推动BIM技术在工程建设领域普及与创新的核心平台。该赛事聚焦全生命周期的BIM应用，涵盖建筑、基础设施、工业项目等领域，被誉为“BIM技术的奥林匹克”。大赛由中国科学技术协会、清华大学、北京航空航天大学等单位指导，评审标准严格，获奖项目需体现技术创新性、工程实用性及行业引领性。

(5)“优路杯”全国BIM技术大赛

“优路杯”全国BIM技术大赛是由工业和信息化部人才交流中心主办的建筑行业高起点、大规模、高规格赛事，旨在推进BIM技术应用，促进行业转型，已连续吸引众多企业、院校参与，促进了校企合作；挖掘了BIM人才，推动技术普及应用，为建筑产业转型、中国建造高质量发展提供助力，还能交流分享技术实践经验，探索发展新思路。

(6)“新基建杯”中国智能建造及BIM应用大赛

这是由中国建筑材料流通协会主办、全国总工会中国机械冶金建材工会全国委员会指导的权威赛事，自2021年首届启动以来，已连续举办四届，成为推动BIM技术与新基建深度融合的核心平台。大赛紧扣国家“新基建”战略，聚焦5G基站、数据中心、智慧城市、智能交通等领域，鼓励BIM技术与AI、数字孪生、物联网等新一代信息技术的集成应用。同时，赛事配套开展智能建造人才培训，累计培养专业人才超5万人次，成为行业数字化转型的人才储备库。

这些设计竞赛对BIM应用的推广起了积极的作用。

1.1.3.5 软件企业研究进展

随着对信息建模研究的不断深入，软件开发商也逐渐建立起名称各异的、信息化的建筑模型。最早应用BIM技术的Graphisoft公司，他们在1987年提出虚拟建筑的概念，并把这一概念应用在ArchiCAD3.0的开发中。虚拟建筑概念可运用在建筑工程的各个阶段：设计、出图、与客户的交流和建筑师之间的合作。随后，美国Bentley公司提出了一体化项目模型的概念，并在其后发布的专业软件中应用了这个新概念。

近年来，国内软件开发研究企业经历了从技术引进到自主创新的跨越式发展。随着政策推动和市场需求的双重驱动，国内企业逐步突破技术壁垒，构建本土化产品生态，并在国际竞争中占据一席之地。主要体现在：

(1) 技术研发领域从跟随到自主创新的突破

① 国产BIM软件的崛起与市场布局。国内软件开发企业通过技术引进与自主研发相结合，逐步打破国外软件垄断的局面。例如，广联达推出的聚焦施工阶段深化应用的软件，依托本土化优势占据25%的国内市场份额，提供从设计到运维的全流程解决方案。BIMBase平台是北京构力科技有限公司研发的，具有完全自主知识产权的国产BIM基础平台，已实现核心技术自主可控，实现图形处理、数据管理和协同工作。此外，鲁班软件开发的基于BIM的工程量计算与成本管理模块，在施工企业中得到广泛应用。国产软件在参数化建模、轻量化引擎等领域也取得进展，一些软件平台支持多专业协同设计，并通过开放的接口支持第三方插件开发，初步形成开发者社区生态。

② 核心技术的短板与攻关方向。尽管国产软件在细分领域取得突破，但关键技术对国外软件的依赖程度还较大。例如，几何引擎和图形渲染技术长期被国外企业垄断，导致国产软件在复杂曲面建模与实时渲染性能上存在差距。为应对这一问题，国内企业积极加大研发投入。在AI驱动的自动化建模方面，国内自主开发的AI审图工具，可自动识别设计冲突并生成优化建议，将建模效率提升40%；在轻量化与云协同方面，国产平台软件技术已能够实现BIM模型的云端轻量化展示，支持多终端实时协同。

③ 二次开发与行业定制化。针对国外平台功能深度不足的问题，国内企业通过二次开

发构建垂直领域解决方案，此类定制化开发不仅提升了软件适用性，还降低了中小企业技术应用的门槛。

(2) 应用实践方面——从单点工具到全流程协同

① 正向设计的技术引领。华东建筑设计研究院通过引入欧特克（Autodesk）解决方案，实现了BIM正向设计的规模化应用。一些大型项目，利用Revit完成多专业协同建模，并通过Navisworks进行施工模拟，设计变更率降低35%。实践表明，国内企业在复杂项目中的技术应用已接近国际水平。

② 施工阶段的深度整合。依托BIM技术，施工企业可以实现精细化管控。一些水电工程项目通过BIM技术优化施工方案，结合无人机与IoT设备实时监控进度，使工期缩短15%。此外，广联达的"BIM+智慧工地"平台整合了劳务管理、物料追踪等模块，形成数据驱动的施工管理闭环。

③ 运维管理的创新探索。国内企业逐步将BIM技术应用延伸至运维阶段。某智慧园区项目采用广联达数字运维平台，通过BIM模型与IoT设备联动，实现建筑能耗分析与设备故障预警，使运维成本降低18%。实践验证了BIM在全生命周期管理中的价值。

(3) 技术标准与协同网络方面的挑战

① 数据互操作性与标准碎片化。国内BIM生态面临的最大挑战是数据标准不统一。尽管《建筑信息模型应用统一标准》(GB/T 51212—2016) 已发布，但与国际IFC标准的兼容性不足，导致跨平台数据交换效率低下。

② 产学研协同机制的不足。高校与企业的技术合作尚未形成规模效应。尽管清华大学、同济大学等高校在BIM算法研究上取得成果，但技术转化率不足。相比之下，一些创新的合作模式值得借鉴，如软件企业提供应用场景，高校输出算法模型，共同开发定制化工具。

③ 开源社区与数据共享的尝试。为降低技术门槛，国内企业开始构建开源生态。例如，广联达推出"BIMFACE"开发者平台，提供API接口与模型库，支持第三方开发者快速构建轻量化应用。此类平台虽处于起步阶段，但有望推动行业技术共享与生态重构。

总体来看，国内BIM软件开发企业已从技术跟随迈向自主创新，在施工管理、二次开发等领域形成差异化优势。然而，核心技术依赖、数据孤岛及生态碎片化仍是主要挑战。未来，通过AI赋能、云平台重构及政策引导，国内企业有望突破技术瓶颈，构建开放协同的BIM生态，推动建筑行业向智能化、可持续化方向转型。在此进程中，产学研深度合作与标准化建设将成为关键驱动力。

1.2 BIM技术的特征

随着工程建设行业科学技术的创新发展，BIM已经在全球范围内得到业界的广泛认可。BIM技术以建筑工程项目中丰富的信息作为数据基础，以建造的虚拟三维模型作为实现载体，通过数据信息仿真技术模拟建筑物在真实世界中不同时间点或时间段的状态，可以在建筑物设计阶段进行可视化设计、分析模拟、碰撞检查，也可以在招标投标阶段进行工程量统计和清单编制，还可以在施工阶段进行虚拟建造、成本管控，最后将竣工的实际情况反映到模型中，实现建筑物交付后的虚拟化运营管理。BIM最大的价值在于信息的整合。BIM利用数字化技术建造一个建筑物的孪生模型，该模型是一个完整的与实际情况一致的建筑工程信息库，使用该模型的每个人都可以实时访问所需要的数据以便开展合作，帮助项目管理实现数字化、集成化和精细化发展。

BIM技术有以下五个区别于其他传统建筑管理工具的显著特点。

(1) 可视化

传统的建筑施工图纸一般都是平面视图，设计人员和施工人员需要想象构件的实际构造形态。BIM 技术带来了革命性的变革，它将线条式构件平面图纸转变为立体的三维模型，直观地展示在设计人员和施工人员眼前，如图 1-2 所示。虽然传统建筑行业中也有三维的设计效果图，但这些效果图仅限于展示构件的尺寸、位置和颜色等信息，缺乏不同构件间的交互性和反馈性，难以直观地表达构件个体的信息以及构件与构件之间的相互关系。BIM 技术实现了建筑项目全生命周期的可视化，设计方案、施工进度、资金支出等信息都可以在一个系统内展示，使各参与方都可以直观地观察建筑项目的整体过程和相关细节，这样一来大幅减少了沟通和时间成本，降低了表达难度，同时提高了项目管理水平和决策效率。

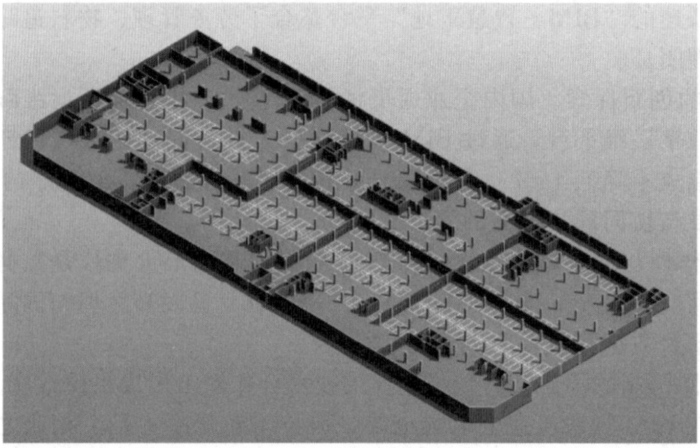

图 1-2　某地下室结构设计可视化

(2) 协调性

在工程管理过程中，协调工作占据着核心地位，无论是业主方、施工方还是设计团队，都必须有效协调和协作，才能保证项目执行的顺利与高效。然而在传统设计中，不同专业的设计工作往往是独立进行的，这就容易出现专业间构件的物理冲突，例如分属于暖通系统和结构系统的管道和梁，由于两个专业独立设计，可能会出现管道和梁交叉碰撞的情况，这种情况下的协调解决通常只能在施工阶段进行。应用 BIM 技术进行工程管理，可以在模型中发现图元或图元组之间的物理冲突，并给出可供参考的处理意见，从而降低施工过程中的设计变更和成本超限的风险，如图 1-3 所示。

(3) 模拟性

BIM 技术的模拟性并不是指只能模拟设计的建筑物模型，还可以模拟不能在真实世界中进行操作的状态。BIM 技术支持模型的动态更新和修改，可以模拟建筑物在整个生命周期中的各种变化，这种模拟性使得项目参与者能够实时查看和评估不同情况下建筑物的状态，如图 1-4 所示。在设计阶段，BIM 技术可以根据需要进行各类性能模拟实验，例如模拟建筑物的能耗、光照、声学、热舒适度等，帮助设计人员优化建筑物的各项性能；在招标投标和施工阶段可以进行四维（4D）模拟，即根据施工组织设计模拟实际的施工过程，帮助施工人员提前规划施工顺序、人材机分配和时间安排，从而优化施工方案；同时还可以进行五维（5D）模拟，优化成本控制；后期运营阶段可以模拟日常紧急情况的处理方式，如灾害逃生模拟。综上所述，BIM 技术的模拟性为建筑项目的设计、施工和运营维护提供了强大的工具，使得项目团队能在虚拟环境中对工程进行全面的规划、分析和优化。

(4) 优化性

事实上整个设计、施工、运维的过程就是一个不断优化的过程。优化受三样东西的制约：

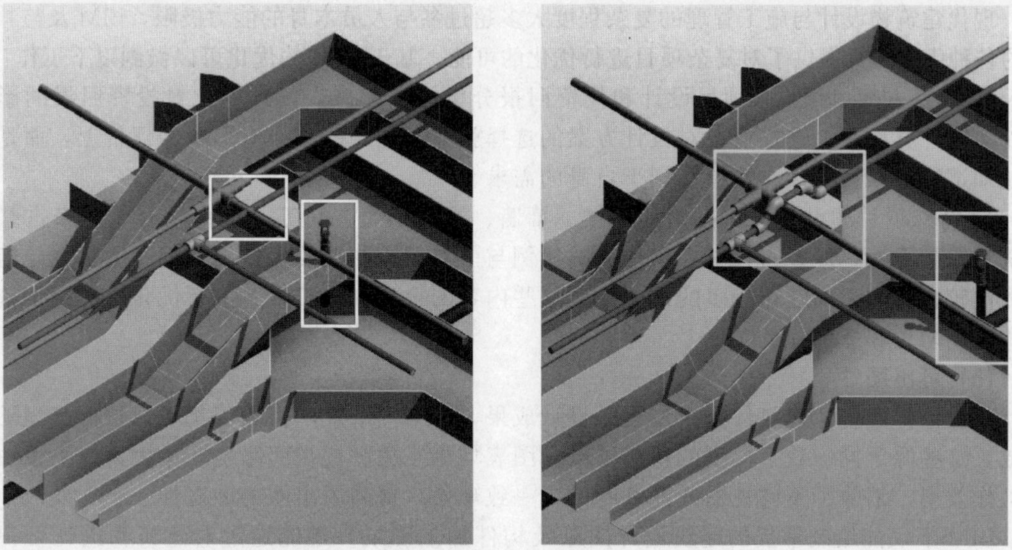

(a) BIM管线模型修改前　　(b) BIM管线模型修改后

图 1-3　BIM 碰撞检查与协调处理

(a) 光照模拟　　(b) 施工模拟

(c) 疏散模拟　　(d) 漫游模拟

图 1-4　BIM 技术的模拟性

信息、复杂程度和时间。BIM 模型不仅能完整提供建筑物当前状态下的实际信息（涵盖几何信息、物理信息及规则信息），还可动态反映建筑物发生变化后（如设计调整、施工改造、运维更新等）的真实状态与关联信息，实现对建筑物全生命周期实际情况的数字化映射。

现代建筑物设计与施工管理的复杂程度大多超过参与人员本身的能力极限，BIM 及与其配套的各种优化工具提供了对复杂项目进行优化的可能。基于 BIM 的优化可以做到以下工作：

① 项目方案优化：把项目设计和投资回报分析结合起来，设计变化对投资回报的影响可以实时计算出来，这样业主对设计方案的选择就不会主要停留在对形状的评价上，而是更多地知道哪种项目设计方案更有利于自身的需求。

② 特殊项目的设计优化：例如裙楼、幕墙、屋顶、大空间等，这些内容看起来占整个建筑的比例不大，但是占投资和工作量的比例与前者相比往往要大得多，而且通常也是施工难度比较大和施工问题比较多的地方，对这些内容的设计、施工方案进行优化，可以带来显著的工期缩短和造价降低。

(5) 可出图性

对设计师而言，建筑信息模型就是设计成果，二维图纸及门窗表等都可以根据模型随时生成，这些源于同一数字模型的所有图纸、图表均相互关联，在实际生产中大大提高了项目的工作效率，消除了不同视图或图纸间的不一致现象，提高了出图的准确性。

BIM 不仅能绘制常规的建筑设计图纸及构件加工图纸，还能通过对建筑物进行可视化展示、协调、模拟、优化，并出具管线综合图、三维深化图等相关 BIM 图纸，使设计表达更加详细准确，如图 1-5 所示。

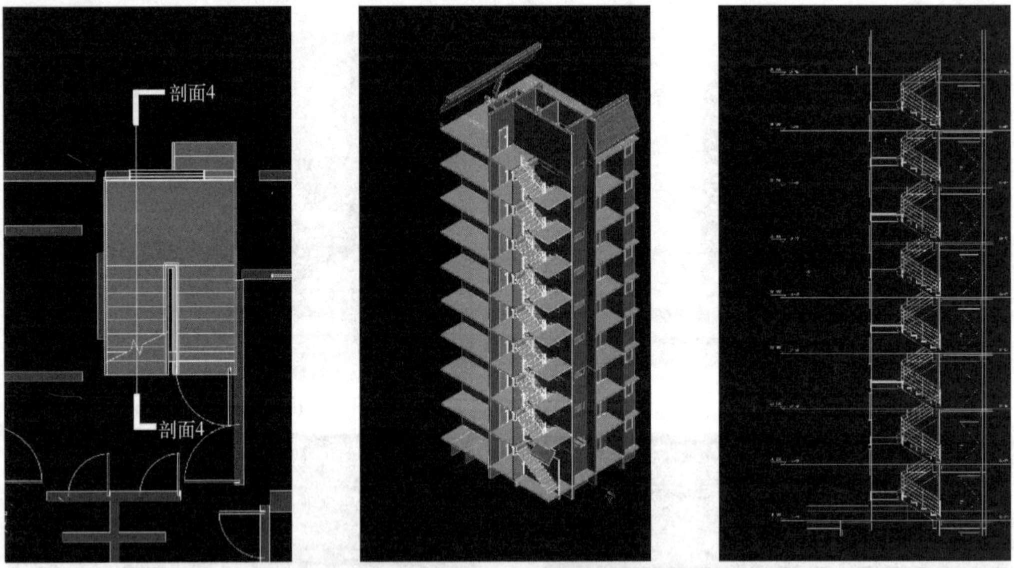

(a) 剖切位置　　(b) 三维剖切框　　(c) 剖面图

图 1-5　某楼梯间剖面图的绘制过程

正是 BIM 技术的这些显著特点，大大改变了传统建筑业的生产模式，使工程项目数据信息在规划、设计、施工和运营维护全过程中充分共享和无损传递，为各参与方的协同工作提供坚实的基础，并为建筑物从概念到拆除的全生命周期中各参与方的决策提供可靠依据。BIM 在中国要顺利发展，必须将 BIM 和国内的行业特色相结合，满足行业需求，这势必给工程建设行业带来一次巨大变革。

1.3 BIM 技术的优势

BIM 技术为众多商业行为提供了有力支持并创造了新的增值空间。尽管在 BIM 技术问世之前，建筑行业已取得了显著进步，但BIM技术的出现与发展，仍彰显出更为突出的优势，有力推动了行业变革，大幅提升了整体效能。

图1-6说明了BIM技术在建筑设计与施工流程中起到的作用，它在应对复杂、快速发展的项目的同时，在提高可持续性以及降低成本和后期的可持续性利用方面也逐渐起到很大的作用。

图1-6 BIM技术相关流程示意图

1.3.1 业主效益

(1) 概念设计和可行性研究环节

在业主雇用一名建筑师之前，必须事先考虑好建筑物的尺寸大小、质量水平、理想的成本预算和工程进度。如果这些问题可以得到相对明确的回答，业主的期望目标就可以达到。基于成本数据库建立的BIM建筑模型，对于业主来说有很大的参考价值。

(2) 更高的建筑性能和质量

创建一个模型取决于模型的详细程度，一个详细的建筑模型可以用来评估该方案是否符合建筑物的功能和可持续发展的要求。利用分析、模拟工具评估早期的设计变化能够提高建筑的整体质量。

(3) 利用集成项目交付提高项目的合作前景

当业主在项目中使用一体化综合交付（integrated project delivery，IPD）模式时，他们在设计阶段开始就可以利用BIM增加他们对项目需求的理解并为设计开发提供成本估计。这种方式避免了使用文件交流出现的延迟。

1.3.2 设计效益

(1) 早期的和更精确的可视化设计

三维模型是由BIM软件创建的，而不是多个二维视图的组合。它可以将可视化设计应用到任何阶段，并且在任何一个视图中得到一致的连续信息。

(2) 针对设计变更作出自动修正

如果设计中的建筑构件能够通过参数化的规则被控制，那么三维模型将会远离几何的、直线的以及空间上的协调错误。这将会减少使用者对于设计变更的管理。

(3) 在任意设计阶段生成准确的和一致的二维图纸文件

可以针对任何一组构件或项目的特定视图提取信息，创建准确和一致的设计图纸。这大大缩短了生成全部设计图纸的时间和降低了误差产生的概率，当需要修改设计时，只要修改好模型就可以迅速生成一致的图纸。

(4) 早期多个设计专业间的协作

BIM 技术促进了多个设计专业间的协作。相比较使用一个或多个三维模型来协调工作，图纸协调更困难、更耗时，在这方面三维模型能收到很好的管理效果。利用 BIM 技术缩短了设计时间并减少了设计误差和疏漏，这也为发现早期的设计问题提供了不断完善的机会，比起等到设计将近完成才能确定工程价值会更加有效。

(5) 针对设计意图一致性的简单验证

BIM 能够在设计早期提供三维可视化展示，并对空间的面积数量以及材料数量进行统计，使得成本预算更早、更准确。作为技术性建筑设计的意图，建筑模型通常可以用来验证这些要求。对于定性的要求，BIM 三维模型也支持自动评估。

(6) 设计阶段提取信息进行成本估算

在设计的任意阶段，BIM 技术都可以为成本估算提供一份精确的材料数量和房间面积的清单。在设计的早期，对成本估算影响比较重要的是一些工程数据，随着设计的推进，更多详细的数据逐步产生，这时我们可以拿这些数据进行更精确细致的成本估算。在设计后期，由于建筑模型中包含所有构件的数量信息，我们能够得到一份相对完整且准确的成本预算。因此，利用 BIM 可以做出更优的设计决策，而不用再依靠纸质文件作为传输媒介。

(7) 提高资源利用的有效性和可持续性

在早期设计阶段，评估建筑能耗需要将建筑模型和能耗分析工具关联起来。使用传统的三维工具是不切实际的，因为我们需要考虑时间的因素。利用建筑模型，可以在二维设计结束时就完成能耗分析，进而减少以后修改的可能，从而改善建筑的性能。这种能够将建筑模型连接到不同能耗分析软件的能力，给改善建筑性能提供了许多机会。

1.3.3 建设和生产效益

(1) 利用设计模型装配组件

如果要将设计模型转化为一种 BIM 制造工具或精细程度较高的制造模型，那么它必须包含一系列准确的构件信息以便用于组装和建造。由于建筑构件已被定义成三维形式，我们利用数控机械来实现自动化制造就会很方便。这些自动化的应用，如今在钢铁制造和板材加工中已实现标准化生产，同时在预制组件、门窗安装和玻璃制造方面也得到了成功应用。这种方法属于预制化制造，可以降低成本，缩短建造时间。这方面 BIM 也能够支持较大构件的工厂化制造，其准确性相比通常的二维图纸更高。

(2) 针对设计变更的快速修改

设计中的修改能直接在建筑模型中得到反映，模型中的构件也能自动更新，有些更新可以依据参数化的规则直接完成。借助辅助的交互系统也能够检查视图中的碰撞，修改的结果可以准确地反映在模型和所有的视图中。此外，设计的修改在 BIM 系统中能够得到快速解决，因为这些修改是可以分享的、直观的、可估计的，并且是快速的。这在传统的以文件作为沟通手段的程序中是很容易出错的。

(3) 在施工前期发现设计错误和遗漏

因为 BIM 模型来源于所有二维和三维的图纸，所以由于不一致的二维图纸产生的设计错误就可以被消除了。此外，建筑模型是多专业的集合，这样它们之间就可以相互参照，各专业间的交互既能发现内部的问题，也能查看表面的问题。在各专业领域发现问题前，这些冲突和可实施性问题就能够被检测出来。设计师和承包商之间的相互协调能够明显地降低错误发生的概率。这加快了施工的进程，降低了成本，最大限度地减少了潜在的法律纠纷，并且使整个项目的进程更加顺利。

(4) 协同设计和施工组织设计

利用“BIM+”技术进行施工组织设计，将施工进度计划和三维构件关联起来，可以在任意一个施工节点上模拟施工过程，查看建筑和场地中的情况。这个虚拟模型能对施工组织给出每天的安排，并呈现出潜在的问题和提出优化建议。这种分析从招标合同中是得不到的。如果建筑模型中能够包括临时设施，比如支撑、脚手架、吊车以及其他重要的设备，并将其与进度计划关联起来反映在施工组织计划中，就能够给项目管理团队带来额外效益。

(5) 高水平施工技术的应用

高水平的施工技术需要总承包方与所有分包商密切协调。因为BIM能够提供一个准确的建筑设计模型，针对施工的任何一个流程都可以提供一份材料需求计划表。这样它为改善分包商的进度安排提供了依据，并保证在正确的时间安排好合适的人员、设备、材料，从而强化了沟通协调，降低了施工成本。

1.3.4 建筑运维效益

(1) 设备信息移交方式的改进

在施工阶段，总承包公司收集安装材料的信息和建筑内系统的维修信息。这些信息可被链接到建筑模型，因此，可将BIM模型移交业主，供他们完善设施管理系统。在业主接手建筑之前，BIM模型也可被用来检查所有系统是否按设计条件运行。

(2) 良好的设施运营和管理

BIM建筑模型提供了建筑中所有系统的信息来源。先前用来决定机械设备、控制系统和其他采购产品的分析可提供给业主，当建筑投入使用时，它可作为验证设计决策的一种方法。这种分析可被用来检查建筑投入使用后所有系统工作的正确性。

(3) 设施运营和管理系统的整合

所有已更新的BIM建筑模型提供了建筑空间和系统准确的信息，同时也是建筑管理和运营的开始。建筑信息模型支持实时控制系统的监控和远程设施管理。

1.4 BIM技术的发展趋势

将BIM技术与其他数字化技术融合，可以对项目的方案进行模拟、分析、优化，以达到优化设计、保障工期、保障质量、降低成本的目的；运用BIM和云计算、大数据、物联网、移动互联网、人工智能等新技术手段结合，推进数字建筑的发展。

由于建筑业是资金密集型行业，具有投资大、周期长、安全要求高等特征，所以需要应用相对成熟的新技术。目前，主要是利用比较成熟的技术手段来进行产业升级，结合先进的精益建造理论方法，从建筑的全过程、全要素、全参与方几方面集成人员、流程、数据、技术和业务系统，从而构建项目、企业和产业的平台生态新系统。

数字建筑的应用基础包括BIM、云计算、大数据、物联网、移动互联网和智能应用等关键技术。以BIM技术为核心，辅以其他技术手段，可以有效支撑数字建筑的数字化。建筑企业的利润核心源于每个项目的精细化经营，而各项技术的最终落脚点，聚焦于保障每一个工程项目的成功交付。通过对项目方案进行前期模拟与深度分析，能够提前识别潜在风险与问题，进而针对性地优化方案设计或前置部署预防措施。这一系列动作的最终目标，在于实现设计与施工方案的优化升级、有效缩短建设工期、最大限度减少资源浪费，从而切实降低项目综合成本，为企业利润提升筑牢根基。通过端（智能终端）＋网（物联网）＋云（云计算），可以随时随地获取建筑、项目过程和人等方面的信息，提高管理数据的准确性和及时性。以云计算技术为核心的平台化应用，可以提升综合管理协同效率。通过大数据和人工智能算法，建立各管理要素的分析模型并进行关联性分析，结合分析结果进行智慧预测、实时反馈或自动控制，可以提高科学分析和决策能力。

未来 BIM 技术将呈现“智能化工具驱动、全流程协同、跨领域融合”的特点，成为建筑行业数字化转型的核心引擎，其发展不仅依赖于技术进步，还需政策支持、标准统一及人才培养的多维协同。

BIM 技术的未来发展体现在以下几个方面：

(1) BIM＋增强现实（AR）/虚拟现实（VR）

VR 与 AR 这种沉浸式技术可以用来替代传统的思考问题的方式，通过 BIM＋VR 可以改善协作和快速而准确地决策，从而能够更快地交付项目，并且其逼真的场景还原与动态展示效果，也让项目呈现具备了更优的视觉表现力与专业呈现度。

BIM 模型的三维数据可以通过虚拟现实技术呈现为沉浸式的空间体验。设计师、工程师和业主可以戴 VR 头盔，进入虚拟建筑环境，亲身体验设计方案。这种体验使得各方能够更直观地理解空间布局、材质选择和建筑比例，从而减少建筑施工前后的设计修改，提高设计的质量和符合度。可视化技术的另一个重要方向是增强现实，它将虚拟信息叠加在现实世界中。在建筑施工阶段，工人可以使用 AR 眼镜或设备，将 BIM 中的信息投影到施工现场，以便准确定位管道、电缆和其他构件。这种实时的可视化指导可以提高施工的精度和效率。

(2) BIM＋物联网（IoT）

物联网技术在建筑行业中的应用改变了传统项目流程。通过智能设备与传感器，可以在互联网中共享大量数据，从而实现更智能、更安全、更高效的建设。例如自动调节灯光亮度，根据天气情况调整空调温度，提醒家用电器维修，智能通风等。而 BIM 可以将物联网数据集成至 3D 模型中，在如预测性维护、提高生产率、设施管理、可持续项目、安全保障等方面充分发挥优势。

BIM 技术与物联网的融合应用，实质上是施工现场信息的全链条整合。BIM 具备信息集成、交互、显示和管理等功能，而物联网则负责底层信息的感知、采集、传输和监控。两者结合，可以实现施工过程中的“闭环信息流”，实现虚拟信息管理与物理环境硬件的有机融合。目前，BIM 已在设计阶段广泛应用，并逐渐拓展到施工和运行阶段。物联网主要应用于建设和维护阶段，其综合应用将产生巨大价值。

(3) BIM＋数字化加工

数字化是将各种类型的信息转变为可以度量的数字，并将这些数字保存在适当的模型中。然后，将模型引入计算机进行处理，这个过程被称为数字化加工。而 BIM 与数字化加工的集成意味着将 BIM 模型中的数据转换成数字化加工所需的数字模型。目前，这种集成主要应用于预制混凝土板生产、管线预制加工和钢结构加工等领域。一方面，工厂可以通过精密机械自动完成建筑物构件的预制加工，从而大幅降低制造出的构件误差和提高生产效率；另一方面，建筑中的门窗、整体卫浴、预制混凝土结构和钢结构等许多构件都可以异地加工，再运到施工现场进行装配，这样可以缩短建造工期并更容易掌控质量。

(4) BIM＋三维扫描

三维（3D）扫描技术是一种融合了光学、力学、电学和计算机技术的高新技术，能够获取物体的形状、结构和颜色，从而获得物体表面的空间坐标。由于其具有快速测量、高精度和易使用等优势，其测量结果能够直接与各种软件接口相连，实现无缝对接。

三维激光扫描（3D laser scanning）是三维扫描技术的一种具体实现方式，三维激光扫描技术利用高速激光扫描测量方法，可以快速获取大面积、高分辨率的被测物体表面的三维坐标数据，能够有效、完整地记录工程现场的复杂情况。通过与设计模型的比较，可以直接反映现场的实际施工情况，这对工程检验等工作有很大的帮助。同时，对于一些古建筑来说，三维激光扫描技术可以快速准确地形成数字存档信息，方便后续的维修改造工作。另外，对于现场难以修改的施工状态，可以通过三维激光扫描技术获取真实信息，并对其进行装饰构件的裁剪。

将BIM模型与相应的三维扫描模型进行比较、转换和协调，可以达到协助工程质量检查、快速建模和减少返工的目的。它可以解决许多传统方法无法解决的问题。在施工领域，BIM与三维激光扫描技术的集成得到了越来越多的应用，具有重要的应用价值。

(5) BIM＋GIS

地理信息系统（GIS）是一种集地理空间数据采集、存储、分析、处理与可视化展示于一体的技术体系与工具平台，专门用于管理地理空间分布数据。它通过直观的地理图形方式获取、存储、管理、计算、分析和显示与地球表面位置相关的各种数据。BIM的应用对象通常是单一的建筑。利用地理信息系统的宏观功能，将其应用范围扩展到公路、铁路、隧道、水电、港口等工程领域。BIM和GIS的集成应用，可以解决大型公共建筑、市政和基础设施的BIM运行维护管理问题，并将BIM应用扩展到运行维护阶段。BIM和GIS的集成应用也可以拓宽和优化各自的应用范围。通过数据集成、系统集成或应用集成，不仅可以将地理信息系统的导航功能扩展到室内，而且可以优化现有的地理信息系统功能。

(6) BIM＋项目管理（PM）

项目管理指的是在有限的时间、质量和成本目标内实现预定目标的管理。BIM和PM的集成应用旨在建立BIM应用软件与项目管理系统之间的数据转换接口，充分利用BIM的特点，如直观性、可分析性、可共享性和可管理性，以提供准确、及时的建筑自动化系统（building automation system，BAS）。

BIM和PM的集成应用为项目管理提供了可视化的管理手段。例如，综合应用4D管理可以直观地反映整个建筑的施工过程和形象进度，帮助项目经理制订合理的施工计划，优化施工资源的使用。同时，两者的综合应用还可以为项目管理提供更有效的分析手段。此外，集成应用程序还可以为项目管理提供数据支持。例如，利用BIM综合模型可以方便快捷地为成本估算、材料管理和分包体积审核提供数据，从而有效地提高工作效率和决策水平。

基于BIM的项目管理系统未来将不断完善，甚至完全取代传统的项目管理系统。基于BIM的项目管理也将促进新项目交付模式IPD的应用。IPD是集成项目交付的缩写，要求项目各方密切配合，承担相应的责任，直至项目交付。

在IPD模式下，BIM和PM集成应用可以将项目利益相关者整合到团队中，从扩大决策圈、拥有更广泛的知识库、共享信息平台、做出更好的决策、实现持续优化和减少浪费中获益。因此，IPD模式将是项目管理创新和发展的重要途径，也是BIM和PM集成应用的新模式。

(7) BIM＋云计算

云计算和BIM的集成应用，将使BIM技术的应用范围更加广泛，无论是在设计、施工还是运营阶段，都可以利用云计算的强大计算能力和大规模数据存储能力，提高BIM工作的效率和质量。同时，通过BIM＋云计算，用户可以随时随地访问和共享BIM数据和服务，极大地提高了BIM技术的便利性和实用性。

BIM＋云计算还可以实现BIM数据的集中管理和安全控制，避免数据丢失和泄露的风险。通过权限控制和协作功能，可以确保工程文件在团队中快速、安全、方便、受控地传递，从而提高管理水平和工作效率。根据云的形状和规模，BIM 和云计算集成应用程序将经历初级、中级和高级的开发阶段。初级阶段主要以项目协同平台为标志，通过访问项目协同平台初步形成文件协同级的 BIM 应用；中级阶段以模型信息平台为标志，通过开发基于通用模型信息平台的 BIM 应用程序，组成组件协作级的 BIM 应用程序；高级阶段以开放式平台为标志，用户可以根据不同需要从 BIM 云平台获取所需的 BIM 应用，并形成自定义的 BIM 应用。

以上这些新技术的应用和发展，必将给建筑业带来前所未有的变化，通过这些技术的应用实现虚拟建筑和实体建筑的数字孪生，通过工业化的建造方式在物理世界中建造出实体建筑，最终交付一个实体建筑和一个虚拟建筑，共同保障建筑运维，让我们生活和工作的环境更美好。

本章思考题

1. BIM 的概念是什么？
2. BIM 技术在建筑施工行业的应用进展有哪些？
3. BIM 技术在软件企业中的应用进展如何？
4. BIM 技术有哪些特点？
5. BIM 技术的优势是什么？
6. BIM 技术的发展趋势有哪些？

在线习题

第 2 章 应用 BIM 技术的软硬件

2.1 BIM 应用的相关硬件及技术

通常来说，BIM 系统都是基于 3D 模型的，相比于建筑行业的传统 2D 设计软件，无论是模型大小还是复杂程度，3D 模型都超过 2D 设计软件，因此 BIM 应用对于计算机的计算能力和图形处理能力要求都要高得多。BIM 是 3D 模型所形成的数据库，包含建筑全生命周期的大量重要信息数据，这些数据在建筑全周期中动态变化调整，并可以及时准确地调用系统数据库中包含的相关数据，所以要充分考虑 BIM 系统对于硬件资源的需求，配置更高性能的计算机硬件以满足 BIM 软件的应用需要。

2.1.1 BIM 应用的相关硬件

BIM 其中一个核心功能是在创建和管理建筑过程中产生的一系列 BIM 模型（building information models）作为共享知识资源，为建筑的全生命周期中的决策提供支持，因此 BIM 系统必须具备共享功能。共享可分为三个层面：BIM 系统共享、应用软件共享和模型数据共享。其中，第一层级是 BIM 系统共享，即构建一个全新的系统，由该系统解决全过程中所有问题，目前难度较大，尚难以实现；第二层级是应用软件共享，即在数据共享的基础上，同时将 BIM 涉及的所有相关软件集中进行部署，供各方使用，可基于云计算技术实现 BIM 系统管理的构建；第三层级的模型数据共享则相对较容易实现，配置一个共享存储系统，将所有数据存放在共享存储系统内，供所有相关方查阅参考，该系统还需考虑数据版本和使用者的权限问题。

BIM 以 3D 数字技术为基础，集成了建筑工程项目各种相关信息的数据模型，可以使建筑工程在全生命周期内提高效率、降低风险。传统 CAD 一般是平面的、静态的，而 BIM 是多维的、动态的，两者的主要区别见表 2-1，因此构建 BIM 系统对硬件的要求相比传统 CAD 将有较大的提高。随着 BIM 信息系统应用的深入，精度和复杂度越来越高，建筑模型文件容量从 10MB～2GB 不等。工作站的图形处理能力是第一要素，其次是 CPU 和内存的性能，还有虚拟内存以及硬盘读写速度。相比于 CAD 等平面设计软件，BIM 软件对于图形的处理能力要求有很大程度的提高。对于 BIM 应用较复杂的项目需配置专业图形显示卡，在模型文件读取到内存后，设计者不断对模型进行修改、移动、变换等操作以及通过显示器即时显现出最新模型样式，图形处理器（GPU）承担着用户对模型文件操作结果的每一个过程的显示，这体现了 GPU 对图形数据与图形的显示速度的各项精准要求。

表 2-1 BIM 技术与 CAD 技术的对比

对比点	CAD 技术	BIM 技术
基本元素	基本元素为点、线、面，无专业意义	基本元素如：墙、窗、门等，不但具有几何特性，同时还具有建筑物理特征和功能特征

续表

对比点	CAD 技术	BIM 技术
修改图元位置或大小	需要再次画图，或者通过拉伸命令调整大小	所有图元均为参数化建筑构件，附有建筑属性；在“族”的概念下，只需要更改属性，就可以调节构件的尺寸、样式、材质、颜色等
各建筑元素间的关联性	各个建筑元素之间没有相关性	各个构件是相互关联的，例如删除一面墙，墙上的窗和门跟着自动删除；删除一扇窗，墙上原来窗的位置会自动恢复为完整的墙
建筑物整体修改	需要对建筑物各投影面依次进行人工修改	只需进行一次修改，则与之相关的平面、立面、剖面、三维视图、明细表等都自动修改
建筑信息的表达	提供的建筑信息非常有限，只能将纸质图纸电子化	包含了建筑的全部信息，不仅提供形象可视的二维和三维图纸，而且提供工程量清单、施工管理、虚拟建造、造价估算等更加丰富的信息

(1) 强劲的处理器

由于 BIM 模型是多维的，在操作过程中通常会涉及大量计算，CPU 在交互设计过程中承担更多关联运算，因此需配置多核处理器以满足高性能要求。另外，模型的 3D 图像生成过程中需要渲染，大多数 BIM 软件支持多 CPU 多核架构的计算渲染，所以随着模型复杂度的增加，对 CPU 的要求是频率越高、核数越多越好。CPU 推荐以主流规格的 4 核为主。在 CPU 和内存匹配方面，通常是 1 个 CPU 配 4G 内存，同时还要兼顾使用模型的容量来配置。以基于 Bentley 软件的 BIM 图形工作站为例，可配置 4 核至 8 核的处理器，内存 16G 以上为佳。再以 Revit 为例，当模型达到 100MB 时，至少应配置 4 核处理器，主频应不低于 2.4GHz，内存 4GB 以上；当模型达到 300MB 时，至少应配置 6 核处理器，主频应不低于 2.6GHz，内存 8GB 以上；当模型达到 700MB 时，至少应配置 4 个 4 核处理器，主频应不低于 3.0GHz，内存 16GB 以上。

(2) 共享的存储

项目中的 BIM 模型，通常贯穿于整个设计、施工、运营过程，即贯穿于建筑的全生命周期，因此必须保证模型共享，实现不同人员和不同阶段的数据共享。因此，BIM 系统的基本构成是多个高端图形工作站和一个共享的存储。硬盘的重要性经常被使用者忽视，大多数使用者认为硬盘就是用于数据存储，但是很多用于处理复杂模型的高端图形工作站，在编辑过程中移动、缩放非常迟钝，原因是硬盘上虚拟内存在数据编辑过程中数据交换明显迟滞，严重影响正常的编辑操作，所以要充分了解硬盘的读写性能，这对高端应用非常重要。如果是非常大的复杂模型，由于数据量大，从硬盘读取和虚拟内存的数据交换时间的长短显得非常重要，推荐使用转速 10000rpm 或以上的硬盘，并可考虑阵列方式提升硬盘读写性能。

2.1.2 BIM 系统企业平台

(1) 企业传统使用模式的主要问题

① 高投入。传统 CAD 设计模式中，由于软件运行在本地图形工作站，图形处理和计算都在本地，且有时候模型数据也存放在本地，需要在本地为每一个设计人员配置高性能图形工作站、高性能的图卡、高性能的处理器和高性能的硬盘，硬件整体投入高。

② 数据安全性低。对于单机设计模式和基于产品数据管理（product data management，PDM）产品管理的 CAD 设计早期阶段，由于设计数据存放在设计人员本地的图形工作站，

设计人员可以自由控制和管理，因此数据安全性低。

③ 管理复杂。IT 管理人员需要管理和维护每一台设计人员的工作站及其设计软件和数据，当 CAD 设计人员较多时，如何有效管理这些软、硬件及其模型数据便是个相当麻烦的问题，而且工作量大、不方便。

④ 性能瓶颈。基于 PDM 产品管理的 CAD 设计，虽然引入了 PDM 服务器，集中存放和管理设计完成的模型数据，实现了数据集中管理。但同时访问 PDM 数据服务器的人数较多时，PDM 服务器本身便成为性能瓶颈。

(2) 用云计算技术构建企业级 BIM 系统平台

由于 BIM 系统作为一个建筑设计、施工和运营等过程管理的系统，不可避免地涉及多个应用软件、多个业务部门甚至是外部联系的企业，这就决定了 BIM 系统是跨专业、跨部门的平台。为实现跨专业、跨部门系统共享，作为企业 BIM 平台，可采用云计算技术构建基于应用软件的数据共享。

(3) BIM 系统平台

构建的 BIM 系统企业平台（如图 2-1），所有工作站和共享存储设备均部署在企业内部中心机房，BIM 相关应用均部署在中心工作站上，据此构建的 BIM 系统企业平台能够实现设计人员在本地无须安装任何应用软件，通过 Web 页面即可访问并操作云端 BIM 软件，设计的所有 BIM 模型和数据也存放在云端，依赖云端工作站的图形处理能力和计算能力，在企业内部任何有网络的地方，普通配置的计算机即可实现 BIM 应用的操作。

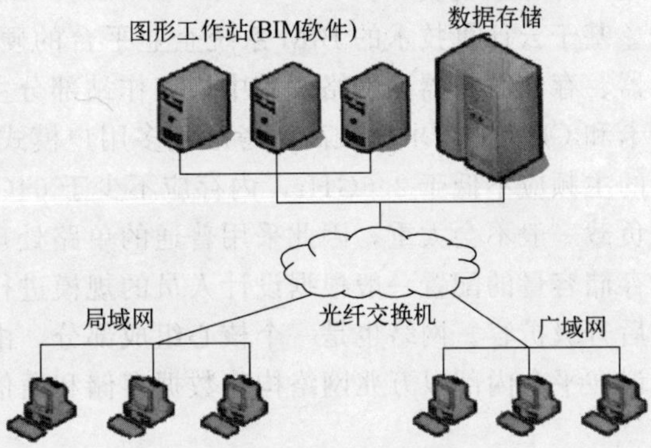

图 2-1　BIM 系统架构

对于数据集中存储及协同工作下的数据服务器及网络环境配置要求如表 2-2 所示。在 BIM 系统企业云平台中，BIM 应用软件的逻辑计算和图形界面显示是分开执行的，应用软件的逻辑执行完全在云端工作站上完成。把键盘和鼠标动作等控制信息传输到云端工作站由应用软件处理，将图形界面的信息进行压缩，通过网络协议传输到本地客户机进行解压并显示在用户界面上。通过网络协议传输的只是增量变换的压缩图像信息，无须将整个模型传输到本地客户机，降低了对本地客户机及网络的资源要求，使本地客户机图形操作速度能够等同或接近图形工作站的速度。一般情形下这种信息带宽仅需 1～2MB，通常企业内部局域网都可满足要求。

表 2-2　服务器及网络环境配置要求

描述项	需求		
操作系统	Microsoft® Windows Server® 2008 64 位 Microsoft® Windows Server® 2008 R264 位		
WEB 服务器	Microsoft® Internet Information Server 7.0 或更高版本		
小于 100 个并发用户（多个模型并存）	最低要求	高性价比	性能优先
CPU 类型	4 核及以上 2.6 GHz 及以上	6 核及以上 2.6 GHz 及以上	6 核及以上 3.0 GHz 及以上
内存	4 GB RAM	8 GB RAM	16 GB RAM

续表

描述项	需求		
硬盘	7200+RPM	10000+RPM	15000+RPM
100 个以上并发用户（多个模型并存）	最低要求	高性价比	性能优先
CPU 类型	4 核及以上 2.6 GHz 及以上	6 核及以上 2.6 GHz 及以上	6 核及以上 3.0 GHz 及以上
内存	4 GB RAM	8 GB RAM	16 GB RAM
硬盘	10000+RPM	15000+RPM	高速 RAID 磁盘阵列
网络	支持 VMware and Hyper-V 系统（请参考 Revit Server 管理员指南手册）；百兆或千兆局域网，支持本地网络协同设计；安装 Revit Server 工具并配置专用服务器可支持广域网协同设计		

基于云计算模式的 BIM 系统企业平台，云端工作站采用多用户共享模式，而不是传统的虚拟化技术，此时不同的用户可以共用一个工作站，只是根据模型的需要和实际操作分别占用一部分系统资源。

基于云计算技术的 BIM 系统企业平台的硬件部分主要包含四个部分：工作站、管理服务器、存储服务器和网络。其中，工作站部分主要运行 BIM 设计的应用软件，因此其对于显卡和 CPU 的要求比较高，考虑到多用户模式，建议配置 2 个 6 核或 8 核处理器，而处理器的主频应不低于 2.6GHz，内存应不少于 64GB。作为企业的 BIM 系统平台，管理服务器的负载一般不会太重，因此采用普通的单路处理器、12GB 内存即可满足要求。存储服务器中存储容量的配置一般根据设计人员的规模进行配置，需充分考虑构建系统的可扩展性以便今后升级扩容。网络也是一个核心组成部分，由于所有的数据均存放在后端存储，因此一般建议在平台内部以万兆网络构建数据存储和通信网络。

2.2 BIM 应用软件

2.2.1 BIM 应用软件概述

在 BIM 的应用中，必须根据不同的应用阶段采用不同的软件。BIM 软件一般具有操作的可视化、信息的完备性、信息的协调性和信息的互用性等特点。代表性的 BIM 应用主流软件有 Revit、ArchiCAD 等。

还有一些软件，并没有通过 IFC 认证，也不完全具备以上四项技术特点，但在 BIM 的应用过程中也常常用到，它们和 BIM 的应用有一定的相关性。这些软件能够解决设施全生命周期中某一阶段、某个专业的问题，只能称得上是与 BIM 应用相关的软件而不是真正的 BIM 软件，但在工程应用中也发挥着一定的作用。

2.2.2 BIM 应用软件的分类

(1) BIM 建模软件

BIM 建模软件是指可用于建立能为多个 BIM 应用软件所使用的 BIM 数据的软件。例如，基于 BIM 技术的建筑设计软件可用于建立建筑设计 BIM 数据，且该数据能被用在基于 BIM 技术的能耗分析软件、日照分析软件等 BIM 应用软件中。另外，基于 BIM 技术的结构设计软件及机电设备设计（MEP）软件也包含在这一类中。BIM 主流建模软件如表 2-3 所示。

表 2-3　BIM 主流建模软件

公司	Autodesk	Bentley	Graphisoft	Dassault
软件名称	Revit Architecture	Bentley Architecture	Archie CAD	Digital Project
	Revit Structural	Bentley Structural	AllPLAN	CATIA
	Revit MEP	Bentley Buiding Mechanical Systems	Vector works	

① Autodesk 公司的 Revit 运用独立的代码库及文件结构，是区别于 Auto CAD 的独立软件平台。Revit 全面采用 BIM 的概念，可进行自由形状建模和参数化设计，并且能够对早期设计进行分析。借助这些功能，Revit 可以自由绘制草图，快速创建三维形状，交互地处理各个形状。Revit 可以利用内置工具进行复杂形状的设计，为施工准备模型。随着设计的持续推进，软件能够围绕最复杂的形状自动构建参数化框架，提供更高的创建控制能力，提高设计的精确性和灵活性。从概念模型到施工文档的整个设计流程都在一个直观环境中完成。该软件还集成了绿色建筑可扩展标记语言模式（Green Building XML），为能耗模拟、荷载分析等提供了工程分析工具，并与结构分析软件 ROBOT、RISA 等具备互用性。此外，Revit 还能利用其他概念设计软件、建模软件（如 Sketch-Up）导出的 DXF 格式模型或图样，输出为 BIM 模型。

② Bentley 公司的 Bentley Architecture 是集直觉式用户体验交互界面、概念及方案设计功能、灵活便捷的 2D/3D 工作流建模及制图工具、宽泛的数据组及标准组件库定制技术于一身的 BIM 建模软件，是 BIM 应用程序集成套件的一部分，可针对设施的整个生命周期提供设计、工程管理、分析、施工与运营之间的无缝集成。在设计过程中，不但能让建筑师直接使用许多国际或地区性的工程业界的规范标准进行工作，更能通过简单的自定义或扩充，满足实际工作中不同项目的需求，让建筑师能拥有进行项目设计、文件管理及展现设计所需的所有工具。目前，在一些大型复杂的建筑项目、基础设施和工业项目中应用广泛。

③ ArchiCAD 是 Graphisoft 公司的产品，其基于全三维的模型设计，拥有强大的平、立、剖面施工图设计、参数计算等自动生成功能，以及便捷的方案演示和图形渲染功能，为建筑师提供了一个“所见即所得”的图形设计工具。它的工作流是集中的，其他软件同样可以参与虚拟建筑数据的创建和分析。ArchiCAD 拥有开放的架构并支持 IFC 标准，它可以轻松地与多种软件连接并协同工作。以 ArchiCAD 为基础的建筑方案可以广泛地利用虚拟建筑数据并覆盖建筑工作流程的各个方面。作为一个面向全球市场的产品，ArchiCAD 可以说是最早的具有市场影响力的 BIM 核心建模软件之一。

④ Digital Project 是 Gery Technology 公司在 CATIA 基础上开发的一个面向工程建设行业的应用软件，它能够设计任何几何造型的模型且支持导入特制的复杂参数模型构件，如支持基于规则的设计复核的 Knowledge Expert 构件；根据所需功能要求优化参数设计的 Project Engineering Optimizer 构件；跟踪管理模型的 Project Manager 构件。另外，Digital Project 软件支持强大的应用程序接口，对于建立了本国建筑业建设工程项目编码体系的国家，如美国、加拿大等，可以将建设工程项目编码，如美国所采用的 Uniform 和 Master format 体系，导入 Digital Project 软件，以方便工程预算。

因此，在确定一个项目或企业的 BIM 核心建模软件技术路线时，可以考虑如下基本原则：

① 民用建筑可选用 Revit。

② 工厂设计和基础设施可选用 Bentley。

③ 单专业建筑可选择 ArchiCAD、Revit、Bentley。

④ 项目完全异形、预算比较充裕的可以选择 Digital Project。

(2) BIM 工具软件

BIM 工具软件是指利用 BIM 基础软件提供的 BIM 数据，开展各种工作的应用软件。例如，利用建筑设计 BIM 数据进行能耗和日照分析的软件，用于生成二维图纸的软件等，如 Autodesk 公司的 Ecotect 软件是建筑性能分析软件，主要用于绿色建筑设计和环境评估，Revit 软件能够提供生成二维图纸等功能。

(3) BIM 平台软件

BIM 平台软件是指能对各类 BIM 基础软件及 BIM 工具软件产生的 BIM 数据进行有效的管理，以便支持建筑全生命周期 BIM 数据共享应用的应用软件。

2.2.3 项目前期策划阶段

项目前期策划阶段主要体现在数据采集工作上。数据的收集和输入是 BIM 一切工作的开始。目前国内的数据采集方式基本有“人工搭建”“3D 扫描”“激光立体测绘”“断层模型”等，其中“人工搭建”与“人工输入”的方式在实际工程应用较多，通常有两种形式：一是由设计人员直接完成，其投入成本较低，但效率也较低，且往往存在操作不规范和技术问题难以解决的问题；二是由公司内部专门的 BIM 团队来完成，其团队建设、软硬件投入与日常维护成本高，效率也较高，基本不存在技术难题，工作流程较为规范，但由于设计人员并未直接控制，所以对二者之间的沟通与协作有较高的要求，常用于数据采集，常用于数据采集的软件功能简介见表 2-4。

表 2-4 常用于数据采集的软件功能简介

常用软件	数据获取	数据输入	数据分析	2D/3D 制图
ArcGIS	●	●	●	●
Autodesk Civil 3D		●	●	●
Google Earch 及插件			●	
理正系列	●	●	●	●

注：●表示有相应的功能。

2.2.4 设计建模阶段

BIM 在设计过程中的建模流程和方法可以划分为五种类型：

(1) 初步概念 BIM 建模

在初步概念建模阶段，设计者需要针对形体与体量进行推敲和研究。另外，对于复杂形体的建模和细化也是初步概念建模阶段的挑战。在这样的情况下，运用其他建模软件可能比直接使用 BIM 核心建模软件更方便、更高效，甚至可以实现很多 BIM 核心建模软件无法实现的功能。Rhinoceros 3D、SketchUp 是较为流行的概念设计软件，这些工具可以实现快速的 3D 初步建模，以便满足设计初期的各种条件要求，并便于团队初步熟悉和了解项目信息。这些软件的模型也可以通过格式转换插件较为完整地导入 BIM 建模软件中进行细化和加工。另外，由于这些软件的几何建模优势，BIM 模型中的复杂建模所需时间可大大缩短。

（2）可适应性BIM建模

在设计扩初阶段，模型需要有大量设计意见反馈和修改。可适应性的BIM建模流程可以大大提高工作效率，并对设计的不同要求快速、高效地提供不同的解决方式。CATIA、Digital Project以及Revit在设计初级阶段以及原生族库中，已具备或需要设计大量自适应构件以供应用；然而，由于其设置的复杂性以及处理复杂形态的需要，在此阶段往往需借助编程和二次开发插件等辅助手段。例如Rhinoceros平台下的Grasshopper插件，很大程度上对这方面的需求进行了较为完善的处理和考量，其所具备的大量几何以及数学工具，可以处理设计过程中所面对的大量重复和复杂的计算。通过大量用户开发的接口软件，Grasshopper所生成的几何模型可以较为完整地导入Revit等原生BIM建模平台，以进行进一步的分析及处理。同时在Revit平台下，软件自身所具有的Adaptive Component，即可适应参数化构建、建模方式，为幕墙划分、构件生成及设计等需求提供有力的支持，在一次完整参数设定下，可即时对不同环境、几何及物理状况进行反馈和修改，并及时更新模型。

（3）表现渲染BIM建模

在设计初期阶段，大量的建筑渲染图需要进行不断地生成和修改。在Revit中，Autodesk360的云渲染技术能在极短时间内对所需要表现的建筑场景进行无限次、可精确调节、及时修改的在线渲染服务。Union、Keyshot、CryEngine等专业动画及游戏渲染软件也对BIM模型提供了完善接口的支持，使得建筑师能够通过IFC、FBX等通用模型格式，对BIM的原生模型进行更专业和细致的表现处理。

（4）施工级别BIM建模

设计师可以通过BIM技术实现施工级的建筑建模。由于BIM模型不再是以前的CAD图，不会再将图纸和3D信息、材料及建设信息分开，建筑师获得了更多的控制项目施工和建造细节的能力，提高了设计的最后完成度。BIM模型可以详细准确地表达设计师的意图，使得承建商在设计初期即可运用建筑师的BIM模型创建自己独立的建筑模型和文件。在建造过程中，可实现模型的无缝整合与修改；遇到困难和疑问时，也能及时咨询建筑师并协调做出相应调整。模拟施工过程在BIM设计过程中也可以得到直观的展现。在各个方面的建设中，BIM都能起到重要的整合作用，设计和建造以及预先计划都被更详细地表示出来，各个细节的建造标准会被清晰分类和表现，从而使设计团队和承建商的合作更加顺畅。

（5）综合协作BIM建模

以往不同专业的建模经常会由于图纸或者模型的不配套或者由于理解误差和修改时间差，造成很多问题和难以避免的损失，或者沟通不便和设计误差，也可能会造成团队合作的不和谐。BIM的协同合作模式也是最引人注目的优势之一。在建筑设计阶段，结构、施工、设计、设备、暖通、排水、环境、景观、节能等其他专业人员可以运用BIM软件工具进行协同设计，共同专注于一个项目。BIM软件，如Revit所提供的协同工作模式，可以帮助不同专业工作人员通过网络实时更新和升级模型，以避免在设计后期发生重大的错误。另外，由于综合协作的实现，团队合作和交流可以达到更好的效果，建筑质量会得到显著提高，成本可以得到更好的控制。常用于设计建模软件的功能简介见表2-5。

表2-5　常用设计建模软件功能简介

软件名称	初步概念	表现渲染	施工级别	综合协作
ArchiCAD	●	●	●	●
Bentley	●	●	●	●
CATIA	●		●	●

续表

软件名称	初步概念	表现渲染	施工级别	综合协作
MagiCAD	●		●	●
Digital Project	●	●	●	●
PKPM	●	●	●	●
Revit	●	●	●	●
SketchUp Pro	●	●		
鸿业系列	●		●	●
斯维尔系列	●		●	●
天正系列	●	●	●	●

注：●表示有相应的功能。

2.2.5 结构分析阶段

在BIM平台下，建筑结构分析被整合在模型中，这使得建筑师可以得到更准确、快捷的结果。对于不同状态的结构分析，可以分为概念结构、深化结构和复杂结构。对于概念结构，建筑师可以运用BIM核心建模软件自带的结构模块进行大概的分析与研究，以取得初步设计时所需要的结果。对于后期深化结构，建筑师可以结合其他的专业结构分析软件进行分析与研究。针对复杂结构，建筑师可以使用参数化分析软件进行复杂形体的分析。常用结构分析软件功能见表2-6。

表2-6 常用结构分析软件功能简介

常用软件	概念结构	深化结构	复杂结构
Bentley Structure	●	●	●
ETABS	●	●	
SAP2000	●	●	●
Tekla	●	●	●
3D3S		●	●

注：●表示有相应的功能。

2.2.6 施工阶段

(1) 3D视图及协调

施工阶段是将建筑设计图纸变为工程实物的生产阶段，建筑产品的交付质量很大程度上取决于该阶段。将基于BIM技术的施工3D视图可视化应用于工程建设施工领域，可在计算机虚拟环境中对施工过程进行模拟分析，这有助于加强对施工过程的事前预判和事中动态管控能力，为优化施工组织设计提供决策依据，从而提升工程建设行业的整体效益。在工程建设行业中引入基于BIM技术的施工可视化应用，能够拓宽项目管理思路，改善施工管理中信息的共享与传递方式，推动BIM技术实践应用及效益最大化。常用3D视图软件功能简介见表2-7。

表 2-7 常用 3D 视图软件功能简介

软件名称	3D 浏览	建筑元素信息	综合协同	施工管理
Bentley Architecture	●	●	●	●
BIMx	●	●	●	
iTWO	●	●	●	●
Navisworks	●	●	●	●
Revit	●	●	●	
斯维尔系列	●	●	●	●

注：●表示有相应的功能。

(2) 施工场地规划

基于 BIM 技术的模型系统中，首先建立施工项目所在地的所有地上和地下已有和拟建建筑物、库房加工厂、管线道路、施工设备和临时设施等实体的 3D 模型；然后赋予各 3D 实体模型以动态时间属性，实现各对象的实时交互功能，使各对象随时间的动态变化形成 4D 的场地模型；最后在 4D 场地模型中，修改各实体的位置和造型，使其符合施工项目的实际情况。在基于 BIM 技术的模型系统中，建立统一的实体属性数据库，并存入各实体的设备型号、位置坐标和存在时间等信息，包括材料堆放场地、材料加工区、临时设施、生活文化区、仓库等设施的存放数量及时间、占地面积和其他各种信息。常用施工场地布置软件功能简介见表 2-8。

表 2-8 常用施工场地布置软件功能简介

软件名称	施工规划	施工管理	项目可视化
Navisworks	●	●	
ProjectWise	●	●	
Vico Office Suite	●	●	●

注：●表示有相应的功能。

(3) 施工流程模拟

BIM 模型中集成了材料、场地、机械设备、人员甚至天气情况等诸多信息，并且以天为单位对建筑工程的施工进度进行模拟。通过 4D 施工进度模拟，可以直观地反映施工的各项工序，方便施工单位协调好各专业的施工顺序，提前组织专业班组进场施工、准备设备、场地和周转材料等。同时，4D 施工进度模拟也具有很强的直观性，即使是非工程技术出身的业主方也能快速准确地把握工程的进度。

基于 BIM 技术的 4D 施工模拟在高、精、尖和特大工程中正发挥着越来越大的作用，大大提高了建筑行业的工作效率，减少了施工过程中出现的问题，为越来越多的大型、特大型建筑的顺利施工提供了可靠的保证，为建设项目工程各方带来可观的经济效益和社会效益。常用施工流程模拟软件功能简介见表 2-9。

表 2-9 常用施工流程模拟软件功能简介

软件名称	施工进度模拟	碰撞检测	项目全生命周期管理
BIM360	●	●	●
ProjectWise			●
Tekla	●	●	

续表

软件名称	施工进度模拟	碰撞检测	项目全生命周期管理
Tokoman	●		
鲁班算量系列	●		

注：●表示有相应的功能。

2.2.7 运营阶段

BIM 参数模型可以为业主提供建设项目中所有系统的信息，在施工阶段做出的修改，将全部同步到 BIM 参数模型中，并形成最终的 BIM 竣工模型，该竣工模型作为各种设备管理的数据库，为系统的维护提供依据。此外，BIM 可同步提供有关建筑使用情况或性能、入住人员与容量、建筑已用时间以及建筑财务方面的信息，同时，BIM 可提供数字更新记录，并改善搬迁规划与管理。BIM 还促进了标准建筑模型对商业场地条件的适应。有关建筑的物理信息和关于可出租面积、租赁收入或部门成本分配的重要财务数据都更加易于管理和使用。

2.3 BIM 建模与细度标准

2.3.1 BIM 建模

2.3.1.1 BIM 模型的生成方式

根据不同 BIM 模型的用途以及项目的交付模式，BIM 模型的生成方式也往往不同。目前常见的生成方式有以下三种：

(1) 依据二维图样建模

这种模型的生成方式是目前最常见的，与传统设计和施工过程、交付形式结合较紧密。其核心流程就是根据设计院出具的二维设计图样、施工单位出具的二维深化设计图样，用 BIM 建模软件依图建模，俗称“翻模”。

(2) 三维设计建模

这种方式是建筑业发展的大势所趋，在可预见的将来，三维设计会逐步取代二维图样设计，成为设计主流方式。其核心流程是设计人员根据项目需求和规划方案，直接使用 BIM 建模软件进行三维设计建模，设计成果即为三维 BIM 模型。

(3) 实体生成模型

这种方式主要针对已完成的建、构筑物，在施工完成后，甚至运营期间，采用三维扫描、全景摄像等技术，采集建、构筑物几何信息，并通过专业软件转换成三维模型，通过删减、修改、补充模型信息，最终形成 BIM 模型。

2.3.1.2 依据二维图样建模的特点及流程

(1) 依据二维图样建模的特点

依据二维图样建模，即“翻模”，是现阶段生成 BIM 模型的主要技术手段。目前，虽然许多设计方已经逐步应用 BIM 技术进行三维设计，但主流设计方式还是采用二维 CAD 辅助设计，其主要工作成果也是二维设计图样；施工单位的工作方式也以依据二维设计图样进行施工为主，并最终提交二维竣工图样进行归档。在这样的工作方式和信息资料传递保存方式短期内无法改变的前提下，以“翻模”的形式应用 BIM 技术，是目前最合理、最经济、最高效、最易接受的方式。但是，这种模型生成方式具有明显的缺点：

① 重复工作。该方式在原本的设计流程中，插入了“翻模”的工作步骤，用三维的方式将设计师的设计成果重复输出一次，这个过程必须配备相应的人员专门进行，增加了工作量。

② 沟通效率低下。在该方式中，二维设计师和 BIM 工程师是两个相对独立的团队，当 BIM 工程师在翻模或模型应用中发现设计的错漏碰缺，或者有优化方案时，BIM 工程师必须与设计师进行沟通，由设计师进行二维图样修改；同样，当设计师主动对二维图样进行修改后，也需要与 BIM 工程师进行沟通，由 BIM 工程师对 BIM 模型进行修改。

③ 准确性下降。系统、流程越复杂，就越容易出错。以“翻模”形式介入的 BIM，增加了工作流程和沟通协调的复杂性，增加了设计成果出错的概率，使其准确性下降。

(2) 依据二维图样建模的流程

依据二维图样建模的流程主要包括以下几项工作：

① 各专业图样整理。收集整理设计提供的各专业图样，检查其正确性，删除建模不需要的内容，减少建模过程中的干扰因素；确定统一的原点，将图样平移至同一原点。

② 建立统一的轴网标高。根据图样，在建模软件中建立统一的建筑轴网和标高，并分配给各个建模人员，使其在同一轴网和标高下建模，方便后期合模。

③ 统一建模时应用的族。“族（family）”是 Revit 中使用的一个功能强大的概念，有助于更轻松地管理数据和进行修改。每个族图元能够在其内定义多种类型，每种类型可以具有不同的尺寸、形状、材质设置或其他参数变量。使用 Revit 的一个优点是不必学习复杂的编程语言便能够创建自己的构件族。使用族编辑器，可以根据用户的需要在族中加入各种参数，如距离。材质对详细布置的经济性和优化缺乏控制，效率也比较低。

2.3.1.3　参数化设计与建模

在设计方案确定的前提下，BIM 建模工作最需要智慧的是设计符合实际工程中信息交流的模型体系结构。这是一个抽象的关于系统组织关系的结构，而不是物理的建造结构。BIM 体系的结构设计必然涉及参数的设计及其与模型部件之间的规则。什么样的参数需要在 BIM 模型中留有接口，要根据项目的不同阶段确定。比如在设计初期，建筑面积和外形轮廓可能是一个不断调整的参数；在扩初阶段，轴线和立面模数很可能反复变动；在施工图阶段，可能要把 BIM 的参数细化到具体的部品构件上，比如钢筋混凝土的配筋和截面尺寸与跨度之间的关系，等等。所以，一个高效的 BIM 模型，不在于它包含信息的数量，而在于它如何高效地组织和管理所承载的各种信息。把一个 BIM 模型做得极度庞杂并不难，难的是在有限的时间内，如何让这个 BIM 模型的系统清晰、参数与实际建造过程相关、模型灵活可变。

2.3.1.4　实体生成模型

近年来的飞速发展，使 BIM 技术应用程度越来越深、广度越来越大，BIM 技术逐渐被建设项目各阶段的参与方所接受和采用。但是目前 BIM 的应用极少有贯穿建设项目全生命周期的，往往是各阶段分别应用，当某一阶段有 BIM 应用需求时，可能会没有前期的 BIM 工作作为支持。例如，某一建筑施工过程中，业主方希望能在施工竣工后得到一个建设信息完整的竣工模型，为后期运营阶段的开发利用奠定基础，而此时工程进度早已过了设计阶段，进入施工阶段，且部分建筑结构已经施工完成。因此，如业主的 BIM 竣工模型的需求，就需要“后补”。如需要“后补”BIM 模型，常见的办法有实体三维扫描生成模型。

(1) 三维激光扫描的特点

20 世纪末，激光测量技术获得了较大的发展，主要体现在：一是激光测距技术从一维测距向二维、三维测距方向发展，并取得了较大的成果；二是实现了无合作目标的高精度测量；三是实现了数据的自动和无线传输。同时，计算机技术、通信技术、卫星控制技术、卫星定位技术、惯性导航技术和激光扫描技术共同推动卫星遥感、机载扫描系统、车载扫描系统等向高精度、高分辨率方向发展。三维激光扫描仪通过自动控制技术，对被测目标按照事先设置的分辨率进行连续的数据采集和处理。对于某一时刻来讲，三维扫描变成一维测距，扫描仪实际上相当于一台全站仪。对一个物体表面扫描后得到大量的扫描点的集合称之为“点云”或“距离影像”，得到的是被扫描物体的3D灰度图。三维激光扫描技术具有如下特点：

① 非接触性。不需要接触目标，即可快速确定目标点的三维信息，解决了危险目标的测量、不宜接触目标的测量和人员无法到达目标的测量等问题。

② 快速性。激光扫描的方式能够快速获得大面积目标的空间信息，这对于需要快速完成的测量工作尤其重要。

③ 数据采集的高密度性。可以按照用户的设定采样间隔对物体进行扫描，这样对那些先前用传统的测绘方法无法进行的测绘就变得比较方便，比如雕塑和贵重文物及工艺品的测绘。

④ 穿透性。改变激光束的波长，激光可以穿透某些特殊的物质，比如水、玻璃和稀疏的植被等，这样可以透过玻璃、穿透水面、穿过植被进行扫描。

⑤ 主动性。主动发射光源，不需要外部光线，接收器探测自身发射出的光经反射后的光线，这样扫描不受时间和空间的限制。

⑥ 全数字化。三维扫描仪得到的“点云”图为包含采集点的三维坐标和颜色属性的数字文件，便于移植到其他系统处理和使用，如可以作为GIS的基础资料。

(2) 三维激光扫描的分类

根据搭载扫描仪的平台不同，可以将三维激光扫描系统分为空间卫星遥感测量系统、空中机载测量系统、地面车载测量系统和测量型扫描系统。其中前三种扫描系统属于移动式扫描系统，扫描仪的姿态测量装置是系统的必备构成，而测量型扫描系统属于相对固定式扫描系统，扫描仪的姿态可以不必求出，按照摄影测量的共线理论或大地测量的方法即可恢复被扫描目标的位置。

2.3.2 BIM细度标准

模型的细致程度，英文称为level of details，也称为level of development，描述一个BIM模型构件单元从最低级的近似概念化的程度发展到最高级的演示级精度的步骤。美国建筑师协会（AIA）为了规范BIM参与各方及项目各阶段的界限，在其2008年的文档E202中定义了LOD的概念。

(1) LOD的定义

LOD的定义可以用于两种途径：确定模型阶段输出结果（phase outcomes）以及分配建模任务（task assignments）。

① 模型阶段输出结果。随着设计的进行，不同的模型构件单元会以不同的速度从一个LOD等级提升到下一个等级。例如，在传统的项目设计中，大多数的构件单元在施工图设计阶段完成时需要达到LOD300的等级，同时，在施工阶段的深化施工图设计阶段大多数构件单元会达到LOD400的等级。

② 分配建模任务。在三维表现之外，一个BIM模型构件单元能包含大量的信息，这些信息可能是多方提供的。例如，一面三维的墙体或许是建筑师创建的，但是总承包方要提供

造价信息，暖通空调工程师要提供 U 值和保温层信息，隔声承包商要提供隔声值的信息，等等。为了解决信息输入多样性的问题，美国建筑师协会文件委员会提出了“模型单元作者”（MCA）的概念，该作者需要负责创建三维构件单元，但是不一定需要为该构件单元添加其他非本专业的信息。

（2）LOD 各等级划分

从概念设计到竣工设计，LOD 被定义为 5 个等级，分别为 LOD100 到 LOD500。在 BIM 的实际应用中，首要任务就是根据项目的不同阶段以及项目的具体目的确定 LOD 的等级，根据不同等级所规定的模型精度要求来确定建模精度。当然，在实际应用中，根据项目具体目的的不同，LOD 被定义为 5 个等级，已经足够定义全生命周期的模型。具体的等级如下：

① LOD100-Conceptual 概念化。该等级等同于概念设计阶段需求，此阶段的模型通常为表现建筑整体类型分析的建筑体量，分析包括体积、建筑朝向、每平方米造价等。

② LOD200-Approximate geometry 近似构件。该等级等同于方案设计或扩初设计阶段需求，此阶段的模型包含了普遍性系统的大致数量、大小、形状、位置以及方向等信息。LOD200 模型通常用于一般性表现目的及系统分析。

③ LOD300-Precise geometry 精确构件。该等级等同于传统施工图和深化施工图阶段需求。此阶段模型应当包括业主在 BIM 提交标准里规定的构件属性和参数等信息，模型已经能够很好地用于成本估算以及施工协调（包括碰撞检查、施工进度计划以及可视化）。

④ LOD400-Fabrication 加工。该等级等同于模型单元的加工和安装阶段需求，如被专门的承包商和制造商用于加工和制造项目构件。

⑤ LOD500-As-built 竣工。该等级等同于项目竣工阶段需求。模型将包含业主在 BIM 提交说明里确定的完整的构件参数和属性。模型将作为中心数据库整合到建筑运营和维护系统中。

本章思考题

1. BIM 应用的相关硬件有何配置要求？
2. BIM 与 CAD 有何区别？
3. BIM 应用软件分为哪几类？
4. BIM 主流建模软件有哪些？
5. 施工阶段建模包括哪些工作？
6. BIM 模型的生成方式有哪几种？
7. BIM 模型的细度标准如何分类？

在线习题

第3章 BIM标准与规范

3.1 BIM标准与规范发展现状

2004年，Autodesk公司实施“长城计划”，在我国首次系统介绍BIM技术，引起国内学术界广泛关注。2009年，清华大学成立课题组开展中国BIM标准应用研究，并出版《设计企业BIM实施标准指南》和《中国建筑信息模型标准框架研究》。2011年至今，国家和地方颁布了一系列政策，推动和支持BIM的应用。从“十二五”到“十四五”，BIM技术有了突飞猛进的发展，国家发展规划和建筑相关的部分内容也体现了积极引导和推进作用（见表3-1），自2011年起国家与地方政府制定出台一系列标准和规范，对BIM技术的发展也起到了积极作用。

表3-1 国家三个“五年计划”中BIM发展规划

规划	内容
《2011—2015年建筑业信息化发展纲要》	基本实现建筑企业信息系统的普及应用，加快建筑信息模型（BIM）、基于网络的协同工作等新技术在工程中的应用，推动信息化标准建设，促进具有自主知识产权软件的产业化，形成一批信息技术应用达到国际先进水平的建筑企业
《2016—2020年建筑业信息化发展纲要》	全面提高建筑业信息化水平，着力增强BIM、大数据、智能化、移动通讯、云计算、物联网等信息技术集成应用能力，建筑业数字化、网络化、智能化取得突破性进展，初步建成一体化行业监管和服务平台，数据资源利用水平和信息服务能力明显提升，形成一批具有较强信息技术创新能力和信息化应用达到国际先进水平的建筑企业及具有关键自主知识产权的建筑业信息技术企业
《“十四五”建筑业发展规划》	加快推进建筑信息模型（BIM）技术在工程全寿命期的集成应用，健全数据交互和安全标准，强化设计、生产、施工各环节数 字化协同，推动工程建设全过程数字化成果交付和应用

“十四五”期间，我国建筑业在规模上已达到世界领先水平，但发展质量还有待提升。全球建筑业界已普遍认同BIM是未来趋势，其还将有非常大的发展空间，其对整个建筑行业的影响是全面性的、革命性的。

目前，中国BIM行业技术集约化程度不高，行业标准体系尚不完善。BIM主要在北京、上海等地的建筑项目中进行应用，上述地区的BIM渗透率在中国处于领先位置。随着BIM标准体系的持续完善、建筑业信息化程度的加深、企业接受度的逐渐提高，BIM的行业应用将持续加深，市场空间将进一步扩大。

中国国家及地方相关政府部门相继出台了一系列国家标准、地方标准和行业标准以规范和引导BIM的应用实施和行业发展，如中国勘察设计协会于2015年8月出台了《中国市政设计行业BIM实施指南》，上海市住建委于2017年6月出台了《上海市建筑信息模型技术应用指南（2017版）》，住房和城乡建设部于2018年1月出台了《建筑信息模型施工应用标准》。但总体而言，BIM行业标准完善度不高，尤其是针对设计、施工和运维各环节的标准尚待完善。

3.2　BIM 标准与规范体系

3.2.1　BIM 标准与规范建设过程与分类

从行业的发展到国家的发展规划，都需要 BIM 技术的应用，其原始动力源于人类对效率的追求。BIM 的应用不仅需要软件、硬件，还需要标准的支持，其标准化建设直接关系到行业信息化进程的质量与效率。2016—2025 年是中国 BIM 标准体系从无到有、从基础到完善的关键发展期，有了统一的 BIM 技术标准，才能在建筑全生命周期的技术及管理工作中有效地利用 BIM 技术，才便于相关的技术或管理人员更好地进行信息共享。近年来国家实施的相关 BIM 标准，见表 3-2。

表 3-2　BIM 相关国家标准汇总

类型	序号	文件名称	发布单位	实施时间
国家标准	1	建筑信息模型应用统一标准 GB/T 51212—2016	住房和城乡建设部	2017.7.1
	2	建筑信息模型施工应用标准 GB/T 51235—2017	住房和城乡建设部	2018.1.1
	3	建筑信息模型分类和编码标准 GB/T 51269—2017	住房和城乡建设部	2018.5.1
	4	建筑信息模型设计交付标准 GB/T 51301—2018	住房和城乡建设部	2019.6.1
	5	制造工业工程设计信息模型应用标准 GB/T51362—2019	住房和城乡建设部	2019.10.1
	6	建筑信息模型存储标准 GB/T 51447—2021	住房和城乡建设部	2022.2.1
	7	建设工程工程量清单计价标准 GB/T 50500—2024	住房和城乡建设部	2025.9.1

BIM 标准可分为三类，即分类编码标准、数据模型标准以及过程标准。

分类编码标准直接规定建筑信息的分类，一是用于在计算机中保存非数值信息并将其代码化，二是用于有序地管理大量的建筑信息。

数据模型标准规定 BIM 数据交换格式，如建筑师在利用软件建立模型时，是将信息保存为某种应用软件提供的格式，还是保存为某种标准化的中性格式。

过程标准规定用于交换的 BIM 数据的内容，规定在什么阶段产生什么信息，如建筑师最开始应生成哪些信息并分发给结构工程师。

3.2.2　国家现行 BIM 标准简介

(1) GB/T 51212—2016《建筑信息模型应用统一标准》

该标准充分考虑了我国国情和工程建设行业当前阶段特点，创新性地提出了我国建筑信息模型（BIM）应用的一种实践方法，内容科学合理，具有基础性和开创性，对促进我国建筑信息模型应用和发展具有重要指导作用。

这部标准作为中国首部 BIM 顶层标准，定义了 BIM 应用的通用框架，解决了模型数据在全生命周期中的一致性问题，同时强化与国际标准（如 IFC）的兼容性。这部标准的颁布为地方规范提供了基准，避免行业 BIM 应用的碎片化，推动了在 EPC 总承包项目中全过程 BIM 的应用。该标准的核心内容主要包括：

① 模型层级划分：明确 LOD100～LOD500 各级别模型的几何与信息深度要求；

② 数据交换规则：规定 IFC 等格式的转换流程，确保跨平台协作；

③ 责任边界：界定业主、设计、施工等各方的模型交付责任与知识产权归属。

(2) GB/T 51235—2017《建筑信息模型施工应用标准》

该标准从深化设计、施工模拟、预制加工、进度管理、预算与成本管理、质量与安全管理、施工监理、竣工验收等方面提出了建筑信息模型的创建、使用和管理要求，填补施工阶段 BIM 标准的空白，聚焦深化设计、工序模拟、质量管控等场景，是施工企业 BIM 实施的强制性依据。标准的应用对降低项目返工率、推动预制构件标准化生产（如装配式建筑）起到促进作用。其核心内容主要包括：

① 施工流程嵌入：要求 BIM 应用于场地规划、预制装配、进度管理（4D）、成本控制（5D）；

② 碰撞检测规范：细化机电与结构冲突的自动识别规则与解决路径；

③ 验收标准：关联《建筑工程施工质量验收统一标准》（GB 50300—2013），实现模型与实体工程的双重验证。

(3) GB/T 51269—2017《建筑信息模型分类和编码标准》

这部标准是为实现建筑工程建设与使用各阶段建筑工程信息的有序分类与传递，以及建筑工程规划、设计、施工阶段的成本预算与控制，设计阶段项目描述建筑信息模型数据库建立，规范建筑产品信息交换、共享，促进建筑工程信息化发展而制定的。该标准填补了建筑工程数字化设计信息模型的分类与编码应用空白，对保证建筑工程信息化，实现建筑工程相关的行业管理、投资、标准、造价的信息化管理等具有重大意义。

该标准构建“设施-空间-构件”三级编码结构，解决跨专业数据整合难题，为智慧城市 CIM 平台提供底层数据字典，助力运维阶段设备溯源与更换决策。其核心内容主要包括：

① 分类逻辑：采用表格式编码，兼容 UNSPSC 体系；

② 属性关联：支持编码与材料、造价等数据库的动态关联；

③ 扩展机制：允许地方补充特定编码。

(4) GB/T 51301—2018《建筑信息模型设计交付标准》

该标准规范了设计阶段模型深度与交付物格式，明确“模型＋文档”双轨制交付模式。缩短设计审查周期 50%，推动项目实现“无纸化审图”。其核心内容主要包括：

① 交付物清单：强制要求包含模型视图、属性表，采用轻量化格式；

② 模型细度：规定方案设计（LOD200）至施工图设计（LOD300）的信息增量；

③ 协同规则：定义中心文件（central model）的版本管理与冲突合并机制。

(5) GB/T 51362—2019《制造工业工程设计信息模型应用标准》

该标准针对化工、制药等工业设施编制，强调工艺设备与管道系统的 BIM 集成设计，促进了项目中管线排布的优化，其核心内容主要包括：

① 参数化设备库：建立反应釜、泵阀等设备的国家级标准族库；

② 安全模拟：集成火灾、泄漏应急预案的数字化演练流程；

③ 运维接口：对接分布式控制系统（DCS），实现设备状态实时监测。

(6) GB/T 51447—2021《建筑信息模型存储标准》

该标准旨在规范建筑信息模型数据在建筑全生命周期各阶段的存储，保证 BIM 应用效率，以及 BIM 应用软件输入和输出数据通用格式及一致性的验证。其制定为 BIM 数据的规范化存储和应用提供了基础依据，有助于推动建筑业信息化发展。构建以 IFC 为核心、兼容 BIM 与 GIS 的存储架构，支撑“新城建”试点工程。其核心内容主要包括：

① 分布式存储：制定大型项目模型分块存储与动态加载规则；

② 版本管理：基于 Git 理念设计模型历史追溯机制；

③ 轻量化传输：规定 Web GL 格式转换与加载延迟上限。

(7) GB/T 50500—2024《建设工程工程量清单计价标准》

该标准将 BIM 模型与工程量计算规则绑定，实现“模型即工程量”，在政府投资项目中杜绝“超概算”现象，提升造价透明度。其核心内容主要包括：

① 自动算量规则：定义构件几何参数与清单项目的映射逻辑（如墙体体积→砌筑工程量）；

② 动态计价：关联建材价格数据库，支持成本实时预警；

③ 审计追溯：要求模型变更留痕，符合工程造价审计要求。

3.2.3　全国部分省市 BIM 标准及规范的应用情况

(1) 北京市

2021 年 10 月，北京市住建委印发《北京市房屋建筑和市政基础设施工程智慧工地做法认定关键点》。其中，智慧管理中提到：①实行工程施工资料电子化管理的，满足其一即可，a. 项目应用工程施工资料电子化系统，并将电子化施工资料推送至北京市建设工程档案资料数字化管理系统。b. 工程验收资料数字化存储并与 BIM 模型关联。②采用物联网、大数据、BIM 组织施工的，项目创建 BIM 模型，并在施工过程中应用 BIM＋大数据、物联网、云计算、人工智能等信息技术组织施工，符合认定关键点要求的，可加分。智慧提质中提到：应用 BIM 技术开展工程质量管理的，项目应用 BIM 技术开展三维可视化交底、工艺模拟、碰撞检查至少 1 项质量管理工作，符合认定关键点要求的，可加分。智能建造中提到：应用 BIM 智能化方式建造的，在深化设计、加工生产、运输、仓储领料、施工过程中，应用 BIM，符合认定关键点要求的，可加分。

(2) 上海市

2021 年 1 月，上海市黄浦区发展和改革委员会印发《黄浦区建筑节能和绿色建筑示范项目专项扶持办法》，明确指出对 BIM 技术应用示范项目进行扶持。扶持的标准和方式为：符合 BIM 技术应用示范项目，专家评审等级合格的补贴 5 万元；专家评审等级良好的补贴 8 万元；专家评审等级优秀的补贴 10 万元。单个示范项目最高补贴 100 万元。

2021 年 11 月，上海市住房和城乡建设管理委员会印发《上海市房屋建筑施工图、竣工建筑信息模型建模和交付要求（试行）》。其中明确：建筑信息模型建模和交付除应符合本交付要求的规定外，还宜符合《建筑信息模型设计交付标准》（GB/T 51301—2018）和《建筑信息模型分类和编码标准》（GB/T 51269—2019）等国家标准以及本市有关标准的相关规定。建筑信息模型建模及其应用宜采用正向设计和施工方式开展，建筑信息模型精度及深度同时应满足设计和施工的要求，并应保证模型与图纸的一致性。施工图审查和竣工验收推行基于建筑信息模型审查和竣工验收体系，相关审查要点和程序另行制定。

(3) 重庆市

2020 年 12 月，重庆市发布《关于推进智能建造的实施意见》，落实智能建造目标中的推行全过程 BIM 技术应用，并提出以下要求：推广自主可控的 BIM 技术，建立部品部件 BIM 模型入库制度，在重庆使用的建筑部品部件应在 BIM 项目管理平台提交 BIM 模型，强化应用 BIM 设计协同能力和虚拟化施工水平，推进 BIM＋5G、VR、AR、无人机等技术在施工现场、工业化装修等场景的应用。到 2025 年，全市工程项目全面采用数字化建造模式。

2021 年 7 月，《重庆市房屋建筑与市政工程建筑信息模型（BIM）技术服务计费指南（试行）》正式公布，填补了重庆市 BIM 取费标准的空白，将进一步规范该市建筑行业信息模型（BIM）技术服务费用计价行为，合理确定和有效控制工程造价。

（4）安徽省

2021 年 3 月，合肥市城乡建设局发布 2021 年装配式建筑工作要点的通知，文件表示：2021 年全市装配式建造规模力争达到 1000 万平方米，其中重点推进区域装配式建筑占新建建筑的面积比例不低于 25%，积极推进区域不低于 20%。搭建装配式建筑产业创新联盟，争创 1 到 2 个省级及以上装配式建筑产业园区，预制构件企业信息化、工业化水平显著提升，BIM 技术项目应用率达 100%。

（5）广东省

2021 年 5 月，广东省人民政府办公厅发布《广东省促进建筑业高质量发展的若干措施》，并提出以下要求：加大建筑信息模型（BIM）、互联网、物联网、大数据、云计算、人工智能、区块链等新技术在建造全过程的集成应用力度。国家机关办公建筑、国有资金参与投资建设的其他公共建筑全面采用 BIM 技术。发展 BIM 正向设计，推进城市信息模型（CIM）基础平台建设，推动 BIM 技术和 CIM 基础平台在智能建造、城市体检、建筑全生命周期协同管理等领域的深化应用。加强智能建造、“机器代人”等应用场景建设，推动重大产品集成和示范应用。企业购置、使用智能建造专用设备符合条件的，可按规定享受投资抵免企业所得税政策。

（6）福建省

2021 年 11 月，厦门市建设工程造价管理协会发布《厦门市建筑信息模型（BIM）技术应用计费参考》。文件指出：BIM 技术应用模型细度、应用内容及深度应符合国家、福建省现行相关标准等技术文件要求。项目立项时，建设单位应根据工程项目复杂程度、应用深度不同，明确 BIM 应用需求和配套费用，并在工程建设其他费用中单独计列。

（7）广西壮族自治区

2021 年 9 月，广西壮族自治区印发《新型建筑工业化发展实施方案》（征求意见稿），提出：依托装配式建筑试点城市、示范基地开展示范试点，集成 5G、人工智能、BIM、物联网等新技术，形成涵盖科研、设计、生产加工、施工装配、运营维护等全产业链融合一体的新型建筑工业化产业体系。

（8）河北省

2021 年 10 月，河北省住房和城乡建设厅等 9 部门联合印发《关于加快新型建筑工业化发展的实施意见》，提出：大力推广建筑信息模型（BIM）技术。开展 BIM 技术应用示范工作，加快推进 BIM 技术在新型建筑工业化全寿命期的一体化集成应用，实现设计、采购、生产、建造、交付、运行维护等阶段的信息互联互通和交互共享。充分利用社会资源，推动建设基于 BIM 技术的标准化部品部件库。推进 BIM 技术与城市信息模型（CIM）平台的融通，提高全产业链资源配置效率。推动具备条件的建筑企业建立以 BIM 技术为基础的数字化中心（实验室）。将 BIM 技术集成运用作为骨干企业和专精特新企业的基础条件。对于应用 BIM 技术增加的成本，合理纳入工程造价。

2021 年 11 月，河北省住房和城乡建设厅印发《河北省新型建筑工业化“十四五”规划》，制定建筑信息模型（BIM）技术应用技术指南，培育一批掌握建筑信息模型（BIM）技术企业，组织实施建筑信息模型（BIM）技术应用示范工程，推进建筑信息模型（BIM）技术在设计中应用，通过数字化设计手段推进建筑、结构、设备管线、装修等多专业一体化设计，提升设计水平。在雄安新区开展建筑师负责制试点，推动产业链上下游资源共享、系统集成和联动发展。

(9) 湖北省

2021 年 9 月，湖北省住房和城乡建设厅等部门印发《关于推动新型建筑工业化与智能建造发展的实施意见》，提到：推进建筑信息模型（BIM）全过程应用。推进基于 BIM 进行勘察数值模拟、空间分析和可视化表达，普及应用 BIM 进行设计方案的性能和功能模拟分析、优化、绘图、审查，以及数字化成果交付、可视化沟通和存档管理，提高设计质量。统一工程建造环节数据标准，集成工程制造各类软件及应用，搭建统一、开放的 BIM 数据交换平台，开展多专业、全流程的数据共享和协同，提高工程建设质量和效率。建立基于 BIM 的项目全生命周期管理信息系统，拓展部品部件生产、现场施工、装配式装修、运维等应用场景。将应用 BIM 作为项目申报省优国优工程等相关奖项的重要条件。政府投资的 1 亿元以上市政基础设施项目、3 万平方米以上的公共建筑和装配式建筑应采用 BIM 技术，鼓励房地产开发项目采用 BIM 技术。

第3章

(10) 湖南省

2021 年 10 月，湖南省人民政府办公厅印发《关于促进建筑业持续健康发展的实施意见》，提出：加快推进建筑信息模型（BIM）技术在规划、勘察、设计、施工和运营维护全过程的集成应用。推进基于 BIM 技术的施工图审查，建立 BIM 技术应用信息平台。支持企业开展深层次的 BIM 技术应用实践和创新研究，形成产学研用创新合作机制。加快 BIM 技术标准体系建设。

(11) 吉林省

2021 年 3 月，吉林省住房和城乡建设厅发布了《吉林省推进房屋建筑和市政基础设施工程全过程咨询服务的实施意见》，明确了全过程工程咨询 5 年的发展目标。文中特别指出：对于采用 BIM 等新技术的，应当给予加分；“全牌照”咨询单位与联合体咨询单位得分相同时，优先选择“全牌照”咨询单位；同一集团所属企业组成联合体视为一家“全牌照”企业。

(12) 江苏省

2021 年 2 月，南京市城乡建设委员会、南京市规划和自然资源局发布了《关于加快推进我市建筑信息模型（BIM）技术应用的通知》，文件提出：自 2021 年 3 月 1 日起，在南京市新建工程项目中推广应用 BIM 技术。对众多满足条件的新建工程项目，要求应用南京市工程建设项目 BIM 智能审查系统进行 BIM 规划报建、施工图报审和竣工验收管理。

(13) 内蒙古自治区

2021 年 9 月，内蒙古自治区发布《关于促进新型建筑工业化绿色发展的实施意见》，提到：2023 年起，自治区范围内投资额在 1 亿元以上或者单体建筑面积 2 万平方米以上，技术复杂、管理协同要求高、国有资金投资的房屋建筑和市政工程建筑项目，全部采用 BIM 技术。

(14) 山东省

2020 年 12 月，济南市住房和城乡建设局发布了《济南市房屋建筑和市政基础设施项目工程总承包管理办法（征求意见稿）》，明确指出推广 BIM 技术应用。主要提出 3 点：推进工程总承包项目积极应用 BIM 技术，建立有关 BIM 信息管理平台，工程总承包文件、招标文件明确 BIM 要求。

2021 年 9 月，济南市 8 部门印发《关于促进济南市建筑信息模型（BIM）技术集成应用发展的实施意见》。2021—2022 年为试点应用阶段，2023—2024 年为推广应用阶段，2025

年为全面应用阶段。

（15）四川省

2020年9月，四川印发《四川省加快推进新型基础设施建设行动方案（2020—2022年）》，指出要大力建设数字水利基础设施。文件中明确：推进5G、建筑信息模型（BIM）、3S（遥感、定位、导航）等技术与水利工程建设运行、水资源管理等深度融合。

2021年8月，成都市人民政府发布《关于大力推进绿色建筑高质量发展助力建设高品质生活宜居地的实施意见》，提到：构建数字化设计体系。加快推进数字设计基础平台和系统应用，统筹建筑设计各专业及部品部件、装配施工、装饰装修，推动一体化集成设计。开展部品部件标准化建筑信息模型（BIM）建设，构建装配式部品部件BIM资源库，推动装配式部品部件模数化、标准化。

2021年9月，成都市建筑业协会联合成都市勘察设计协会发布《成都市建筑信息模型（BIM）技术服务费用计价参考依据》。

（16）浙江省

2021年3月，浙江省人民政府发布了《关于推动浙江建筑业改革创新高质量发展的实施意见》。文中指出：到2025年，全省建筑业改革创新取得明显成效，新型建造方式和建设组织方式推进效果显著。建筑信息模型（BIM）、物联网、大数据、云计算、智能建造等数字技术全面应用于建筑产业，数字化应用能力进一步提升。智慧工地覆盖率达到100%。累计建成省级以上技术中心150家。

3.3 BIM标准与规范发展趋势

我国建筑业正走向以新型工业化变革生产方式、以数字化推动全面转型、以绿色化实现可持续发展的创新发展新时代。全国住房和城乡建设工作会议要求，加快发展“中国建造”，推动建筑产业转型升级。加快推动智能建造与新型建筑工业化协同发展，大力发展数字设计、智能生产、智能施工和智慧运维，加快建筑信息模型（BIM）技术研发和应用，建设建筑产业互联网平台，完善智能建造标准体系，推动自动化施工机械、建筑机器人等设备研发与应用，开展智能建造应用，归纳分析信息技术与建造技术深度融合的应用模式，推动建筑业转型升级和绿色、创新发展。

3.3.1 智能建造对BIM规范的新要求

（1）数据互通性方面

BIM模型数据面临互通标准缺失的瓶颈。不同软件平台间的数据壁垒导致约27%的工程项目存在协同效率损失，这一现象在大型复杂项目中尤为突出。未来趋势预测显示，建立统一的数据标准将成为重点发展方向，预计2026年前将形成覆盖90%主流软件的数据互通协议框架。

（2）智能化建造对BIM规范提出了更高要求

当前部分企业仍处于“伪智能化”阶段，仅实现基础模型的可视化功能。但发展趋势表明，建筑机器人将承担60%的重复性施工作业，施工精度要求将提升至毫米级。这一转变要求BIM模型必须支持LOD500级别的构件细节，且需嵌入施工工艺参数等智能建造所必需的数据。

（3）绿色建筑整合方面

2025年绿色建筑占比已达50%，智慧建造技术在节能降耗方面的应用成效显著。BIM

标准已开始整合能耗模拟、碳足迹计算等可持续性评估模块。未来通过智慧建造技术，预计可实现能耗降低30%、碳排放减少40%的环境效益，这将推动BIM标准增加新的可持续性评估指标体系。

BIM标准的持续完善需要重点关注三个方面：强化与国际标准化组织building SMART的技术对接，建立动态标准更新机制；开发支持AI自动优化的BIM平台，目前已有12家头部企业开展相关研发；构建产学研协同的标准测试验证环境，首批5个国家级BIM实验室已投入运行。这些措施将有效提升BIM标准对智能化建造的支撑能力。BIM标准与规范发展现状及未来趋势对比见表3-3。

表3-3 BIM标准与规范发展现状及未来趋势对比

维度	发展现状	未来趋势
BIM标准覆盖范围	正向设计普及率超40%，实现全生命周期管理	AI+BIM深度融合，设计自动优化普及率将超50%
数据互通性	BIM模型数据互通标准缺失导致跨平台协作困难	建立统一数据标准，实现跨平台无缝协作
智能化要求	部分企业仍停留在“伪智能化”阶段	建筑机器人完成60%重复性作业，精度达毫米级
绿色建筑整合	绿色建筑占比达50%，智慧建造技术广泛应用	通过智慧建造技术实现能耗降低30%，碳排放减少40%
区域发展差异	长三角地区技术引领，占全国市场35%	区域协同发展，缩小技术应用差距

3.3.2 国内外BIM标准体系的完善

国际标准化组织（ISO）发布的全球性BIM标准ISO 19650主要是基于英国标准BS/PAS 1192系列完善而成，旨在统一全球建筑资产全生命周期的信息管理框架。它是一部框架性标准，主要定义BIM标准的宏观框架，侧重于信息管理的原则、流程和协作机制，其核心是通过计划-执行-检查-处理（PDCA）循环和“信息传递环”（information delivery cycle）流程，规范BIM信息交换与管理，其具备国际化适配的特点，但要求各国结合本地情况制定相应的实施指南。

国内BIM标准主要以《建筑信息模型应用统一标准》（GB/T 51212—2016）为核心，结合中国建筑业实际需求制定，强调本土化应用。《建筑信息模型应用统一标准》明确BIM为“在建设工程及设施全生命期内，对其物理和功能特性进行数字化表达，并依此设计、施工、运营的过程和结果的总称”，更注重全生命周期的数字化集成。与此配套的标准有：《信息技术 建筑信息模型（BIM）软件》（GB/T 45393—2025）系列——规范BIM软件功能、数据接口和模型交换，推动软件生态互联互通；还包括一些行业细分标准，主要是针对特定工程类型制定的BIM技术要求。

2024年的相关数据显示，中国对外直接投资额达到1438.5亿美元，同比增长10.5%，中国工程建设企业在海外市场保持着稳定的发展态势，为BIM规范的国际化应用提供了广阔空间。在跨国项目实践中，BIM技术的深度应用需要解决标准体系的协同问题。大量实践案例已证明中国BIM应用水平已获得国际认可。技术融合正在重塑行业生态，BIM建模与AI设计工具、3D打印等技术的结合，为跨国项目标准协调提供了新的解决方案。标准翻译体系的完善也不断推动BIM规范的国际化，部分领军企业已开始建立专业翻译团队，针对不同区域市场开发定制化的标准解读材料。

3.3.3 可持续建筑 BIM 标准的发展

在建筑行业数字化转型的背景下，BIM 标准体系正经历系统性重构。一些国家标准和规范的修订，体现了标准框架的优化调整与内容体系的全面升级。“数据是核心、协同是关键、模型是载体、应用是目标”是标准的编制原则，对 BIM 数据与执行应用进行了更加系统的规范。

节能环保理念正深度融入 BIM 标准体系。部分省市的新版标准通过构建全生命周期管理体系，将碳排放量控制纳入 BIM 应用评价指标。实践表明，采用 BIM 技术的绿色建筑项目，在设计阶段可降低 15%～20%的能源消耗模拟误差，施工阶段可减少 8%～12%的材料浪费。如中国建筑业协会标准特别强调可再生资源利用的数据集成要求，规定光伏系统、地源热泵等可持续设施必须建立完整的 BIM 组件库。

BIM 可视化技术为可持续设计提供了量化分析工具。三维模型可直观展示建筑遮阳系数、日照辐射量等多项环境参数，辅助设计师优化建筑朝向和围护结构。一些地方的住房和城乡建设部门要求重大建设项目必须通过 BIM 模型进行全年 8760 小时的能耗动态模拟，确保碳排放量控制在行业基准值以下。

标准协同性建设取得实质性进展。不断推动 BIM 标准与绿色建筑评价标准的对接，形成覆盖设计、施工、运维三阶段的协同标准体系。采用统一标准的项目，跨专业协同效率提升 40%，设计变更率降低 35%。如中国建筑业协会标准建立了包含 78 个可持续性指标的 BIM 应用评价矩阵，其中可再生能源利用率、碳排放强度等十余项指标为核心考核指标。

运维阶段的 BIM 标准创新尤为突出。通过标准升级，推动 BIM 技术在建筑设备能效管理中的应用，重点用能设备必须建立数字孪生模型。一些大型技术实践案例显示，基于 BIM 的智能运维系统可使建筑整体能耗降低 18%～25%，设备故障预警准确率达到 92%。

本章思考题

1. BIM 标准与规范的发展现状是什么？
2. 我国 BIM 技术现行主要标准有哪些？
3. BIM 标准与规范的发展趋势是什么？

在线习题

第4章 BIM在建筑、结构、机电专业中的应用

4.1 BIM在各专业中的应用概述

BIM资源的利用涉及模型及其构件的产生、获取、处理、存储、传输和使用等多个环节。随着BIM的普及应用，BIM资源库规模的增长将极为迅速。由于BIM应用涵盖项目的建筑、结构、机电等全过程、全方位的信息，信息量大且内容复杂，因此，简单的划分已不能满足BIM模型信息的组织要求。鉴于目前计算机软硬件的性能限制，不同建模软件和硬件环境对于模型的处理能力会有所不同，必须对模型按照功能模块进行拆分。

(1) 模型拆分原则

模型拆分的主要目的是协同工作，以及降低由于单个模型文件过大造成的工作效率降低。通过模型拆分达到以下目的：①多用户访问；②提高大型项目的操作效率；③实现不同专业间的协作。

(2) 模型拆分内容

模型拆分时应尽量考虑所有相关BIM应用团队的需求。在BIM应用早期，由具有经验的工程技术人员设定拆分方法，尽量避免创建孤立的、单用户文件。一般按建筑、结构、机电专业来组织模型文件。建筑模型仅包含建筑数据，结构模型仅包含结构数据，机电模型主要包括水暖电等内容，同时要视使用的软件和协同工作模式而定。

基于目前硬件和软件技术的条件，模型组织应按模型拆分方法进行，尽可能地减少单个文件的模型量，以提高电脑运行的性能。典型的模型拆分方法见表4-1。

表4-1 模型拆分内容

专业	拆分主要内容	专业	拆分主要内容
建筑	① 依据建筑分区拆分 ② 依据楼号拆分 ③ 依据施工缝拆分 ④ 依据楼层拆分 ⑤ 依据建筑构件拆分	机电	① 依据建筑分区拆分 ② 依据楼号拆分 ③ 依据施工缝拆分 ④ 依据楼层拆分 ⑤ 依据系统/子系统拆分
结构	① 依据结构分区拆分 ② 依据楼号拆分 ③ 依据施工缝拆分 ④ 依据楼层拆分 ⑤ 依据结构构件拆分		

4.2 BIM在建筑专业中的应用

建筑师作为建筑项目形象的设计者，从项目一开始到完成，一直承担着项目中创造性主

管的角色。建筑设计阶段应用 BIM 技术可有效提升工作效率。据统计，在建筑设计阶段应用 BIM 技术，项目的合作协同效率可提高 32%，在提高效率、节省时间方面可提高 13%，在质量控制、准确性方面可提高 9%，企业合同综合回报率可提高 11%。

以工程项目的设计过程为例，主要从信息收集、初步设计、深化设计、设计成果表达和施工图设计等方面介绍 BIM 技术在建筑设计专业中的具体应用。

4.2.1 概念设计方面

(1) 信息的收集与场地模型创建

概念设计方面，主要包括收集项目任务书、拟建场地、规划范围及条件中的重要设计信息，熟悉拟建场地及周边环境、地貌特点、风俗习惯等内容，明确用地规划边界线，同时还要兼顾气候条件与季风方向等。详细的设计条件和数据可以帮助建筑师构思出更符合任务书要求、更适合场地环境的建筑，从而避免潜在的失误。高质量的概念设计成果除提取和整理有效设计信息之外，建筑师还应根据业主或相关规划部门提供的拟建用地的用地信息，利用 BIM 软件的特定功能进行地形的创建，见图 4-1。

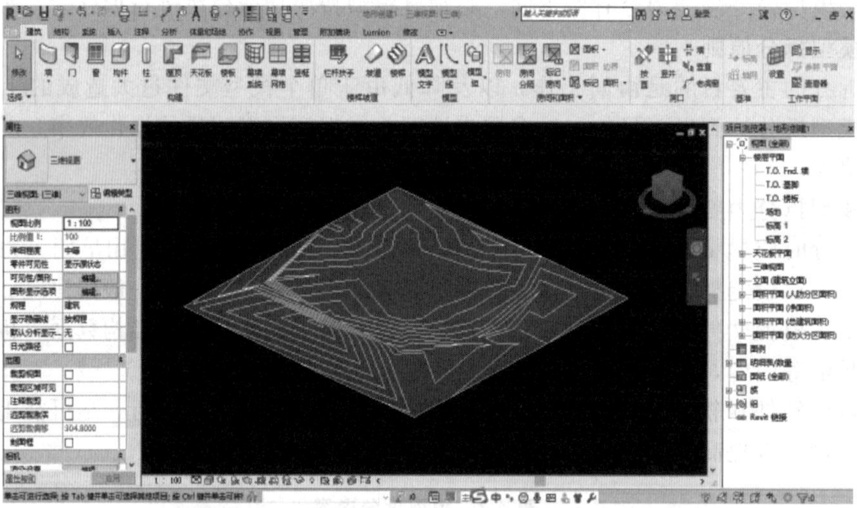

图 4-1　利用 BIM 软件的特定功能进行地形的创建

(2) 场地分析与形体推敲

拟建场地模型创建完成后，建筑师可根据建筑对场地周边环境的影响以及与周边其他建筑的关系来规划设计场地。通过 BIM 软件平台提供的相关数据，对场地地形进行判断、分析，找出需要重点关注的信息。

在完成场地地形分析工作之后，建筑设计人员需要结合任务书中的功能布局、容积率、构造方法等来分析确定建筑物形体的总体方向。通过三维立体表现的方法，多次在三维视图中直观地对建筑形体进行推敲，对功能布置不断改进，确定建筑功能布局的基本框架、模型体积关系、内部空间布局以及与场地环境的关系。设计出体量合适、功能合理、形体更具逻辑性、更有机的建筑。

(3) 概念体量模型

基于对概念体量关系在各方面都需要满足设计要求的考虑，在体量创建完成之后，还需要对模型进行计容建筑面积、建筑体形系数、建筑密度等技术指标的数据分析。除此之外，建筑的日照条件、风环境模拟等分析也是必不可少的。此阶段可以将体量模型文件导入绿色分析软件进行对应的数据分析和环境模拟。

与传统设计模式相比，运用 BIM 软件对概念体量模型进行调整，建筑师可以更直观地观察到局部的调整对体量整体的影响，利用三维视图模式对体量模型进行更合理的尺寸修改和形体调整，避免了传统设计模式时重复修改的情况，提高了团队的工作效率。

(4) 体量模型深化

概念体量模型经过全方位的分析、调整之后，需要对体量模型进一步深化。基于对方案最优解的考虑，如何在满足设计基本要求、融入场地周边环境、反映当地风土人情的条件下，提高建筑利用率、简化建造的复杂程度、降低建造成本，则需要通过较为完整的概念设计方案进一步对比和评估。在体量模型的基础上，利用 BIM 软件提供的体量分割、表面有理化等辅助工具对体量模型进行深化，根据分割结构创建楼板、墙体、墙饰条、屋顶等基础建筑构件，赋予构件对应的材质，完整地表达出整个建筑概念设计方案，突出整个方案的特点，促进设计人员与业主进行交流。

本阶段通常由建筑师提供多个不同的概念设计方案供业主选择，BIM 分析软件可以对光照、日照、风环境、声环境等不同模型进行初步模拟分析。根据分析结果，可以及时合理地调整设计方案，选择合适的朝向、布局和建筑造型，使建筑能耗最小化，自然采光和通风潜力最大化，获得最佳方案。

4.2.2　初步设计方面

(1) 功能空间及构件组织

概念设计经业主选择和确认后，将由设计人员对设计方案进行初步设计。建筑师在方案深化的过程中，通过 BIM 软件的辅助工具，可以更好地处理功能与空间的关系。3D 视图的实时修改允许建筑师随时观察和修改建筑模型的各种角度，并推断出模型和场地之间的设计效果。此外，BIM 软件的漫游功能可以帮助建筑师更好地感受空间的合理性，体验建筑内部空间的设计效果。创建合适位置的剖面图功能，配合三维视图的显示效果，可以精确了解建筑细部的构造形式，结合二维平面视图进行对应位置构件的调整。简而言之，基于模型的 3D 视图方法可以更全面地评估建筑师的设计是否与周围环境相协调，确保建筑师能够准确地表达自己的设计理念。

建筑物通常是由不同形态的空间构件组成的，常见的构件有墙、门窗、楼板、梁、柱等。在建筑深化设计之前，首先应根据建筑的整体形态、各部分受力情况确定一个适合的结构形式，接着运用上述常见构件作为基本图元逐步搭建起三维模型。确定建筑的结构形式之后，建筑师需根据对建筑功能空间的分析和固定位置的构件进行平面流线的设计。通过考虑每个空间的布置和空间体积来解决建筑功能问题。BIM 软件依靠具有完整信息的建筑构件分割空间，在三维空间中完成建筑流线的布置。

(2) 材质表达

建筑扩初设计过程中，材质的表达与建筑功能和空间设计同样重要。一方面，不同功能空间除了通过丰富的建筑设计手法划分空间外，选择恰当的材料为建筑空间提供对应的空间感受也是必不可少的。另一方面，不同材质的区分也可以用来表达建筑整体的逻辑性。不同物理性质的材质也有划分建筑类型的作用。总之，合理运用不同材质的特性，可以更好地服务于建筑功能空间的表现。

在传统设计模式中，先通过填充样式区分不同建筑材质，然后通过对图纸的说明或者相关规范等文字形式准确表示设计人员对具体材质的选择。应用 BIM 软件进行建筑材质选择则更为直接。在软件中，创建相应构件后，可以在构件的面板属性找到对应的材质选项，在系统材质库中进行相应材质的赋予，此外，建筑师还可以根据自己的设计需求对材质库进行补充。更重要的是，材质选项中包含了该材质的具体样式、物理属性、造价及生产厂家等信息，方便后续阶段进行建筑信息管理等。

4.2.3 深化设计方面

(1) 详图设计

在初步设计阶段完成建筑的基本功能布局和造型设计后，需要开展建筑的深化设计工作。具体来说，就是要对上一阶段中建筑的各个部分给出详细的构造做法，实现施工级别的图纸，即进行建筑的详图设计。施工图设计工作在BIM软件的具体实现过程中，除软件自动创建的几种默认视图（平面图、立面图、天花板视图、三维视图）之外，还需要设计师自行添加合适位置的剖面图、各类构造节点详图对建筑的细部进一步说明，才能达到施工图设计的精度要求。BIM软件的联动性可以体现在建筑设计的各个阶段，所以某一构件产生变动，相对应的构造详图也会随之改变，这确保了细节设计的准确性并提高了设计质量。同时，BIM软件还为设计人员提供详图设计工具和编辑工具，以便从三维模型中获取二维图纸。另外，由于软件开发人员的图纸设置与当前的施工图交付要求不一致，故有必要使用详图设计工具和编辑工具来完善和深化图纸。最后，获得符合施工图标准的平面图纸。

(2) 深化设计

在进行建筑工程结构设计时往往产生众多的想法和构思，这是开展建筑工程设计的前提条件，后续的所有设计内容都应当围绕起初的想法和构思来开展。利用BIM相关的一系列软件来进行建模，可以对这些想法和构思进行实践验证，从而选择最优的方案，实现方案选择以及方案定稿之后对其开展的优化和完善。这种设计思路相比较传统的设计方法有了更高的可行性。除此之外，设计过程应当强化利用BIM技术所提供的其他功能，例如建筑结构的性能模拟以及参数设计，在可视化功能的基础上能够进行建筑结构的演示，并能通过BIM系统与业主方等其他建筑相关方进行有效的沟通，加强了建筑建设计划的可行性，使得最终的设计方案具备较高的质量。

(3) 协同设计

和传统的信息断层问题相比，BIM协同设计提升了信息共享沟通的效率，让信息传递更高效，也让设计效率有了很好的提升，协同设计中的重复劳动可以得到有效减少。比如Revit软件，其有两种协同模式，对应着不同的应用范围和优势。

① 工作集协同。该工作集适用于大、中型综合建筑工程。该模型可以自动更新，以实现实时协同设计。如果有很多设计人员需要同时编辑一个模型，就可以使用工作集协同。这种模式需要建立中心文件，设计人员可以在此基础上编辑本地文件，然后实时上传至文件中心，将工作成果与文件中心的文件匹配起来，同时也把文件中心上的内容下载到本地。工作集协同能很好地完成个人模型与中心模型的同步，提升本地与云端信息传递的效率。相关的工作人员可以做好文件的实时更新、上传、下载，提升文件应用的安全性和及时性。但这种方法对硬件、网络条件和数据安全性也有非常高的要求。

② 链接协同。实际应用中，链接协同模式下，每一个设计人员独立编辑模型，在有需求的时候链接到其他模型，并以其他模型为参照完成自身模型的搭建。缺点是链接协同不能编辑其他人员的模型，在实时性上比较弱。

纵观两种不同的协作方式，都可以高效协助建筑师实现协作工作。建筑师需要根据项目的体量大小、专业要求等实际情况来选择使用哪种方式实现协作工作。在整个建筑方案深化设计阶段，各专业要进行多轮以设计师为主导的专业设计修改工作。BIM技术的应用可减少由于项目各参与方与工作的不协同引起的投资损失，解决各个专业在设计过程中遇到的问题，并通过强化协同工作，加快建设进度和提高工程质量。

4.2.4　设计成果表达

(1) 日光分析

在传统的建筑设计过程中，建筑解决方案的光学环境分析需要建筑师根据自身的设计经验和 CAD 软件的光学环境分析插件进行。该过程步骤较为复杂，要对电子版图纸进行清理，只保留光环境计算的必要图元信息，这需要一定的时间，最终的计算结果可能与实际情况有一定的误差。针对这一复杂步骤，BIM 软件可提供包括静止、一天、多天、照明在内的四种分析模式，供建筑师对项目的光环境进行全面的分析。具体操作如下：首先根据方案的拟建地点设置项目模型的地理位置，然后继续创建建筑模型的日光分析视图和制订日光研究方案，最后进行日光研究动画的查看、保存和导出。

如果需要更准确的日光分析数据，还可以将模型文件导入专业光环境分析软件，以进行详细的日照分析。在设计阶段，软件提供强大的日光分析功能，包括可视化的日照阴影分析，基于此完成太阳轨迹图及遮挡分析，以及遮阳的优化设计。其中，可视化的日照阴影分析是通过直观的 3D 模型渲染，在模型中显示遮挡和投影条件。太阳轨迹和遮挡分析主要基于图表的显示，建筑师需要在使用过程中理解太阳轨迹图的含义。由于 BIM 应用软件的逐渐完善，拥有强大分析功能的软件分析操作更加便利高效。

(2) 工程量分析

建筑设计阶段，工程量分析有助于建筑师准确估算设计方案中各种材料的工程量。BIM 的应用可以提供给建设方准确的方案建造成本数据，从而合理安排施工进度，组织现场劳动力、材料及施工机械。此外，准确的工程统计数据也是建筑物碳排放数据库的重要数据，为整个建筑物全生命周期内的碳排放提供关键数据。

传统设计模式中工程量的测算需要安排相关专业人员根据建筑设计阶段提供的详图，按照一定的顺序逐步进行各部分工程量的测算和统计，最后完成总工程量的整合。构件及材料工程量测算所参照的图纸相对复杂，在进行数据统计的过程中，难免产生一定的误差。BIM 软件还可以以表格的形式提取图元的属性参数，并完成工程量的统计工作。在创建建筑模型之后，创建材料列表以提取材料用量信息，并且可以根据建筑、结构以及各项设备、场地等的材料属性选项确定用量信息。

目前，由于配筋方式多变、模型建造精度有待提高等原因，BIM 软件在项目钢筋工程量测算部分的测算数据还不够准确，但是可以达到规定的测算误差，如果要进一步减少测算误差，则需要借助传统设计模式的钢筋量测量方法进行相应的用量测算。

(3) 其他分析

与传统建筑模型相比，模型分析是建筑设计阶段 BIM 技术应用的重要补充，有助于建筑师提高建筑设计的质量。除了上述日光分析和工程量分析外，设计阶段还涉及环境分析、概念性体积分析、成本分析、结构分析、施工方法分析、新材料使用分析以及其他建筑技术分析。这些分析虽然并不带有强制性，但是全面的模型分析会提高建筑设计的合理性，节省建筑造价，提升结构的稳定性，简化施工程序。随着建筑设计的深入，建筑的性能分析、能耗分析、工程量分析、结构完整性分析、碰撞检测分析、疏散分析等将在建筑设计的优化中发挥关键作用。

(4) 图纸的创建

目前，建筑业仍需要根据完善和详细的二维图纸进行项目的施工。平面施工图纸有助于

第
4
章

设计人员与施工单位进行方案沟通。此外，还需要对各种设计数据和文档进行统计和汇总以进行归档。自动生成图纸的选项是许多 BIM 建模软件的重要功能。

在 BIM 软件中创建模型后，将在视图窗口中生成相应的二维图形，例如平面视图、立面视图和剖面图。此阶段的操作过程与传统的 CAD 导出绘图操作基本相同。随后，进行相关建筑信息的设置，按照正确的比例导出建筑二维图纸，最后编制图纸清单。工作量的明细表与二维图纸的导出方式是一致的。由于软件开发人员的图纸设置与当前的施工图标准不一致，因此有必要使用详细的设计工具和编辑工具来完成和深化图纸。最后，获得符合施工图标准的二维图纸。当遇到超长的视图时，可以使用软件提供的“复制为关联”工具将主视图复制到几个相关视图中，并裁剪出视图的范围以解决视图问题。

(5) 三维渲染及 VR

建筑行业目前最大的痛点在于“所见非所得”和“工程控制难”，难点在于统筹规划、资源整合、具象化联系和平台构建。BIM＋VR 模式有望提供行业痛点的解决路径。系统化 BIM 平台将建筑设计过程信息化、三维化，同时提高项目管理能力。VR 在 BIM 的三维模型基础上，加强了可视性和具象性。通过构建虚拟模型进行展示，为使用者提供交互性设计和可视化印象。三维渲染图是在保证原设计信息全部真实的情况下，在建筑三维视图中添加符合拟建场地信息的环境模型，以提升建筑展示效果的渲染图。BIM 软件目前提供了渲染引擎，同时软件还具有数据接口功能，支持将 3D 模型导入其他软件进行渲染。BIM 软件的渲染步骤与建筑师目前使用的步骤大致相同，可设置材质的渲染外观，设置光照条件和渲染参数。

在设计阶段，利用 VR 技术可以以动态的方式全方位展示建筑物所处的地理环境，使建筑师能够在一个虚拟的环境中感受建筑的外貌、建筑内部构造和各种附属设施。在利用 VR 技术进行建筑漫游之前，首先要利用 BIM 建模软件解决虚拟环境建模问题，接着进行虚拟场景渲染、摄影机设置、运动速度控制以及观察者动作模拟的各种设置。随后，建筑师便可以借助相应的立体显示器和其他立体听觉、触觉传感设备，在建筑中漫游，身临其境地了解建筑功能和布局是否能够满足设计要求。

此外，将 VR 技术应用在建筑行业，建设团队的交流和讨论、建筑师与业主的沟通和最终方案的展示汇报都离不开三维渲染图和建筑漫游，使业主可以提前感受建筑物建成后的功能和空间效果。

4.2.5 BIM 应用对建筑设计过程的影响

(1) 设计方法的转变

随着 BIM 技术在建筑设计方面的研究和运用，建筑师开始从二维设计逐步转变为三维辅助设计模式。三维辅助设计通过建立三维模型将徒手绘图和制作实体模型的设计优点融合在一起，具有修改方便、表达直观的特点。通过平面功能布局的设计，建筑空间同步设计，空间形式也反映在建筑物的外观中，形成建筑物的立面。建筑师可以通过操作计算机软件来直观地观察和修改模型，清楚地分析空间和形式之间的关系，及时发现问题并修改，以不断推动设计。

在设计成果输出环节，BIM 模型自动生成图纸功能节省了设计人员的绘图时间，设计人员的主要工作时间开始从“绘图”向“建模”转变，设计方法从根本上发生改变。

(2) 建筑设计流程的变化

传统建筑设计阶段的整个流程可以分为：概念设计阶段、初步设计阶段、深化设计阶段和施工图设计阶段，在整个设计阶段会生成大量的建筑信息。BIM 三维信息模型的实时自动更新功能可以节省大量重复工作。建模软件自动生成标准化细节设计的能力也缩短了绘图时间。

(3) 空间思维模式的转变

BIM 技术使用虚拟现实的立体模式，这是对建筑本源的深度还原。BIM 模型也解决了透视草图和实体模型设计的不足，三维数字虚拟技术统一了建筑外观和空间形态的研究。建筑师可以使用软件提供的相机功能来设置角度，以执行人类视点的空间图像。从二维到三维的建筑设计工作提供了真正数字化建筑的可能性。

4.3　BIM 在结构专业中的应用

BIM 技术在结构专业中的应用主要包括：基坑工程、模板与脚手架工程、钢筋工程、混凝土工程和砌体工程。主要工作内容涵盖构件选型、结构优化等。

4.3.1　基坑工程的 BIM 应用

(1) 概述

BIM 技术在基坑工程中的应用目标是：通过创建基坑的 BIM 信息模型，打破基坑设计、施工和监测之间的隔阂，直观体现项目全貌，实现多方无障碍的信息共享，让不同的团队可以在同一模型环境中工作。通过三维可视化沟通，全面评估基坑工程，使管理决策更科学，采取措施更有效，并加强管理团队对成本、进度计划及质量的直观控制，提高工作效率，降低差错率，节约投资。

BIM 技术在基坑工程中的应用通常包含以下几个方面：建立地下基坑支护结构的三维模型；建立项目所在环境的三维地质模型；自动统计支护结构各部分的工程量；三维模型转二维的自动成图；基于 BIM 的基坑信息化施工与监测等。

目前，BIM 技术在深基坑工程中的应用还处于初级阶段，需要在不同的阶段使用不同的软件实现不同的功能。要实现 BIM 技术在深基坑工程中的应用，需要通过二次开发以完善深基坑建模和模型计算功能。需要不断探索和完善 BIM 技术在深基坑工程中的应用理论和方法，实现 BIM 技术在基坑工程领域的信息化应用。

(2) BIM 应用流程

基坑工程 BIM 应用流程如下：

① 收集项目相关岩土工程地勘报告和设计资料，获取地形、地质数据，建立三维地质数据模型。所谓三维地质建模，是以各种原始数据（包括钻孔、剖面、地震数据、等深图、地质图、地形图、工程勘察数据、水文监测数据等）为基础，建立能够反映地质构造形态、构造关系及地质体内部属性变化规律的数字化模型，其中包含各种物理信息如地层信息、水文地质信息等。通过适当的可视化方式，该数字化模型能够展现虚拟的真实地质环境，更重要的是，基于模型的数值模拟和空间分析，能够辅助用户进行科学决策和规避风险。

② 获取周边建筑物、道路及地下管线等设施的数据，建立施工场地布置模型。

③ 导入地形数据模型及施工场地模型数据，进行基坑工程的支护体系模型建立。模型除了对工程对象进行 3D 几何信息和拓扑关系的描述外，还包括完整的工程信息描述，如对象名称、支护类型、材料类别、工程物理力学性能等设计信息。

④ 土方开挖施工方案设计及施工模拟。通过土方开挖施工方案工程仿真，了解桩基变位、支护结构变形、地形变形对周边设施（相邻建筑及管线等设施）的影响等情况。

⑤ 根据土方开挖设计数据及地形数据进行土方算量。

⑥ 导入基坑变形监测数据，该数据存放在Excel表格中，通过读取该数据生成基坑变形形状，可以查看到临界区域和超限危险点。还可以将某一时间点的变形模型与初始模型叠合并进行误差检验。

⑦ 若出现危险点，基坑监测人员及管理人员确定危险点后调取基坑监测报表，确认危险点是否属实并及时启动应急预案，第一时间开始基坑危险处置工作。

(3) BIM应用软件方案

基坑工程BIM应用软件有多种选择，常用软件有Civil 3D、Revit、Navisworks、Ansys等。

① 基于Autodesk软件的应用方案。利用AutoCAD Civil 3D建立地质模型，利用Autodesk Revit建立支护结构模型及施工场地模型，三者在Revit中整合形成基坑工程模型。在Revit中进行基坑工程施工流水段划分及土方算量，在Navisworks中进行土方开挖及支护结构施工模拟。在Revit中导入基坑变形监测数据，该数据存放在Excel表格中，通过读取该数据生成基坑变形形状。

② 其他软件应用方案。对于特殊基坑工程，如崖壁类基坑，软件难以建模的，可以借助三维激光扫描仪，通过点云数据逆向建模，然后在BIM软件中进行模型整合及相关应用。

(4) 建模方法

① 地形模型建模方法。以勘察获取的高程点或等高线为基础数据，导入BIM软件自动生成三维地形模型，方便快捷。对模型精度要求高、现场环境比较复杂的地形，可以采用三维激光扫描方式，获取现场点云数据形成三维BIM模型，实现逆向建模。

② 地质模型建模方法。目前，国内已有单位自主开发独立的三维岩土工程勘察信息系统，但缺乏与建筑、结构等专业的数据交换接口，在与其他专业协同工作方面有待发展。利用现有的BIM软件，将岩土工程勘察成果建立三维可视化地质模型并与其他专业进行协同工作是BIM技术应用于岩土工程勘察领域的重要方面。

③ 支护结构建模方法。基坑支护结构、支撑体系或锚固体系模型，可直接用现有的BIM软件建模，并与地质模型在同一软件平台整合。

(5) 模型细度

基坑BIM模型的内容主要涉及两大类主体：地质结构和支护结构。基坑工程BIM模型类别及细度要求见表4-2。

表4-2 基坑工程BIM模型类别及细度要求

模型类别	模型元素及信息
地质模型	地形模型、土层模型等几何尺寸、材质、空间位置信息
支护体系模型	基坑支护结构模型(钢板桩、排桩、桩孔灌注桩、劲性混凝土搅拌桩、土钉墙、地下连续墙等)、支撑或锚固形式模型等几何尺寸、材质、空间位置信息
基坑模型	基坑、土方开挖分区、行车路线等几何尺寸、空间位置信息
场地环境模型	地下管线、周边道路与建筑、基坑临边防护、上下基坑通道、施工通道等的几何尺寸、材质、空间位置信息

(6) BIM应用成果

基坑工程基于BIM技术的应用成果主要有：

① 三维可视化BIM模型。用于指导基坑施工的BIM模型主要包含地质结构模型、支护结构模型和施工场地模型。以《工程地质勘察报告》为初始数据，将二维地勘资料转换成三维地勘模型，在软件中与基坑结构模型合并，可以实时、任意视角查看地下室结构构件（地

下连续墙、底板、桩等）与不同深度土层之间的关系，快速查看土层属性信息，指导设计、施工，辅助监理、监测人员判断桩基持力层和有效桩长，对比开挖实际情况与《工程地质勘察报告》的符合度，辅助验槽工作。通过适当的可视化方式，该数字化模型能够展现虚拟的真实地质环境，更重要的是，基于模型的数值模拟和空间分析，能够辅助用户进行科学决策和规避风险。

② 工程算量。根据支护结构各构件对应的属性、名称，在视图区可自动生成工程明细表，明细表中可根据需求查看任意命名构件的工程数量，方便、快捷、准确。在土方工程中，根据开挖前后各工况的基坑模型体量差进行计算，可以准确得出各阶段土方工程量。

③ 信息共享。BIM 技术最大的一个特点是信息资源共享，这可以成为各项目参与方最佳的沟通平台，也可以为基坑支护设计、施工、监测等参与方及时反馈相关信息，提高基坑支护施工效率、质量和安全性。例如，可以利用信息模型有效地避开地下管线，协同各施工作业安全施工。

将地勘模型集成到 BIM 软件中，并赋予土层属性，使监理、设计、施工人员能在该平台上进行设计、校核工作。这种集成式模型特别适合民用建筑的监理、施工、设计工作，可以提高工作效率。这种集成式地勘模型有效地拓展了常规模型的应用价值，实现了多模型、多专业在同一平台上协同工作，同时可以对地勘模型进一步开发，当修改桩长或桩径等属性时能实时输出变化后的桩承载力、桩材料用量及单桩成本，对设计阶段的桩型选取、确定桩基方案有非常重要的实用价值。

④ 信息化监测。将 BIM 技术引入基坑工程的监测工作，可以解决以往在基坑围护结构变形监测过程中不能直观表现其变形情况和变形趋势的缺点。通过 BIM 技术将基坑的形状、围护结构、周边环境以及各类监测点建立模型，在模型中导入每天的监测数据并采用 4D 技术（三维模型＋时间轴）＋变形色谱云图的表现方式方便工程师、管理人员、业主、施工人员等查看基坑围护结构的变形情况。基于 BIM 技术的基坑监测具备如下优势：

a. 直观表现基坑围护结构的变形情况，通过添加时间轴的 4D 变形动画可以准确判断基坑的变形趋势。

b. 快速定位基坑围护结构的危险点，并根据变形趋势及现状及时做出应急预案。

c. 辅助施工管理，非监测专业人员同样可以看懂基坑变形情况。

d. 结合其他监测数据，如水位变化、道路沉降、管线变形、周边建筑物变形等辅助工程师判断基坑变形的原因及主要影响因素。

e. 结合已有的基坑围护结构的变形历史判断未来一段时间的变形趋势，对危险位置提前预警、重点监测，有利于施工管理人员和业主方做出工程决策。

4.3.2　模板与脚手架工程的 BIM 应用

4.3.2.1　概述

模板与脚手架又统称为模架体系，具体是指结构施工过程中所采用的支设工具及方法。模板与脚手架的 BIM 应用主要是根据工程实际情况，智能地确定模架体系支设的安全性及材料的用量。

(1) 模板与脚手架 BIM 应用的特点和难点

① 模板与脚手架设计的专业性强。模板与脚手架的设计涉及学科较多，有结构力学、材料力学等；涉及规范、标准较多。

② 模板与脚手架三维模型设计、优化的工作量大。模架体系有碗扣式、扣件式、盘扣式等支撑架体系，模型对象有面板、次楞、主楞、扣件、U 型托、立杆、水平杆、剪刀撑

等。脚手架体系以满堂脚手架、悬挑脚手架、落地式双排脚手架最为常见，模型对象有纵横向水平杆、立杆、扫地杆、剪刀撑、小横杆、垫木、工字钢、安全网等；涉及的材料种类多，在 BIM 模型中模型绘制和优化的任务难度和工作强度较平面化设计和优化要大得多。

4.3.2.2 模板与脚手架 BIM 软件的功能特点

模板与脚手架 BIM 软件具有的功能特点见表 4-3。

表 4-3 模板脚手架 BIM 软件功能特点

功能	特点
智能安全分析和验算	在“设置”中调整材料、搭设尺寸边界条件等参数，基于已知参数条件，智能分析出各种结构构件支撑体系的设计尺寸，并多维度逐一优化
智能生成施工图纸	需要的施工图纸有：立杆平面图、水平杆平面图、剪刀撑平面图、监测部位定位图、二维节点图、三维节点图、剖面图等。施工图纸总体要求：细度能够使班组据此搭设和设计原图一致；符合相关规范对于构造措施的要求
材料统计功能	依据工程部位、构件类别、架体类型等统计原则输出各类材料统计表，并回溯以校对其准确性
手动布置模板和架体	复杂的构件或节点，在智能布置输出的结果不理想的情况下，可运用手动布置加以解决，并提供手动布置结果的安全验算功能，以保证安全、规范的前提下的灵活布置
智能配模	依据配模规则，智能生成各结构构件模板的加工图，对各块模板予以编号，并统计加工损耗率、整板率等，以供决策和落实

4.3.2.3 BIM 应用流程

模板与脚手架的 BIM 应用主要集中在模架的安全验算、模架采用的非实体材料用量。具体流程如下：

① 首先，根据项目情况选择应用软件，参考的应用软件有：Autodesk Revit、品茗三维模板脚手架工程设计软件、广联达相关软件。

② 结构模型、模板及脚手架模型的创建有几种方式，例如：CAD 图纸的拾取后创建模型、Revit 的输入、GCL 的输入等。BIM 模型创建完成后，根据工程的实际情况，选定模架体系的材料种类、大小规格，结合工程模架体系的承载情况，确定架体承受荷载的大小。然后选择相应的模架支撑体系类型，智能生成相应的模架体系模型。

③ 模架体系智能生成后，采用模架体系的后置运行程序，对模架体系的强度、刚度和稳定性进行校核，架体强度、刚度及稳定性均满足要求后，结合架体的安全性，对模架架体的布局进行优化，并输出最终模架体系的计算书、节点图以及构配件清单。

④ 根据标准及规范要求，结合工程现场情况编制模架体系的施工方案，对超过一定规模的危险性较大的模架体系施工方案，需进行专家论证，通过专家论证后形成最终的施工方案。

⑤ 方案实施前，对施工技术人员、现场劳务人员进行技术交底和安全交底，并形成交底文件资料。

⑥ 现场严格按照技术交底及安全交底的内容进行架体搭设并组织验收，验收需满足施工方案及脚手架规范要求。

⑦ 架体验收完成后，使用过程中增加现场监控点，对架体使用过程中的安全性及变形进行动态监测，确保架体使用过程中的安全。

⑧ 施工完成后，按照“先支的后拆、后支的先拆、先拆非承重、后拆承重”的原则进行架体拆除，拆除步骤满足施工方案及规范要求。

4.3.2.4　BIM 建模方法

应用 BIM 软件建模需要提前建立模架、脚手架的参数化族，并根据国标、行标输入计算规则，利用 Revit 本身的功能，快速得出工程量，这样对于模架的细节更易探讨和把握，但要求操作人对模架知识掌握的程度高，计算书的输出还要依赖其他软件或插件的辅助。

对于 BIM 模架软件而言，应具备拾取传统的 CAD 文件快速建模、导出算量模型等功能。能够分构件、分阶段、分流水段统计工程量，快速优化模板智能排布、输出模板下料图、快速生成计算书。但现在 BIM 模架软件尚在发展阶段，对复杂结构和新型模架形式不能完全依赖软件本身的功能，仍需要软件和人工相互协同。各项目可根据自身需求选择合适的工具。

模架的 BIM 模型创建主要采用建立嵌套族生成，通过创建的各类 Revit 参数化模架族，根据设定的纵横距、步距、架体长宽等参数，实现模架根据设定的架体构造自动生成架体构造模型，并利用 Revit 的明细表功能实现架体工程量的计算，生成相应的材料明细表，包括纵横向水平杆、立杆、剪刀撑、连墙件、垫板、直角扣件、旋转扣件、对接扣件、安全网等详尽的工程量，导出明细表即可直接看到模架体系的工程材料用量。

智能模架的应用思路：构件准备→参数确定→创建智能构件族→复核检验→载入应用项目→输入项目参数→检查模型→智能优化→工程量清单输出→工程现场应用。其建模方法主要体现在以下几点。

(1) 构件及模型细度准备

根据模板、脚手架工程的构造体系，智能构件族创建以前先创建基础构件，各模板、脚手架主要基础构件见表 4-4 中的模型元素。

(2) 智能构件族

创建智能构件族以前，首先创建智能构件族的所需参数，三个智能构件族的主要参数见表 4-4。

表 4-4　智能构件族主要参数

序号	类别	主要参数
1	落地式双排脚手架	架体长度、架体高度、立杆纵距、立杆横距、步距、架体荷载、立杆工程量、水平杆工程量、小横杆、对接扣件数、旋转扣件数、直角扣件数、安全立网工程量、水平兜网工程量、脚手板工程量、垫木数、连墙件数量等
2	悬挑式双排脚手架	架体长度、架体高度、悬挑长度、钢梁型号、立杆纵距、立杆横距、步距、架体荷载、立杆工程量、水平杆工程量、小横杆数、对接扣件数、旋转扣件数、直角扣件数、安全立网工程量、水平兜网工程量、脚手板工程量、垫木数、钢梁长度、钢梁根数、锚脚个数、限位钢筋量、钢丝绳数量、连墙件数量等
3	满堂脚手架	架体长度、架体高度、架体宽度、立杆纵距、立杆横距、步距、架体荷载、立杆工程量、水平杆工程量、对接扣件数、旋转扣件数、直角扣件数、安全立网工程量、水平兜网工程量、垫木数、连墙件数量等

将基础构件通过主要参数进行关联，并通过参数化功能来控制基础构件的模型智能组合，实现基础构件的整体由参数控制。基础构件的构件族关联后，增加架体核验后置程序，架体核验程序运行内核必须符合脚手架规范的架体安全要求。核验程序编制完成后，需增加危险警示标识，并创建参数链关联架体核验后置程序的验算结果，实现智能控制危险警示显示场景。构件族创建完成后，必须新建工程进行载入试用，输入不同的控制参数并对各项主要参数进行校对，确保智能构件族均能实现参数联动并智能生成。智能构件族创建完成后，检查模型显示细度，按模型基础构件逐一检查，核查不同参数智能生成的构件族是否存在遗漏基础构件的情况。构件族生成后，使用 Revit 软件中的明细表功能，按工程所需要的工程量进行参数筛选，并排序、排版，得到脚手架体系的工程量明细表清单，将明细表清单导出

为 Excel 文件，考虑损耗后投入工程提料、预算等使用。

(3) 方案测试

脚手架体系的智能构件族创建以及内置程序均采用软件参数化进行编辑和使用。得到的工程量清单采用手动计算的方式进行校核，将架体核算结果与软件结果进行复核对比。

4.3.2.5 模型细度

工程模架体系 BIM 应用的主要目的是确保安全，因此对模型细度的要求是确保构造措施齐全、安装节点清晰和安全措施无遗漏。模板与脚手架 BIM 模型细度见表 4-5。

表 4-5 模板与脚手架 BIM 模型细度

模型类型		模型元素	模型信息
结构模型		梁、板、柱	几何信息：模架支设起止结构标高、轴线、梁的几何尺寸(跨度)、板厚、柱的几何尺寸； 非几何信息：规格型号、材质信息
模架模型	扣件式	模板、木方、钢木结合梁、直角扣件、旋转扣件、对接扣件、U 型托、立杆、纵横向水平杆、纵横向扫地杆、纵横向剪刀撑、水平剪刀撑、水平安全网、对拉螺栓、连墙件、垫木等	几何信息：构件的尺寸、主次龙骨的间距、立杆横距、立杆纵距、步距、纵横向扫地杆、自山端高度、对拉螺栓的间距、连墙件布置间距、纵横向剪刀撑间距、水平剪刀撑布置间距； 非几何信息：架体荷载、规格型号、材质信息、支撑的地基情况(楼板/底板/回填土)、材料租赁方或厂家信息
	碗扣式	模板、木方、钢木结合梁、U 型托、立杆、纵横向水平杆、纵横向扫地杆、纵横向剪刀撑、水平剪刀撑、水平安全网、对拉螺栓、连墙件、垫木等	几何信息：构件的尺寸、主次龙骨的间距、立杆横距、立杆纵距、步距、纵横向扫地杆、自由端高度、对拉螺栓的间距、连墙件布置间距、纵横向剪刀撑间距、水平剪刀撑布置间距； 非几何信息：架体荷载、规格型号、材质信息、支撑的地基情况(楼板/底板/回填土)、材料租赁方或厂家信息
	盘扣式	模板、木方、钢木结合梁、U 型托、立杆、纵横向水平杆、纵横向扫地杆、纵横向剪刀撑、水平剪刀撑、水平安全网、对拉螺栓、连墙件、垫木、插销等	几何信息：构件的尺寸、主次龙骨的间距、立杆横距、立杆纵距、步距、纵横向扫地杆、自山端高度、对拉螺栓的间距、连墙件布置间距、纵横向剪刀撑间距、水平剪刀撑布置间距； 非几何信息：架体荷载、规格型号、材质信息、支撑的地基情况(楼板/底板/回填土)、材料租赁方或厂家信息
脚手架模型	落地式双排脚手架	立杆、小横杆、纵向水平杆、横向水平杆、纵向扫地杆、横向扫地杆、垫木、剪刀撑、直角扣件、旋转扣件、对接扣件、安全立网、水平安全网、防护栏杆、连墙件、木脚手板	几何参数：构件的尺寸、立杆纵距、立杆横距、步距、小横杆间距、连墙件布设间距、剪刀撑间距等； 非几何参数：架体荷载、规格型号、材质信息、支撑的地基情况(楼板/底板/回填土)、材料租赁方或厂家信息
	悬挑式双排脚手架	悬挑钢梁、锚筋、立杆、小横杆、纵向水平杆、横向水平杆、纵向扫地杆、横向扫地杆、垫木、剪刀撑、直角扣件、旋转扣件、对接扣件、安全立网、水平安全网、防护栏杆、连墙件、木脚手板	几何参数：构件的尺寸、钢梁长度、锚脚个数、限位钢筋、钢丝绳布置、悬挑长度、立杆纵距、立杆横距、步距、小横杆数、连墙件布置间距； 非几何参数：架体荷载、规格型号、材质信息、材料租赁方
	满堂脚手架	悬挑钢梁、锚筋、立杆、纵向水平杆、横向水平杆、纵向扫地杆、横向扫地杆、垫木、竖向剪刀撑、横向剪刀撑、直角扣件、旋转扣件、对接扣件、安全立网、水平安全网、防护栏杆、连墙件	几何参数：构件的尺寸、立杆纵距、立杆横距、步距、小横杆间距、连墙件布设间距、剪刀撑间距等； 非几何参数：架体荷载、规格型号、材质信息、支撑的地基情况(楼板/底板/回填土)、材料租赁方或厂家信息

4.3.2.6　BIM 应用成果

目前，工程中最常用的脚手架体系有以下三种：落地式双排脚手架、悬挑式脚手架、满堂脚手架。为实现 BIM 技术的智能化高效应用，使用 Revit 创建三个智能脚手架体系。基于 Revit 构件的落地式双排脚手架智能族、悬挑式脚手架智能族、满堂脚手架智能族，均满足以下三个功能。

(1) 三个智能族能智能布设架体并生成三维模型

首先，根据工程实际情况所需搭设脚手架的类别选定智能族，供选定的智能族主要形式有落地式双排脚手架、悬挑式双排脚手架及满堂脚手架，选定的脚手架载入项目后，按照需求设定架体的横距、纵距、步距，以及架体的长度、高度、宽度等参数，脚手架智能族会识别这些参数并自动生成对应的脚手架三维模型。同时，智能族对于架体高度非步距整数倍时，会以不大于设定步距的原则智能优化调整；对于架体长度非纵距、横距的整数倍时，智能族将以不大于设定纵距、横距的原则智能优化调整。另外，智能脚手架族还具备通过识别脚手架高度智能布设剪刀撑等构造措施的功能。

(2) 核验架体安全性并预警

脚手架智能族按使用人员设定的参数生成后，根据架体的使用功能，确定并输入架体所需承受的总荷载，智能族具备识别所受荷载的功能，并根据现行《建筑施工扣件式钢管脚手架安全技术规范》(JGJ 130—2011) 自动核验架体的安全性及稳定性，安全性核验的内容包括架体的横向水平杆、纵向水平杆的抗弯强度，稳定性核验的内容包括架体立杆稳定性。对架体核验完成后，强度或稳定性不满足规范要求的脚手架，智能族具备预警功能，通过预警提示“架体危险”，有效规避架体的安全隐患。同时，通过此功能，使用人员在保证架体安全的前提下，对架体构造进行参数优化，减少脚手架的用量。

(3) 自动计算脚手架的工程量

脚手架智能族生成的模型在构造要求及刚度、强度和稳定性等均满足国家规范要求后，智能族还具备自动计算脚手架所用的全部材料用量的功能，计算出的材料用量包括立杆数、小横杆、剪刀撑、直角件、旋转扣件、对接扣件、木脚手板、垫木量、安全网等架体工程量，悬挑脚手架的工程量还包括悬挑钢梁数、锚脚个数及限位钢筋头等工程量。同时，利用 Revit 的明细表功能生成相应的材料用量清单，三个类别的脚手架工程量既可以单独统计，也可以合计全部架体的总量。

为方便对比分析，项目将模架体系模型用于交底，通过模型的节点效果与现场实际施工效果照片进行对比，对施工方案兑现率不足之处及时找出原因，保证架体安全并不断改进模架体系节点。

(4) 模板与脚手架现场管理的 BIM 应用

① 模板与脚手架现场管理的 BIM 应用经验

a. 模板支撑现场搭设结果和设计方案之间的偏差，不会因采用 BIM 技术就不存在。这需要对设计方案进行精细化处理与方案现场兑现率的管理。而 BIM 技术的应用是精细化管理的抓手，使得在做方案时对结构的每个细节、现场的情况做出精确的判断，以设计出安全、合理的模架方案。

b. 做好数据采集和分析工作，以客观评价此项技术的实际效益。简言之，不能因喜好及所谓经验而武断地下结论。

c. 模板与脚手架 BIM 应用在不改变工作流程的情况下，也需要有新的管理方法与之相适应，否则技术效益难以发挥。

② 模板与脚手架 BIM 应用在现场管理中的作用

a. 三维安全技术交底。利用BIM可视化的优势，运用节点剖切和三维漫游，熟悉、理解设计意图和要求。

b. 安全检查和验收。通过BIM平台，即时浏览模板与脚手架模型，标记偏差部位和上传现场照片，通过流程转至整改负责人，留下完整闭合的管理痕迹。

c. 数据分析和改进。为扩大BIM技术带来的效益，需要不断地实践和总结相关经验，以形成标准、可行的实施方法。

4.3.3 钢筋工程BIM应用

4.3.3.1 概述

钢筋作为建筑工程的三大主材之一，是工程结构的主要受力单元，在建筑结构中起着极其重要的作用。但钢筋工程作业长期以来缺少先进的技术手段，生产效率较低，发展水平不高。BIM技术具有三维可视化、面向对象的参数化建模与信息关联等特点，与钢筋施工模型化、信息化、自动化的需求相吻合。

利用BIM及其二次开发技术，结合相关设计文件及图集规范要求，在三维模型中进行钢筋效率化建模与智能化翻样，根据项目需要，可对复杂节点的钢筋模型进行综合优化，保证施工可行性。完成钢筋翻样后，利用BIM模型自动导出钢筋料单，并通过料单处理程序自动导出加工、打包、安装等后续所需的各类应用料单，同时将钢筋加工料单转换为钢筋数控设备可识别的数据格式传递至数控加工设备中，提高生产作业效率。

利用钢筋BIM云管理平台，对钢筋加工的全过程信息进行管理。钢筋加工任务产生后，将钢筋BIM翻样的成果数据上传至钢筋BIM云管理平台，在云平台中进行料单分解合并、任务分配、生产管理、动态追踪、信息查询、效率统计、数据展示、打印输出料牌等功能应用，利用软件数据库自动记录、统计生产过程数据，同时在钢筋半成品的存储、运输、安装、验收过程中，通过对钢筋的编码与识别系统设计，应用物联网技术以及相应的识别系统，通过手持终端随时查看钢筋的全过程信息。

基于BIM的钢筋翻样、数控加工及信息化配送技术能有效提高钢筋施工作业效率，降低劳动强度与材料损耗，保证钢筋加工的质量，促进钢筋施工的精细化管理，推动钢筋工程信息化的发展。

4.3.3.2 BIM应用软件方案

目前，常用的钢筋工程BIM应用软件及功能特点见表4-6。

总体而言，国外软件的图形功能完善，数据开放性好，但普遍存在建模效率低、本地化不足、无法适应工程现场翻样需求等问题，而国内软件虽然本地化程度高，但存在基础建模平台功能不够完善、数据开放性不足等问题。

表4-6 钢筋工程BIM应用软件及功能特点

序号	软件	优点	存在问题
1	Autodesk Revit	1. 在目前已有的各种插件的情况下，混凝土模型创建速度快 2. 具有广泛的用户基础 3. 软件基本功能较为齐全，且与其他软件之间的数据互通较为流畅	1. 本地化不足，缺少对规范规则的执行途径 2. 复杂钢筋绘制困难 3. 缺少钢筋断料及添加相应的连接方式功能 4. 创建钢筋模型对硬件配置要求较高 5. 钢筋信息导出成符合使用习惯的样式需定制开发

续表

序号	软件	优点	存在问题
2	Bentely ProStructures	1. 图形功能强大,适用于不同构件建模 2. 复杂异形构件利用导向线进行布筋效率较高 3. 梁板柱等常规构件可将配筋信息保存到模板,匹配到同类构件 4. 可自动查找碰撞点并根据需要进行修改 5. 料单模板可实现自定义	1. 本地化不足,缺少对规范规则的执行途径 2. 导向线布置的钢筋不能保存模板 3. 单根钢筋不能合并,钢筋组打散后不能合并 4. 不能批量添加套筒,且不能设置搭接 5. 钢筋信息导出成符合使用习惯的样式需定制开发
3	Tekla Structures	1. 梁板柱等常规构件可以用组件功能一键配筋 2. 钢筋的显示功能强大,不同构件的钢筋可分类显示 3. 单根钢筋或钢筋组编辑修改方便,组合命令强大 4. 可实现过滤查找碰撞点并根据需要进行修改 5. 对加工制造管理过程支持较好	1. 本地化不足,缺少对规范规则的执行途径 2. 钢筋均需手动设置长度及其断点位置 3. 对复杂节点建模配筋效率低 4. 曲线钢筋绘制困难,只能通过直线段模拟 5. 钢筋信息导出成符合使用习惯的样式需定制开发
4	广联达/鲁班	1. 目前最常用的、被行业认可的钢筋翻样软件 2. 软件翻样速度快、效率高 3. 软件本地化程度高,支持相关规范图集 4. 导出的料单符合施工现场使用习惯	1. 示意性三维,模型交互性较差,真实性无法复核 2. 数据开放性不够,模型的后期应用价值较少 3. 对于复杂节点,比如基础、钢结构等模型的准确性低 4. 模型的准确性依赖于建模人员对软件的掌握和对翻样的理解

使用 BIM 软件进行钢筋翻样建模的应用步骤通常是：模型完成后可导出模型信息，包括图纸、清单、其他格式的模型信息等。根据不同的需求，清单文件通过适用于钢筋集约化加工的料单转换软件，可以转化为加工的数控文件、常规加工的料单文件，并借助钢筋 BIM 云管理系统进行加工、运输、安装的管理；模型可导出钢筋排布图纸和轻量化模型等，辅助现场钢筋的安装、绑扎及验收。

4.3.3.3　BIM 应用流程

钢筋工程 BIM 技术主要应用于钢筋生命周期中的钢筋翻样、钢筋加工及钢筋安装，具体流程如下。

钢筋翻样环节根据相关信息创建钢筋翻样模型，应用 BIM 高效布筋组件开展钢筋建模。布筋组件具有可自动获取混凝土相关信息、内置规范规则并自动计算参数值、参数智能校核等特点，可显著提高钢筋建模效率。

钢筋加工环节，通过云管理平台将翻样模型导出清单报表并转化成相关设备加工的数控文件，数控文件传输至数控钢筋加工设备。云管理平台根据施工现场进度推送生产任务，半成品加工验收完毕、赋予编码信息后储存，编码信息来源于云管理平台的料单。半成品加工、储存及出库信息则反馈至云管理平台。

钢筋运输安装环节，根据云管理平台信息指定钢筋半成品运输目的地、垂直运输使用的塔吊及卸货区域，通过查询绑扎料单及钢筋翻样模型信息进行钢筋现场安装及绑扎，验收合格后将相关验收信息反馈至翻样模型。

4.3.3.4 建模方法

(1) 建模依据

钢筋翻样应按照下列技术文件进行模型的创建和更新：

① 甲方提供的最终版设计施工图及相关设计变更条件；

② 其他相关专业配合的技术要求；

③ 国家、地方现行相关规范、标准、图集等。

(2) 技术要求

① 统一软件平台。同一工程的钢筋翻样应采用统一的软件及版本号，设计过程中不宜更改。同一工程宜在同一设计模型中完成，若模型过大需要进行模型分割，分割数量不宜过多，同时注意模型分割面处的信息处理。模型分割面一般位于某轴线或某标高处，轴线、标高两侧的构件信息分别在两分割模型中建立，模型分割完成后，需仔细核查分割面处构件的定位信息，避免出现无法对接的情况。

② 人员协同管理。钢筋翻样涉及多人协同作业时，应明确职责分工，注意避免模型碰撞冲突。同时，需设置稳定的软件联机环境，保证每个翻样人员的翻样软件运行顺畅。

③ 软件基础数据设置。软件应用前应设置好基础数据，如设定软件自动保存时间，统一的钢筋基础配置文件、钢筋形状管理文件、自定义开发组件、软件字体、报表模板和图纸模板等。

④ 模型构件的唯一性。在钢筋翻样模型里，混凝土构件号和混凝土构件、钢筋编号和钢筋要一一对应。当构件的尺寸、重量、材质类型发生变化时，需赋予新的编号，以免构件编号的模型信息冲突报错。

(3) 建模标准

建模标准是保证模型质量和可用性的重要文件，其中对建模前的准备工作、建模顺序、信息输入规则、模型细度要求等作出了相关规定。

① 前期准备。建模前期准备工作包含对图纸理解认识的统一、模型环境设置（表 4-7）等工作。

表 4-7 模型环境设置

<table>
<tr><td>版本及环境</td><td colspan="3">Tekla Structures v21.0 SR3 版本，中国环境下。模型的创建与使用应在同一环境下进行</td></tr>
<tr><td>安装路径</td><td colspan="3">软件建议安装在默认路径，模型文件夹路径默认 D 盘</td></tr>
<tr><td>文件导入</td><td colspan="3">软件使用前应先导入四个文件：Database、钢筋形状目录库、料单模板、节点程序包（注：以上基础性数据文件应由专人统一负责修改与维护）</td></tr>
<tr><td>模型模板</td><td colspan="3">模型模板选择“钢筋工程”（注：结合实际使用情况自定制）</td></tr>
<tr><td>协同工作</td><td colspan="3">1. 建模环节，由专人定义构件及钢筋的属性截面并另存，其他建模人员调用。
2. 钢筋建模、钢筋断料以及编号和料单输出是相对独立的工作，建议钢筋编号和料单输出由专人负责。操作人员只在自己的工作范围内操作，不干涉别人的模型范围。
3. 每日要将模型文件夹备份一次，做好备份模型存档工作，以防协同工作中出现模型崩溃的情况</td></tr>
<tr><td>轴号</td><td colspan="3">应与已有图纸的轴号完全对应一致</td></tr>
<tr><td>标高</td><td colspan="3">即 Z 方向轴线，应尽量建全、多建，如夹层、错层、有坡的屋面等等</td></tr>
<tr><td>轴网的上下左右延伸线</td><td>2000mm</td><td>轴网核定</td><td>准确无误后，将轴网锁定并另存</td></tr>
</table>

② 设定编码标准。不同构件的不同种类钢筋名称分别进行标注。

③ 设定钢筋颜色标识。不同构件主筋的钢筋颜色不同，同构件主筋需要区分层次的，可增加钢筋颜色等级，保证颜色不变。例如，梁构件的面筋和底筋的每层（每组）钢筋颜色一样，但

是为了下料方便需要区分钢筋层次，保证面筋或底筋的每层钢筋可满足单独筛选的条件。

④ 模型细度要求。模型创建时，为满足现场的加工及安装信息需要，可以创建需要添加的信息，以增加模型的细度。

4.3.3.5 BIM 应用步骤

钢筋翻样前，应熟读设计图纸及相关变更文件，由翻样设计负责人依据现场施工部署、进度计划及相关专业提出的要求编制钢筋翻样方案，其中应包含钢筋锚固、端部扣减值、连接方式、图集钢筋节点选用、钢筋断料规则等统一规定。钢筋翻样方案经审核后组织实施。

钢筋依附于混凝土而存在，钢筋翻样是在混凝土模型基础之上。具体步骤如下：

① 阅读图纸，找出必要的配筋参数。

② 打开软件桩基础组件，输入对应参数。

③ 选择钢筋翻样的混凝土桩构件，一键创建钢筋翻样模型。其他墙、梁、板、柱、楼梯等组件的应用方式与上述类似，根据项目图纸信息，应用 BIM 钢筋高效布筋组件开展钢筋建模。

④ 钢筋断料。钢筋原材一般为定尺长度，在实际工程中超过定尺长度的钢筋则需要进行接长处理，反映到钢筋模型中，将超过定尺长度的钢筋合理分段。

⑤ 料单导出。钢筋翻样模型经过负责人审核后，即可输出料单数据，经过数据转换形成现场加工绑扎料单。

4.3.4 混凝土工程 BIM 应用

(1) 概述

BIM 技术应用于混凝土工程，是采用 BIM 技术改造传统混凝土工程与过程管理的一种新方式。在混凝土工程中，BIM 技术的典型应用包括：可视化展示、深化设计、专业协调、施工模拟、材料统计与成本管控以及质量安全管理等。

在设计可视化展示上，以混凝土工程的真实 BIM 模型为基础，通过计算机虚拟技术，在虚拟的空间进行模型漫游，可以直观展示任意位置所见，特别是复杂结构构件和复杂结构节点的空间关系，从而为项目的整体评估提供全面、科学的依据。

在专业协调上，专业协调越早，对项目成本和计划的潜在影响越大。在开始施工之前，能够看到建筑构件之间的关系，允许更早准备材料采购、设备车间加工，以及每个专业工作位置，避免与其他专业冲突，从而节约成本、缩短工期。

在施工模拟上，用三维建模软件创建混凝土工程模型，之后编制详细的施工进度计划，制订出施工方案，按照已制订的施工进度计划，再结合 BIM 仿真优化工具来实现施工过程的三维模拟。通过对施工全过程或关键过程进行模拟，验证施工方案的可行性，以便指导施工和制订出最佳的施工方案，从而加强可控性管理，提高工程质量，保证施工安全。

材料统计与成本管控可以利用模型迅速生成混凝土工程材料明细表。三维模型和明细表是基于建筑工程项目数据库的不同表现形式，数据库的数据粒度达到构件等级，满足材料算量的基本要求。有了混凝土工程材料量，套当地定额或清单工程量计算规则算出成本信息，为项目控制成本、提高效益提供依据。

在质量安全管理上，通过深化设计和专业协调，将设计缺陷控制在施工准备阶段，并有针对性地解决，从而避免现场的返工和浪费。同时，通过 BIM 技术将现场的质量、安全隐患及时拍照并与模型关联，并发送给相关责任人，减少沟通成本。

(2) BIM 应用流程

混凝土工程 BIM 应用分为建模阶段和应用阶段。在建模阶段，要明确建模需求、建模流程和建模标准，组织相关人员建立满足要求的模型。在应用阶段，相关部门要修改、完善模型数据，根据业务需求展开应用。

(3) BIM 应用软件

目前常应用于混凝土工程的BIM软件有Revit、ArchCAD，结构分析软件有YJK、PK-PM、Midas等。通常结构分析软件完成结构分析模型的创建和技术分析后，通过信息交换软件（插件或专门的软件工具）导入BIM软件中完成建模和后续应用。

(4) 建模方法

① 建模依据。混凝土工程的模型可由设计方提供的施工图设计模型深化设计而来，也可由施工单位根据施工图设计图纸自行建模。建模的依据包括：

a. 以建设单位或设计方提供的通过审查的有效图纸为数据来源进行建模。

b. 根据国家规范和标准图集为数据来源进行建模。

c. 根据设计变更为数据来源来进行模型更新。

d. 根据施工单位对模型的要求进行模型深化。

② 构件命名规则。对于混凝土构件的命名，一般情况下可采用“构件类型编码→构件编号→构件尺寸”的方式。

③ 材质匹配。按照国家标准《混凝土结构设计规范》(GB 50010—2010)，混凝土强度等级应按立方体抗压强度标准值确定。深化设计人员在建模过程中需保证使用的混凝土强度等级与国家标准的强度等级相同。对特殊的混凝土，应根据相应的设计说明或其他材料标准建立相应的材质库，并标识相应的混凝土等级。

(5) 模型细度

在施工阶段，BIM模型细度分为深化设计模型、施工过程模型和竣工验收模型。混凝土工程深化设计模型细度见表4-8。

表 4-8 混凝土工程深化设计模型主要元素细度

<table>
<tr><th rowspan="2">模型元素</th><th colspan="2">模型元素信息</th><th rowspan="2">备注</th></tr>
<tr><th>几何信息</th><th>非几何信息</th></tr>
<tr><td>基础</td><td rowspan="7">几何尺寸定位信息</td><td>基础的编号基础的类型
基础的材质信息</td><td></td></tr>
<tr><td>梁</td><td>梁的编号
梁的类型
梁的材质信息</td><td></td></tr>
<tr><td>柱</td><td>柱的编号
结构柱和非结构柱属性
柱的类型
柱的材质信息</td><td>柱子宜按照施工工法分层建模</td></tr>
<tr><td>墙体</td><td>剪力墙编号
区分外墙和内墙
区分剪力墙、框架填充墙、管道井壁
材质信息</td><td>墙体核心层和其他构造层可按独立墙体类型分别建模；
应输入墙体各构造层的信息，构造层厚度不小于3mm时，应按照实际厚度建模</td></tr>
<tr><td>楼板</td><td>在“类型”属性中区分建筑楼板和结构楼板材质信息
应输入楼板各构造层的信息</td><td>构造层厚度不小于5mm时，应按照实际厚度建模</td></tr>
<tr><td>屋面</td><td>材质信息
应输入屋面各构造层的信息</td><td>楼板的核心层和其他构造层可按独立楼板类型分别建模；构造层厚度不小于3mm时，应按照实际厚度建模</td></tr>
<tr><td>楼梯、坡道</td><td>材质信息
楼梯或坡道应输入构造层次信息</td><td>平台板可用楼板替代，但应在“类型”属性中注明“楼梯平台类板”；建模几何精度为20mm</td></tr>
</table>

混凝土工程施工过程的模型细度在深化设计模型信息（表 4-8）基础上，根据变更及施工过程的情况，增加、修改以下具体模型元素及信息，见表 4-9。

表 4-9 混凝土工程施工过程模型主要元素细度

模型元素	模型元素信息		备注
	几何信息	非几何信息	
基础	几何尺寸定位信息	基础的构造做法、工艺要求等	
梁		梁的构造做法、工艺要求等	
柱		构造做法、工艺要求等	
墙体		构造做法、工艺要求等	
楼板		必要的非几何属性信息，如特定区域的防水、防火等性能	
屋面		必要的非几何属性信息，如防水保温性能等	
楼梯、坡道		根据项目需求，包括如节点螺栓连接、防水、面层等施工细节及施工方式	

混凝土工程竣工验收模型细度在施工过程模型信息（表 4-9）基础上，增加、修改以下具体模型元素及信息，见表 4-10。

表 4-10 混凝土工程竣工验收模型主要元素细度表

模型元素	模型元素信息		备注
	几何信息	非几何信息	
基础	几何尺寸定位信息	施工过程中的质量检查、检测、验收等信息	
梁			
柱			
墙体			
楼板			
屋面			
楼梯、坡道			

(6) 应用内容

在混凝土工程中，BIM 技术的应用内容主要体现在深化设计、专业协调、施工模拟、材料统计方面。

① 基于 BIM 的深化设计。和传统二维深化设计模式相比，基于 BIM 的混凝土工程深化设计的最后成果可以是图纸，也可以是数字化模型＋图纸。基于 BIM 的深化设计是指对各专业 BIM 模型进行优化并对其进行集成、协调、修订，最终在此 BIM 模型的基础上得到各专业详细施工图纸以满足施工及工程管理的需要；而传统的深化设计由于信息量有限，很难做到这一点。

混凝土工程的深化设计包括：二次结构设计、预留孔洞设计、节点设计、预埋件设计等。

基于 BIM 的深化设计流程不能够完全脱离现有的管理流程，但是必须符合 BIM 技术的特征，特别是对于流程中的每一个环节涉及 BIM 的数据都要尽可能详尽地规定。

混凝土工程的深化设计可基于施工图设计模型，或者由施工单位根据施工图设计创建深化设计模型，输出深化设计图。

混凝土工程深化设计模型除应包括施工图设计模型元素外，还应包括二次结构、预埋件和预留孔洞、节点等类型的模型元素，其内容见表4-11。

表4-11 基于BIM的深化设计模型内容

模型元素	模型元素信息	备注
上游模型	施工图设计模型元素及信息	施工图设计细度
二次结构（构造柱、过梁、止水反梁、女儿墙、压顶、填充墙、隔墙等）	几何信息应包括：位置和几何尺寸； 非几何信息应包括：类型、材料信息等	深化设计细度
预埋件及预留孔洞（预埋件、预埋管、预埋螺栓，以及预留孔洞等）	几何信息应包括：位置和几何尺寸； 非几何信息应包括：类型、材料等信息	
节点（节点的混凝土、钢筋，以及型钢、预埋件等）	节点的几何信息应包括：位置、几何尺寸及排布； 非几何信息应包括：节点编号、节点区材料信息、钢筋信息（等级、规格等）、型钢信息、节点区预埋信息等	

对于混凝土工程的深化设计，可采用的软件方案为：混凝土工程部分采用Revit或ArchiCAD建模，导入钢结构和机电模型，整合后的模型可直接导出CAD图纸，也可通过Navisworks的Animator工具做成小视频，导入视频编辑软件，加上配音和字幕，导出为更加直观的视频动画进行交底；或者导入3ds Max中做渲染，再制成动画进行技术交底，这种方法的好处是导出的视频渲染效果好，生动逼真，但可能会带来模型信息丢失的问题。

混凝土结构深化设计BIM应用的交付成果包括深化设计模型、深化设计图纸、根据模型导出的图纸、根据模型渲染的图片、技术交底视频等。

a. 二次结构：创建构造柱、过梁、砌块等BIM模型并进行优化、出图，以指导现场施工和加工。

b. 预埋件：创建预埋件并与相关专业模型进行协调，提高预埋件位置的正确性，避免错、漏等问题。

c. 预留孔洞：利用已经过管线综合的机电模型，在土建模型上进行孔洞预留及检查。

d. 复杂结构节点：对局部的复杂结构节点创建详细的BIM模型，以进行施工性检查。

② 基于BIM的专业协调。在设计时往往会出现各专业设计师之间的沟通不到位，各种专业之间的碰撞问题。例如，暖通等专业中的管道在进行布置时，有时会出现布置管线处有结构设计的梁等构件妨碍管线的布置，BIM模型建立后，施工单位可以将水电模型与结构模型进行“三维虚拟碰撞”，从而检查结构梁、柱是否与空间布置的空调水管相冲突，设备尺寸是否在结构空间的位置合适等。混凝土工程的专业协调主要是解决建筑和结构构件的碰撞问题，以及为水暖电、钢结构、装饰装修等专业的预留孔洞、预埋件布置提供依据。因此，其模型内容见表4-12。

表4-12 基于BIM的专业协调模型内容

模型元素	模型元素信息	备注
上游模型	施工图设计模型元素及信息	施工图设计细度
给水排水专业（大型设备给水排水管道、管件、附件；计量仪器）	几何信息包括： (1)设备有近似形状，占位体积； (2)消防水管 $DN50$，其他管道至末端； (3)管道有准确标高，有需要的管道系统应反映坡度； (4)水管附件有近似形状	深化设计细度

续表

模型元素	模型元素信息	备注
暖通专业 （大型设备；暖通风管道、管件、附件；暖通水管道、管件、附件）	几何信息包括： （1）设备有近似形状，占位体积； （2）水管 $DN20$； （3）管道有准确标高，有需要的管道系统应反映坡度； （4）风管附件有近似形状； （5）水管附件有近似形状	
电气专业 （大型设备/电箱；电气桥架、线槽、母线等）	几何信息包括： （1）设备有近似形状，占位体积； （2）桥架、线槽有准确标高	深化设计细度
支吊架、设备基础	几何信息包括： （1）支吊架有基本形状，有准确长宽高尺寸； （2）设备基础需要有准确的长宽尺寸	
钢结构专业	几何信息包括： （1）几何尺寸； （2）定位信息	
装饰装修专业 （室内构造、地板、吊顶、墙饰面、梁柱饰面、顶棚饰面、楼梯饰面、指示标志、家具、设备）	几何信息包括： （1）几何尺信息； （2）定位信息	

针对专业协调，可采用的软件方案为：混凝土工程部分采用 Revit 建模，结合 Tekla 创建的钢结构专业模型、MagiCAD 创建的专业模型，全部导入 Navisworks 做模型整合，进行碰撞检查。将检查结果导出，出具分析报告，并做出调整方案。调整方案可用 Word 文档或者 CAD 图纸。基于 BIM 的专业协调软件方案见图 4-2。

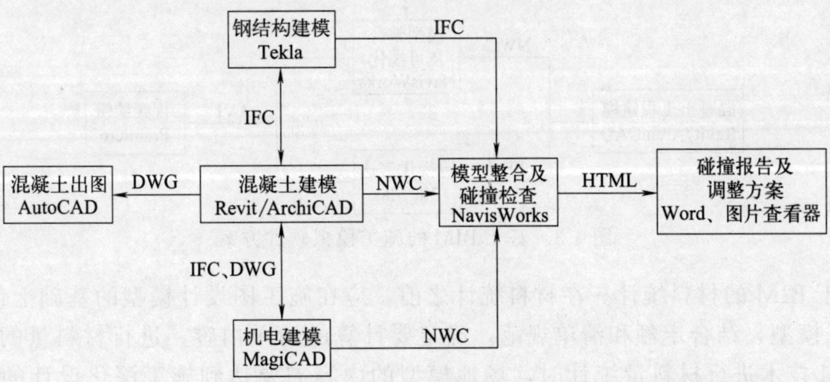

图 4-2　基于 BIM 的专业协调软件方案

可交付的成果主要包括：三维模型、碰撞检查报告、碰撞调整方案、由 BIM 模型生成的二维视图。

③ 基于 BIM 的施工模拟。基于 BIM 的施工模拟，就是用三维建模软件创建一个 BIM 模型，然后用专业性分析软件对该模型进行综合性能评估，然后建立对应的三维施工模型，再对该模型进行施工组织设计，对构件合理的施工工序和运动关系进行优化，进而编制详细的施工进度计划，制订施工方案，按照已制订的施工进度计划，再结合 BIM 仿真优化工具

来实现施工过程三维模拟。通过在实际工程施工之前把建筑项目的施工过程在计算机上进行三维仿真演示，一方面预先模拟施工能形象地表达出目前的施工状态和施工方法，有利于现场技术人员对整个工序的把握；另一方面，在模拟过程中发现一些问题，也有利于在现场施工前对施工方法进行及时的调整。通过对施工全过程或关键过程进行模拟，以验证施工方案的可行性，以便指导施工和制订最佳的施工方案，从而加强可控性管理，提高工程质量、保证施工安全。在进行施工方案 BIM 技术应用时，应根据施工组织设计，先将平面布置、工序安排、资源配置、进度计划等相关信息与模型关联，通过输出施工进度、资源配置等计划，用于指导和支持模型、视频、说明文档等成果的制作与方案交底。其模型内容可参考表 4-13。

表 4-13 基于 BIM 的施工模拟模型内容

模型元素	模型元素信息	备注
上游模型	深化设计模型元素及信息	深化设计细度
场地布置	现场场地、地下管线、临时设施、施工机械设备、道路等。 几何信息应包括：位置、几何尺寸（或轮廓）。 非几何信息包括：机械设备参数、生产厂家以及相关运行维护信息等	施工过程细度
场地周边	临近区域的既有建（构）筑物、周边道路等。 几何信息应包括：位置、几何尺寸（或轮廓）。 非几何信息包括：周边建筑物设计参数及道路的性能参数等	
其他	施工组织所涉及的其他资源信息，如工程项目进度计划、劳动力计划、设备材料及机械进场计划等	

基于 BIM 的施工模拟软件方案如图 4-3 所示。

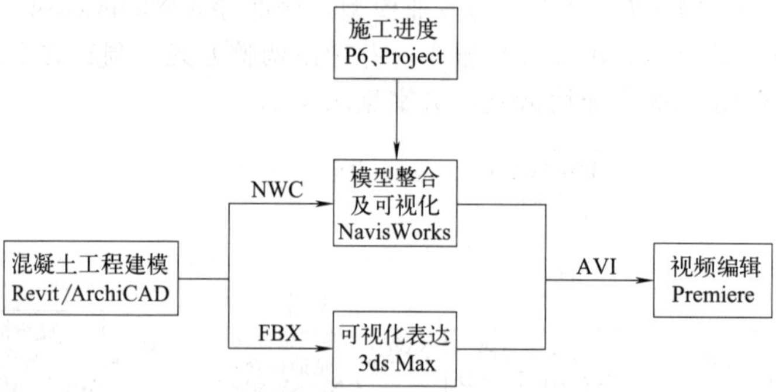

图 4-3 基于 BIM 的施工模拟软件方案

④ 基于 BIM 的材料统计。在材料统计之前，应在施工图设计模型的基础上创建可统计材料的施工模型，结合定额和清单规范，确定要计算的清单内容，进行材料量的统计工作。在利用 BIM 技术进行材料量统计时，场地模型的内容需要达到施工深化设计的细度即可，其余部分要求较高，需达到竣工验收的细度。其主要模型内容见表 4-14。

表 4-14 基于 BIM 的材料统计模型内容

模型内容	模型信息	备注
上游模型	深化设计模型元素及信息	深化设计细度
基础	（1）基础的类型； （2）几何尺寸； （3）定位信息； （4）材质信息	施工过程细度

续表

模型内容	模型信息	备注
建筑构件	(1)基础的类型； (2)几何尺寸； (3)定位信息； (4)材质信息	施工过程细度
结构构件	(1)基础的类型； (2)几何尺寸； (3)定位信息； (4)材质信息	
脚手架	(1)脚手架类型； (2)脚手架获取方式(自有、租赁)	
模板	(1)模板类型； (2)模板材质； (3)模板获取方式	
工程量清单项目	(1)工程量清单项目与模型元素的对应关系； (2)工程量清单项目对应的人机材量	

在材料统计方面，混凝土工程的模型可由 Revit 或 ArchiCAD 进行建模，套用软件的统计功能进行材料量统计，但由于软件不兼容国内计量规范，误差会比较大。通常采用的方式是把 Revit 或 ArchiCAD 创建的混凝土工程模型导入常用算量软件中，根据扣减规则进行二次计算，然后导出材料量清单。材料统计 BIM 应用的交付成果包括混凝土材料量清单、施工图预算模型等。

(7) 交付成果

① 交付成果基本要求。模型及相关文件的交付有合同的，应按照合同条款进行；无合同的，应根据国家标准、规范或项目各参与方协商确定。交付的成果根据不同的主体方，交付形式也有所区别。主要有以下几种：

a. 针对本企业的 BIM 成果交付。针对本企业，为满足管理需要，项目部应提交的混凝土工程 BIM 应用成果包括：专业 BIM 模型最新版及整合后的 BIM 模型、轻量化后可导入移动端的模型、深化设计后从模型中导出的图纸、有价值的碰撞检测报告（含硬碰撞和软碰撞）、BIM 模型生成的工程量清单、与 BIM 模型关联的质量安全记录等。

b. 针对业主的 BIM 成果交付。针对业主，需交付的 BIM 成果包括：专业 BIM 模型最新版及整合后的 BIM 模型、设计变更、混凝土工程材料信息、混凝土工程施工信息及相关责任人、质量验收记录等。

c. 针对档案室的 BIM 成果交付。BIM 交付成果包括：专业 BIM 模型最新版及整合后的 BIM 模型、施工图资料、场地信息、图纸会审、工程变更记录、混凝土工程材料信息、混凝土工程施工信息、竣工质量验收报告。

② 交付成果的形式。

a. 模型成果。主要为混凝土工程模型文件，以及为创建模型提供依据的施工图设计、标准规范、建模标准等文件。

b. 文档成果。主要为项目 BIM 实施策划、专业协同报告及 BIM 应用实施过程中的各种报表、清单、分析报告等。

c. 图形成果。图形成果主要为模型渲染出的效果图片、问题记录图片及与现场施工关联的质量、安全图片等。

d. 动画成果。主要有模型漫游视频、施工模拟视频、进度成本管理视频及录屏软件录制的视频、展示渲染视频等。

4.3.5 砌体结构 BIM 应用

(1) 概述

在土建施工中，砌体工程是最常见的施工内容之一。在砌体工程中，BIM 技术的应用主要包括：基于 BIM 的深化设计、基于 BIM 的专业协调、基于 BIM 的可视化展示、基于 BIM 的材料管理、基于 BIM 的工程算量和造价管理等。砌体工程包括材料运输、脚手架搭设、砌筑和勾缝等，其中材料运输和脚手架搭设都是砌筑的准备工作。在施工现场常规作业中，砌体工程砌筑作业施工前通常要绘制砌筑的排砖图并进行砌筑材料统计，以便材料进场和现场施工组织。

由于基于二维图纸的砌块排布和材料统计需要大量的时间和精力，在工期紧张的情况下，现场实际只会进行一些样板区或者标准层的砌体排砖，材料统计方面也不够精细，造成现场施工和材料的管理没有精确的数据依据，进而造成施工质量的降低和材料损耗的增加。

利用 BIM 技术的多专业协同和可视化功能，对砌体工程的每面墙体进行模型创建和砌块排布、构造柱和圈梁等构件的合理布置和机电专业预留洞的精准预留，一是节省技术人员大量的时间和精力；二是降低了砌体排砖对技术人员自身经验和空间想象能力的要求；三是通过直观展示提高对施工人员的交底质量；四是避免了二次开洞和错留预留洞而造成的材料和时间的浪费。

利用 BIM 技术的统计功能，可精确统计每层、每个流水作业段乃至每面墙的砌体材料用量。物资管理人员据此进行砌块加工与进场，并加强材料管理，实施定点定量运输，避免二次转运，减少运输损耗，为限额领料提供精准数据支持，从而提高施工效率与质量，提升砌体工程的精细化管理水平。

(2) BIM 应用流程

砌体工程是结构工程和机电安装工程、装饰装修工程等一系列工作的衔接点，在深化设计阶段需要多个专业综合考虑。

砌体工程深化设计的重点及难点主要包括：

① 施工图纸描述不清晰。图纸中对于砌体工程的施工要求多为文字叙述，例如：构造柱设置于转角处、端部、墙厚变化处，且不大于 4m 设置 1 个构造柱；门口设置抱框、门口上方设置过梁、层高超过 4m 设置圈梁等。不同施工经验的人员依照图纸进行施工会有不同的结果。

② AutoCAD 深化图局限性过大。深化设计图主要描述构造柱位置、圈梁过梁位置，以满足图纸和规范要求。如果每道墙体都进行二维图纸的平、立面深化设计，工作量大且效果不好。例如，构造柱尺寸、标高变化多的工程，需要深化设计人员有丰富的施工经验和空间想象能力，否则容易出现相邻两道墙过梁都不交圈等问题。

③ 机电预留洞口留置的问题。机电管线综合排布后必会涉及管道、桥架的调整，机电预留洞口的留置也非常重要，如深化不到位，后期将会产生大量的开洞、封堵、修补等问题，不仅会造成材料和人力资源的浪费，还会造成工期的增加和进度的拖延，产生经济损失。

砌体工程深化设计阶段的 BIM 应用流程如图 4-4 所示。

深化设计阶段 BIM 应用的注意事项：

① 砌体工程深化设计前需根据设计图纸及相关规范编制砌体工程专项施工方案。

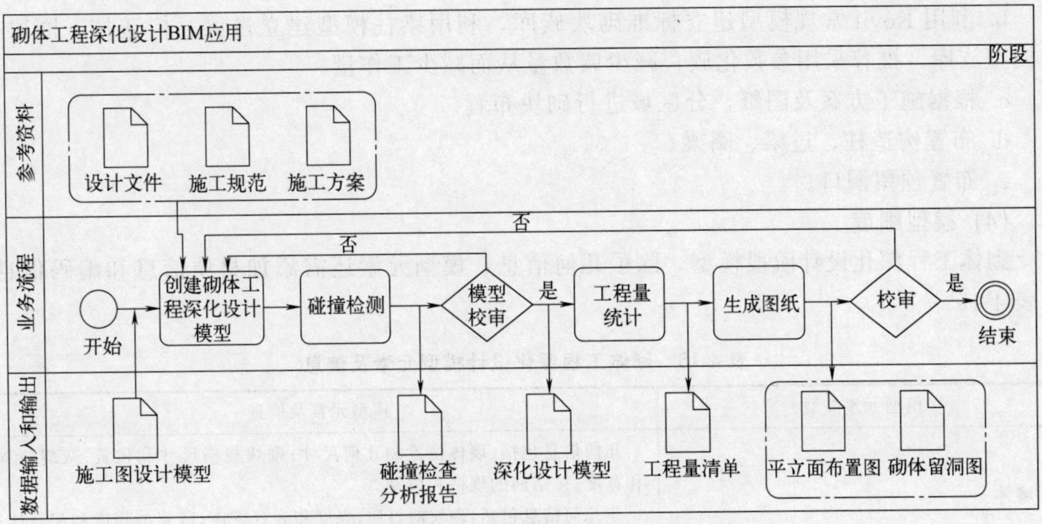

图 4-4　砌体工程深化设计阶段的 BIM 应用流程

② 砌体工程深化设计模型要在上游模型的基础上进行深化设计，上游模型至少包括土建和机电的施工图设计模型。

③ 机电模型是管线综合并优化后的深化设计模型。

④ 砌体工程深化设计可以在 Revit 模型创建软件中进行，也可以将模型导入广联达 BIM5D 或者鲁班施工软件中进行。根据现场实践经验，Revit 中深化设计效率低，模型大，对电脑硬件要求高，出量效果差；在国内二次开发软件上进行排砖，效率高，可批量进行，模型轻量化后对电脑硬件要求略低，工程量和材料量提取功能丰富。

⑤ 深化设计过程中优化砌块规格，规格类型不宜太多，局部问题可以在导出的二维图纸上进行调整。

通过 BIM 技术在砌体工程深化设计上的应用，施工过程中可以更加切实有效地对砌体工程进行整体管控，节约成本和工期，提高施工质量，并为后期的机电安装和装饰装修工程提供更好的施工条件。

(3) 建模方法

① 一般方法。在砌体工程模型创建前应熟悉设计图纸及深化设计图纸、专项施工方案、规范和标准等相关文件。砌体工程 BIM 模型创建一般在土建模型上建立，因此需先完善土建模型。砌体工程模型创建前，应先明确模型创建标准，规定好构件命名规范。砌体工程模型应包含以下信息：

a. 墙类型：直形墙/弧形墙、女儿墙/内墙/外墙/围墙。

b. 墙厚度、砌体材质、砌块强度等级、砌块尺寸、砂浆强度等级。

c. 反坎/导墙、压顶、构造柱、圈梁、过梁等构件。

d. 灰缝尺寸、砌筑方式、砌筑方向。

e. 预留洞口。

f. 墙体开槽。

g. 拉结筋、梁柱钢筋。

② 基于 Revit 的砌体工程模型创建。

a. Revit 砌体排砖前，需先进行楼层及区域划分，统计出所有砌块、过梁、构造柱、圈梁种类，并对所有构件进行分类。

b. 利用 Revit 常规模型建立标准砌块族库，利用梁柱模型建立过梁、构造柱、圈梁标准模型族库，推荐采用参数化族，减少族数量从而减少工作量。

c. 根据施工方案及图纸，分区域进行砌块布置。

d. 布置构造柱、过梁、圈梁。

e. 布置预留洞口。

(4) 模型细度

砌体工程深化设计阶段模型，除了几何信息，模型元素还需添加材质信息和编码信息，见表 4-15。

表 4-15 砌体工程深化设计模型元素及信息

模型元素类型	模型元素及信息
墙体	几何信息包括：墙体位置和几何尺寸；砌块规格尺寸和位置；灰缝位置和宽度；拉结筋的规格和位置。 非几何信息包括：砌块的材质、强度和表观密度；砂浆的强度和配合比；砌块的编码信息
1. 构造柱、抱框柱 2. 水平系梁、圈梁、过梁 3. 导墙	几何信息包括： 构造柱和抱框柱的位置和几何尺寸；水平系梁、圈梁、过梁位置和几何尺寸；导墙位置和几何尺寸；钢筋的规格和位置。 非几何信息包括：混凝土的强度等级和配合比；构件编码信息
洞口、线槽	几何信息：位置和尺寸

(5) BIM 应用成果

砌体工程 BIM 应用成果包括三维模型、视频动画以及 BIM 模型生成的二维图纸和砌体材料表。

4.4 BIM 在机电专业的应用

目前 BIM 技术在机电专业中具有良好应用前景，在可视化管线综合、施工形象进度展示等方面，BIM 技术得到广泛应用。但同时，机电 BIM 应用也面临诸多困难和问题，如 BIM 应用目标不明确，BIM 应用工作方法和规则不统一，BIM 应用与实际施工脱节，存在模型不准确、图模不一致的情况等。本章从应用流程、建模方法、初步设计、工艺模拟、施工管理等方面深入阐述 BIM 技术在机电中的应用方法，着力提高机电深化设计能力，确保二维、三维设计文件同步以及 BIM 模型准确，支持机电施工现场各项技术和管理要求。

4.4.1 机电 BIM 应用流程

机电专业 BIM 技术应用，主要包括：初步设计、工艺模拟、进度管理、质量管理、工厂加工、造价管理等内容。

4.4.1.1 机电初步设计建模方法

(1) 模型元素命名规则

模型元素命名建议采用“前缀＋主体名称＋后缀”的命名结构，其中：

① 前缀：用于表示模型元素的大类或系统类型，如“EL”表示电气系统，“PL”表示管道系统，“HV”表示暖通空调系统等。

② 主体名称：描述模型元素的具体名称或功能，如“照明配电箱”“给水管”“空调风管”等。

③ 后缀：用于进一步区分相同主体名称下的不同实例或特定属性，如楼层号、区域编号、规格尺寸等。

在模型命名过程中，还要注意，尽量保持命名简洁，避免过长而识别困难，同时避免在命名中使用特殊字符，建议使用下划线作为分隔符。对于模型元素的修改或更新，可以在命名中加入版本号或日期后缀，以便追踪和管理。对于命名规则，应在项目团队内部进行充分沟通和确认，确保所有成员都理解和遵循。

(2) BIM模型规划标准

各专业模型应保持项目基点、方向、标高、单位一致。可按以下方式拆分：①按机电各专业系统或子系统划分；②按空间（模块）划分，如楼层、建筑分区等；③按功能划分；④按施工工艺划分。

应注意某些子系统或部件贯穿建筑分区的情况（如管井等），应先保证体系完整和连贯性。设计有编号的按照设计编号，设计没编号的写轴线位置。

4.4.1.2　深化设计及BIM模型要求

(1) 设计依据

应遵守和执行国家有关设计规范、规程及相关施工验收规范的规定，依据招标图纸及业主、设计院提供的相关设计文件进行深化设计。

(2) 内部协调要求

深化设计人员与施工技术人员相互协调，了解合同要求和技术规范，通过设计交底和图纸会审领会设计意图。熟悉业主提供的招标图纸和相关功能要求，针对施工各阶段各节点细部做法认真研究，优化设计方案，确保建立的深化设计施工模型与现场施工一致。

(3) 外部协调要求

加强与设计、业主、总包、土建、装饰及其他机电承包商的协调配合，深化设计过程中，应保持密切沟通，在模型中实时落实反映各方要求。

(4) 深化设计模型要求

深化设计模型应清楚反映所有安装部件的尺寸、标高、定位及与结构及装饰的准确关系。包括详细的平面图和剖面图。总体效果既要满足设计要求与验收规范，又要考虑交叉施工的合理性以及今后维修的方便，尽可能减少返工。

(5) 深化设计报审要求

对设计图纸进行施工深化并报审，根据审核意见，及时完善机电深化设计图纸，深化设计图经项目设计管理方审核批准即为正式施工图，施工现场必须严格遵照执行。

4.4.1.3　BIM深化设计建模方式

(1) 深化设计与BIM模型同步完成

① 针对机电专业内部的管线综合排布。

② 机电深化设计过程中，建议由专业设计师利用三维建模软件，综合完成特定区域的所有管线综合深化任务，统一考虑各专业系统（建筑、结构、风、水、电气、消防等专业）的合理排布及优化，同时遵循设计、施工规范及施工要求。

(2) 深化设计与BIM模型分开完成

① 先对二维图纸进行单专业深化设计；

② 分专业建模、合并模型；

③ 根据碰撞检查修改各专业管线和模型。

该做法存在以下几个问题：

① 专门建模团队可能无法完全理解设计意图和现场要求，使得综合后的模型缺乏准确性。

② 一般的施工项目时间紧张且过程烦琐，初步设计工作完成后，再进行 BIM 建模，效率低且无法满足施工进度要求。

③ 因分专业单独建模，缺乏统一布置和综合思考，往往会造成大面积管线碰撞，使再修改和协调的工作量非常大，甚至全部重做。

4.4.2 机电深化设计 BIM 应用

4.4.2.1 机电深化设计 BIM 应用流程

机电深化设计 BIM 应用典型流程见图 4-5。

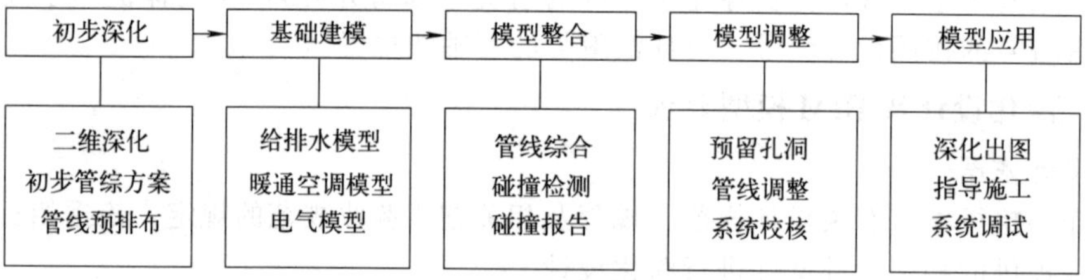

图 4-5 机电深化设计 BIM 应用典型流程图

4.4.2.2 机电深化设计 BIM 应用工作准备

确定工程项目的深化设计 BIM 应用的工作内容及进度计划，明确深化设计工作开展的前提条件，所需人员组织结构、办公环境。明确如何查找项目相关图纸，如何处理图纸信息。以下准备工作完成以后，再开始深化设计工作：

(1) 组建机电深化设计 BIM 团队

根据管理方的要求，结合项目特点和项目施工计划及深化设计进度计划，制订 BIM 进度计划，并根据计划配置人员，根据本项目特点有针对性地对人员进行培训。

(2) 收集资料

① 收集完整的结构、建筑、装饰等各专业设计图纸或 BIM 模型。

② 收集完整的各机电专业设计图纸和技术资料，了解各个系统，积极与设计管理单位沟通协调，了解和把握设计意图。

③ 收集各专业设备资料，明确安装方式、安装空间、维修空间、接口方式，进行分类整理，为施工图深化设计提供支持。

④ 加强与精装修单位的协调，确定各区域吊顶标高、吊顶布置及安装方法，为深化设计做好准备。

⑤ 根据项目情况收集现场土建已施工的状况资料，重点是土建预留预埋情况资料，以便综合深化设计的正确布置，避免返工。

(3) 明确规范和要求

加强与管理方的沟通与协调，充分理解项目所在地的设计和施工规范，明确 BIM 模型的标准和其他相关要求。

(4) 软硬件配置

根据项目需求合理进行软、硬件配置，建立并完善工作网络。

(5) 制订计划

依据施工计划制订相应的 BIM 工作进度计划。

4.4.2.3 BIM 辅助管线综合

管线综合前，应明确管线综合的一般规范和原则。对综合完成的 BIM 模型进行碰撞检查，查漏补缺，调整完成后进行报审，并对业主、顾问、设计院等提出的反馈意见及时修正，直至报审通过。

综合管线设计工作可分两步实施：第一步以配合项目土建预留预埋工作为主，进行机电主管线与一次结构相关内容的深化设计工作；第二步对应于精装修要求，进行机电末端的深化设计工作。

(1) 管线综合与 BIM 模型应用

综合管线布置原则见表 4-16。

表 4-16 综合管线布置原则

序号	原则	具体内容
1	满足深化设计施工规范	机电管线综合不能违背各专业系统设计原意，保证各系统使用功能。同时，应满足业主对建筑空间的要求，满足建筑本身的使用功能要求。对于特殊建筑形式或特殊结构形式（如屋面钢结构桁架区域），还应该与专业设计沟通，对双方专业的特殊要求进行协调，保证双方的使用功能不受影响
2	合理利用空间	机电管线的布置应该在满足使用功能、路径合理、方便施工的原则下尽可能集中布置，系统主管线集中布置在公共区域（如走廊等）
3	满足施工和维护空间需求	充分考虑系统调试、检测和维修的要求，合理确定各种设备、管线、阀门和开关等的位置和距离，避免软碰撞
4	满足装饰需求	机电综合管线布置应充分考虑机电系统安装后能满足各区域的净空要求，无吊顶区域管线排布整齐、合理、美观
5	保证结构安全	机电管线需要穿梁、穿一次结构墙体时，需充分与结构设计师沟通，绝对保障结构安全

工作方法：

① 处理建筑、结构信息，剔除不需要的信息。

② 利用 BIM 软件进行各专业机电管线综合深化设计。

③ 要求设计人员在综合管线深化设计过程中，随时调整各专业管线的布置以满足各技术规范要求。

④ 送审会审各专业图纸及模型确认。

综合管线设计及模型的作用：

① 检查空间是否满足要求（安装、维修、规范、安全）。

② 明确各专业管线的布置要求（定位、相互关系），确定施工顺序。

③ 利用可视化特点进行管线协调（交底）。

(2) 综合支吊架的设计与应用

根据 BIM 综合管线模型进行综合支吊架的设计，在满足各专业规范、现场施工要求的基础上，力求达到简洁、美观的目的。主要工作要求：

① 能承受各专业管线的静荷载及动荷载（安全性要求）。

② 节省材料、制作工艺简单、能大批量工厂化生产（经济性要求）。

③ 简洁、美观（观感要求）。

第4章

(3) 碰撞检查的应用

此处所提的碰撞检查为最后的查漏补缺图纸审查。工作要求：

① 基于综合模型进行碰撞检查。

② 应明确相关技术规范，方可进行碰撞检查。

③ 对碰撞检查结果及时协调并进行管线调整。

工作方法：

① 首先在综合模型中检查管线之间是否符合综合原则。

② 在机电管线综合的基础上，对保温、操作空间、检修空间等进行软硬碰撞检测，检查是否符合相关技术规格。

4.4.2.4 重点难点部位管线综合布置要求

重点难点部位在机电深化设计BIM应用阶段的解决办法见表4-17。

表4-17 机电深化设计BIM应用阶段重点难点部位

序号	部位(系统)	重点及难点	解决办法
1	管线密集的吊顶区域管线综合(如走廊区域等)	(1)管线合理综合布置； (2)无压管道(如冷凝水、卫生排水管等)合理布置及坡度要求； (3)灯具和设备支吊架位置； (4)检修口设置； (5)机电管线安装净空间须满足吊顶高度控制要求	(1)根据管线综合的原则，借助BIM的可视化效果，合理布置各专业管线。 (2)优化无压管道的走向，积极与装修单位沟通，有压管道避让无压管道。 (3)在BIM模型中合理设置设备灯具的支吊架，解决与其他管线的碰撞问题。 (4)合理设置检修口，管线避让，在满足检修口设备维修需要的前提下尽量满足装修要求。 (5)合理布置机电管线，在BIM模型中模拟吊顶位置，如不满足条件，与设计协调部分管线穿梁或移至其他区域布置等，满足吊顶标高控制要求
2	管线密集的非吊顶区域管线综合(如地下车库机房出口管线密集处)	(1)管线合理综合布置； (2)观感要求； (3)长距离输送管线的变形； (4)非吊顶区域净高控制要求	(1)根据管线综合的原则，借助BIM的可视化效果，合理布置各专业管线。 (2)设置综合支吊架，各专业管线集中布置，在BIM模型中验证观感效果。 (3)与设计沟通，通过校核计算合理设置膨胀节、固定支架等。 (4)合理布置机电管线，如不满足条件，与设计协调部分管线修改路径，满足净高控制要求
3	设备机房(如空调机房)	(1)设备、管线综合布置； (2)维修空间预留； (3)噪声控制； (4)设备运输路线规划； (5)观感要求	(1)向生产厂家了解各设备维修所需的空间位置及尺寸。 (2)委托专业厂家对设备机房噪声控制方案进行深化设计。 (3)绘制设备运输路线图，提出建筑、结构等专业配合要求。 (4)绘制三维效果展示图及安装大样图，对各专业管线进行统一规划
4	管井	(1)空间狭小管线密集； (2)设备、管线综合布置； (3)支架设置； (4)维修空间预留	(1)通过BIM设计建模，优化设备安装位置，确定施工次序。 (2)合理布置。 (3)在BIM模型中设置管道支吊架，验证合理性，并对管井检修空间进行三维模拟验证

续表

序号	部位(系统)	重点及难点	解决办法
5	共同区域	管线综合布置共同注意事项	(1)要注意建筑标高及结构标高间的差别、不同区域标高的差别、混凝土结构梁的厚度、柱子大小、钢梁大小、是否有斜支撑等。 (2)要注意保温层的厚度;管线、梁、壁等相互间的安装要求;应考虑管道的坡度要求等。不同专业管线间的距离,尽量满足施工规范要求。 (3)管线布置时,整个管线的布置过程要考虑以后灯具、烟感探头、喷洒头等的安装空间,电气桥架放线的操作空间及以后设备阀门等维修空间,电缆布置的弯曲半径的要求等

4.4.2.5　各专业 BIM 协调

(1) 机电综合模型与土建、钢结构、幕墙、装饰等专业模型协调

与土建预留预埋配合的工作要求如下：

① 预留预埋的施工图纸必须以审批通过的综合深化设计图纸为依据。

② 为保证机电施工的准确性，机电施工前应先对土建已经完成的预留预埋工作进行校核。

③ 现场预留预埋产生的误差，要及时反映在各专业施工图与 BIM 模型中。

工作方法：

① 通过综合深化设计，首先进行项目一次结构的预留预埋孔、洞的预留，如部分现场已施工则应复核孔洞的位置，及时调整深化设计管线走向。

② 随项目施工进度，配合确定二次结构和预留预埋孔洞位置。

③ 对现场预留预埋工作中产生的误差要及时调整，并反映在施工图与 BIM 模型中。

(2) 与幕墙、装饰装修配合的应用

根据整合的精装模型，调整机电末端管线。通过 BIM 模型尽早协调精装模型与机电模型间相互干涉，避免碰撞，减少返工。确保满足装修对吊顶高度、形式及吊顶上器具点位的综合布置要求。

4.4.2.6　机电各专业施工图纸及 BIM 应用

在审批通过的综合深化设计图纸基础上，根据各专业在综合管线图中的具体位置，完善各专业施工图；进而完善各专业 BIM 模型；最后，依据工程项目设备采购的实际情况，补充完善 BIM 相关信息。

(1) 各专业施工图的具体要求

① 补充管线综合图中省略的各专业管线。

② 补全管道定位尺寸及管线标高。

③ 要根据相关专业（装饰、幕墙等）的确认资料，调整专业管线布置。

④ 要根据工程实际采购的情况，调整各专业管线位置和设备接口等定位。

(2) 各专业模型的具体要求

① 根据各专业施工图的管线定位调整模型的具体管线位置。

② 按要求补充相关设备材料信息，如设备用电负荷、设备参数、外形尺寸、安装方式等。

工作方法：

① 将审批通过的综合图拆分成各专业图纸。

② 将专业图补充完整，如毛细管路、末端、器具、阀门等。

③ 补充相关信息，如设备用电负荷、设备参数、外形尺寸、安装方式、标注定位等。注意：尺寸定位必须准确（避免定位尺寸与实际管线有偏差）。

4.4.2.7 BIM 资料的管理

通过协同管理平台管理机电施工过程的 BIM 资料，保证项目各参与方之间信息传递及时、准确，确保资料的完整性和可追溯性。

(1) BIM 资料管理对象

① 设计院原始模型（图模一致）。

② BIM 深化设计过程资料。

③ BIM 深化设计成果资料。

④ BIM 族库资料。

⑤ BIM 应用成果资料。

⑥ 各类 BIM 工作相关的沟通协调纸质文件。

(2) 资料管理工作内容

① 接收自上游下发的各类相关信息资料，按规定统一整理。

② 下发至下游专业分包单位的各类相关信息资料，按规定统一整理。

③ 进行 BIM 设计模型及应用成果的报审，并负责接收、传达各类审批文件。

④ 配合 BIM 设计负责人进行各类资料的查询、整理工作。

4.4.3 机电施工工艺模拟 BIM 应用

(1) BIM 应用目的

基于 BIM 综合模型，对施工工艺进行三维可视化的模拟展示或探讨验证。模拟主要施工工序，协助各施工方合理组织施工并进行施工交底，从而进行有效的施工管理；对大型机电设备运输方案进行模拟，分析确定运输方案是否可行。验证施工方案、材料设备选型的合理性，协助施工人员充分理解和执行方案的要求。

(2) BIM 应用流程及软件方案

在施工工艺模拟 BIM 应用中，可基于施工组织模型和施工图创建施工工艺模型，并将施工工艺信息与模型关联，输出资源配置计划、施工进度计划等，指导模型创建、视频制作、文档编制和方案交底。

① 针对施工方案、工艺标准、技术交底等文件要求，对需要进行施工工艺模拟的构件或工序进行 Revit 建模和整合。应补充施工工艺模拟中所需元素及信息。

② 将 Revit 模型导出为 NWC 格式，在 Navisworks 软件中整合模型，并通过其对象动画功能添加施工场景，制作工序动画。最终进行三维模拟渲染或工序动画演示。

③ 将生成的成果文件进行展示，并进一步探讨验证。最终，将模型应用到现场指导施工。

(3) BIM 应用内容

施工工艺模拟通常有如下模拟内容（包含但不限于）：

① 大型设备运输及复杂构件安装模拟。大型设备运输及复杂构件安装工艺模拟时需综合分析柱、梁、板、墙、障碍物等因素，优化大型设备及构件进场时间点、吊装运输路径和预留孔洞等，通过 BIM 技术进行可视化展示或施工交底。

② 重、难点施工方案及复杂节点施工工艺模拟。重、难点施工方案及复杂节点施工工

艺模拟时需优化节点各构件尺寸、各构件之间的连接方式和空间要求以及节点施工顺序，通过 BIM 技术进行可视化展示或施工交底。

4.4.4　机电工业化加工 BIM 应用

机电工业化加工的基本产品单元是机电模块化产品，包含机电各专业的构件，如水泵、风管、法兰、阀门和支吊架等，可以划分为标准化和非标准化产品。非标准化产品的非标性决定了不同项目间机电工业化加工产品的不可重复性。基于 BIM 的机电工业化产品加工在制造阶段会涉及多个工序、大量人员和设备，管理复杂性也相应增加。目前通过实施管道预制生产线等新设备的引进、对已有设备的改造以及管理方式的变革等措施，具备了初步匹配 BIM 机电数字化加工模型的加工条件和能力。而在整个制造过程中，通过施工模型数据的即时采集、传递、处理，并与 BIM 模型进行集成、分析、展现和存储，使机电工业化加工制造过程具备了较高的精确度。

基于深化设计模型和加工确认函、设计变更单、施工核定单、设计文件创建机电产品加工模型，基于专项加工方案和技术标准完成模型细部处理，基于材料采购计划提取模型工程量，基于工厂设备加工能力、排产计划及工期和资源计划完成预制加工模型的批次划分，基于工艺指导书等资料编制工艺文件，在构件生产和质量验收阶段形成构件生产的进度信息、成本信息和质量追溯信息，最终实现机电工业化加工 BIM 应用过程，保证模块化产品的质量，为后续产品的安装施工精度提供保障。

(1) BIM 应用流程

机电工业化加工 BIM 应用流程主要包含模块准备、模块加工、模块检验入库等环节。模块准备环节包含深化设计模型和设计文件导入，创建机电加工模型和进行产品模块评价；模块加工环节是基于机电加工模型提取工程量，结合工期计划及工厂加工生产能力等，对机电产品进行分批加工；模块检验环节将机电产品的质量、运输安装准备等信息及时附加或关联到模型中。通过机电模块化产品工序化管理，将创建的机电产品加工模型结合图纸信息、材料信息、进度信息转化为以工序为单位的制造信息，借助先进的数据采集手段和数字化加工设备，以机电产品加工模型作为信息交流的平台，通过施工过程信息的实时添加和反馈补充完善，最终产品通过质量验收入库，提高数据处理的效率和数字化加工的精准度，为机电产品施工安装的高质量提供保障。

(2) 数据输入和软件方案

在深化设计阶段输入的 BIM 模型基础上，进行机电产品加工模型创建，同时需要进行数字化模块产品设计，包含模块划分、模块综合、模块编码和模块评价部分。按照模块的功能性差异划分为不同层次的模块，建立模块产品数据库，形成标准的系列化产品。建筑中机电空间环境根据产品规划和功能分析宜划分为空间、部位、部件三级模块。

按照机电类专业与非机电类专业的功能组合原则，选择具有不同功能的模块进行模块综合。按照模块编码的唯一性原则，对建筑机电系统各综合模块进行编码，包括空间、部位、部件三级模块的类别、名称，按表 4-18 采用。

明确建筑机电各综合模块之间的关系并进行模块评价，综合协调安排模块的数字化加工生产，实现模块系列产品的标准化和信息化统一，这也是机电数字化加工模型数据流通唯一性和准确性的基本保障。

在选择数据录入采集的方式上，需要考虑的因素有很多：针对生产车间的关键节点，可以对加工设备的效率等进行实时监控，组织传感器网络向上层传递数据信息，反馈控制整个生产过程；在产品流水线上，可利用条形码技术和 REID 读取流水线的产品信息，配合电子看板等在车间实时显示加工状况。现实中受限于生产环节的复杂性与环境的苛刻，除了REID、条码和传感器的采集模式之外，还可以利用人机交互的形式直接读取数据，利用现场设备如PLC和仪器仪表直接采集数据。

表 4-18 建筑机电模块编码

模块等级	主码(副码)		编码范围
一级模块:空间模块(A)	主码	空间模块编码	01～99
	(副码)	(功能区域编码)	(01～99)
二级模块:部位模块	主码	部位模块编码	001～999
	(副码)	(分部位或部件编码)	(001～999)
三级模块:部件模块(C)	主码	部件模块编码	0001～9999或(字母＋三位数字)
	(副码)	(零件或组件编码)	(0001～9999)或(字母＋三位数字)

在数据采集的实施过程中，需要以企业自身为对象，将生产过程中的“人、机、料、法、环”环节进行综合分析，先将生产的基本进度信息、物料信息和质量信息做到采集准确，然后再根据产品生产的需求逐步深化，层层递进。针对当前机电安装行业普遍自动化程度不高的现状，可以采用以条形码技术为主导的机电模块化产品管理方式。

机电工业化加工BIM应用的软件方案，以Revit模型为例，数字化加工的结果可以反馈到BIM模型中，对施工信息进行添加和更新操作。将模型数据以DXF格式导入专业软件中进行模型细部处理，形成数字化加工模型数据，以实现机电产品的数字化加工过程。

机电工业化加工BIM应用需要从BIM模型中提取加工用的数据信息。根据制造厂产能、设备、管理模式等条件，数据输入时需要考虑：

① 数据的编码应与实际管理模式相适应。针对不同的设备和管控方法，所需的数据格式与类型也不相同。

② 数据输入时，应做到以工序管理为基本落脚点，将数据采集和施工管理重心放在工序管理上。从BIM模型中获取加工数据，通过数据传输发送到各个工序，每个工序又将加工的结果反馈到模型中。

(3) 模型细度

在深化设计模型元素的基础上，机电加工模型元素附加或关联了生产信息、加工图、工序工艺、质检、运输安装准备等机电加工产品信息。在机电工业化加工中，选择施工过程模型细度（LOD400）作为目标精度标准，该标准需基于深化设计BIM模型进行精细化处理。目前深化设计的BIM模型的精度只能达到施工图模型细度（LOD300），需要将深化设计的模块模型导入机械制造软件中进行进一步的细部处理才能达到施工过程模型细度（LOD400）标准。机电工业化加工模型细度如表4-19所示。

表 4-19 机电工业化加工模型细度

模型元素	模型元素信息	
给水排水管道、暖通风管、暖通水管、电气桥架、支吊架、设备基础等	几何信息	管道需要明确管道零件长度、材质、壁厚、连接方式(丝接:套丝长度;焊接:焊缝宽度、剖口形式、焊条型号)等。 风管需要明确风管的长度、材质、壁厚、连接方式(型钢法兰连接:型钢型号、打孔位置、焊接位置;共板法兰连接:角码尺寸、法兰夹尺寸、法兰外形尺寸)等。 桥架需要明确桥架的外形尺寸、连接方式、零件数量。 支吊架及设备基础需明确型钢型号、下料长度、连接方式、零件型号及数量等
	非几何信息	材质、厂家、安装位置等,具体参照工艺说明书

(4) 应用内容和应用成果

在机电产品加工的各个环节应用 BIM 技术，可提供相应的 BIM 交付成果，包括：机电加工模型、加工图，以及产品模块相关技术参数等信息。具体指：

① 机电产品模块准备环节可提供机电加工制造模型和加工图等成果。

② 产品模块加工环节可提供数控文件、加工工序、工艺参数、进度和成本等成果。

③ 产品模块检验环节可提供机电产品的质量、物流安装信息等成果。

④ 基于模型的产品模块拆分、工艺设计、虚拟制造、预装配和性能评价。

⑤ 提取记录和管理产品模块准备、数字化生产、产品物流运输和安装的信息数据。

⑥ 设计信息和生产过程的可视化，产品加工的虚拟仿真，虚拟加工模块产品的装配仿真以及虚拟加工过程中的人机协同作业等。

4.4.5 机电施工进度管理 BIM 应用

通过进度计划管理软件编制而成的施工进度计划与 BIM 模型相结合，可以直观地将 BIM 模型与施工进度计划关联起来，自动生成虚拟建造过程。对虚拟建造过程进行分析，合理调整施工进度，更好地控制现场施工与生产。

(1) 应用流程

机电施工进度管理 BIM 应用的基本流程：确定机电施工项目工作分解结构（work breakdown structure，WBS)，对项目的范围和工作，自上而下有规则分解，产生工作清单。预估每项工作所需的时间和费用，确定各工作之间的逻辑关系，应用 MS Project 软件编制进度计划。将 MS Project 进度计划导入 Naviswork 并与 BIM 模型关联，形成 4D 进度管理模型。通过动画的方式表现进度安排情况，对项目工作面的分配、交叉以及工序搭接之间的合理性直观检查和分析，利用进度模拟的成果对项目进度计划进行优化更新，形成施工过程演示模型和最终的进度计划。

(2) 软件方案

采用 Revit、Navisworks 和 MS Project 进行机电施工进度计划管理。

利用 Revit 软件进行 BIM 建模，建模过程中记录图纸问题，并及时更新、管理模型版本。采用 MS Project 进行进度计划编制，通过 Revit 模型导出明细表，导入 Excel 中估算工程量，将工程量数据输入 Project 中计算成本、劳动力，并进行资源平衡。利用 MS Project 调整资源投入，优化进度直至满足工期需求。将进度计划导入 Navisworks 进行 4D 施工模拟，核查并优化进度计划。

(3) 数据输入

机电施工进度管理以 Revit 创建的信息化模型为基础，将 Revit 建立的各专业信息化模型导入 Navisworks 进行模型浏览、审查和碰撞检查，形成整体 BIM 模型。

MS project 软件编制的进度计划是在工程量估算的基础上分配劳动力与机械，依据工程量与施工企业定额估算工作的持续时间。进度计划的编制要综合进行空间分析和施工顺序分析，建立工作分解结构，其工作清单应与模型、模型元素或信息相关联。对工作清单建立项目记账编码，用于费用、进度计划、实际消耗的记录，实现信息化管理。在 WBS 基础上创建的进度管理模型应与工程施工的区域划分、施工流程相对应。

MS project 软件编制的进度计划，通过 Timeliner 模块直接与 Navisworks 进行数据传递。在施工过程中，将实际进度、成本信息输入 MS Project 软件中进行数据分析，并将进度计划软件与 Navisworks 同步，在 Navisworks 中进行实际进度和计划进度展示。

(4) 模型内容

Navisworks 可以导入项目管理软件 MS Project 的进度计划和模型直接关联，通过 3D 模型和动画直观演示出施工的步骤。导入 MS Project 的进度计划后，需要进行 BIM 模型与施工任务的匹配，一般采用以下两种方式：

① 手动匹配。手动匹配时，需要在 BIM 模型中筛选出与进度计划的施工任务相匹配的图元进行关联，Navisworks 提供了多种图元筛选方式。在 Navisworks 中选择图元，建立选择集，选择集名称与相对应的进度计划项一一对应，并附着图元。手动匹配的优势在于灵活、方便、操作简单。

② 规则自动匹配。按规则进行自动匹配主要是依据模型的参数特点按照一定的规则对应到进度计划项上。自动匹配快捷方便，能在一定程度上降低匹配工作量，但是缺点是不够灵活，流程烦琐，匹配错了难以修改。

完成施工任务匹配后的 BIM 模型被赋予了时间信息，形成了 4D-BIM 模型，能够直观演示施工过程，支持项目进度计划的优化更新。

项目实施中动态管理进度计划，收集、整理、统计和分析实际进度原始数据，并通过进度计划软件将更新的进度信息关联到 BIM 模型，充实模型中的实际进度数据。通过对比分析计划工期与实际工期的差异，查找原因，对施工进度计划进行预警、纠偏与调整，确保进度处于受控状态。

(5) 成果交付

基于 BIM 技术进行机电施工进度管理，在三维模型的基础上加上进度时间轴形成 4D 模型，形象直观地表达进度计划，能更快处理变更、快速进行方案检查、快速规划、分析建造过程以及快速匹配估算工程量、施工持续时间、施工成本等数据。基于 BIM 技术的机电施工进度管理交付的成果包括施工过程演示模型和施工进度计划甘特图。

本章思考题

1. BIM 专业应用时，模型拆分的原则和内容有哪些？
2. BIM 技术在建筑设计专业中的具体应用包括哪些方面？
3. BIM 应用对建筑设计过程产生了什么样的影响？
4. BIM 技术在结构专业中的应用体现了哪些特点？
5. 基坑工程 BIM 如何应用？
6. 常用的钢筋工程 BIM 应用软件及功能特点有哪些？
7. 基于 BIM 技术的混凝土工程深化设计包括哪些内容？
8. 机电施工 BIM 应用包括哪些内容？
9. 机电深化设计的 BIM 应用如何体现？

在线习题

第5章 BIM在各参与主体中的应用

建设工程项目参与方很多，关系较为复杂，对不同的参与方BIM技术应用的价值也有所不同。从宏观角度而言，一个建设工程的全生命周期可划分为策划期、建设期、使用期三个阶段，每个阶段对应特定的参与方和利益相关方。本章针对各参与方进行介绍。

5.1 政府机构BIM技术应用

政府机构并不参与具体的项目建设，主要负责监督管理建设项目中与本机构职能相关的内容。政府机构的BIM应用需求主要是本机构需要的模型和数据信息，从数据统一、真实的角度考虑，政府机构希望这部分模型和数据信息来源于一个完整的BIM模型数据库，而不是虚假的、针对该机构的、与其他机构掌握的信息有冲突的专属BIM模型和数据。

5.1.1 政府机构的BIM需求

与建设工程相关的政府机构大致可分为以下三种类型。

(1) 建设工程主体

建设工程主体指作为建设工程项目的投资方、开发方、使用方等的政府机构，例如城市重点项目管理办公室等。

(2) 行业管理部门

行业管理部门指在建设工程全生命周期中行使行业管理职能的政府机构，例如，规划局、国土局、环保局、交通局、公路局、市政局等。

(3) 城市政府

指城市的行政管理部门或专门管理“数字城市”的机构。

与建筑工程相关的部分政府机构主要职能见表5-1。

表5-1 与建筑工程相关的政府机构

单位	职责	单位	职责
发展改革委	项目核准、备案及验收	国土资源局	征地
安全监督管理局	安全评价及验收	林业局	涉及林地的手续办理
环境保护局	环境影响评价及验收	人防办	人民防空手续办理
水利局	水土保持评价及验收	气象局	防雷接地审查及验收
文物管理局	地下文物钻探	电业局	供电总体方案审查及增容费收取
矿产管理局	压覆矿产评价	审计局	项目竣工验收审计
地震局	地震安全评价	规划管理局	项目规划管理
卫生局	劳动安全卫生评价及验收	劳动和社会保障局	劳动防护审查及验收
武警消防	消防审查及验收	质监站、安监站	建设工程质量和安全监督
质监和管理局	特种设备检验	其他单位	
档案局	档案验收		

当前，国内的政府机构处于职能型政府向服务型政府转变的过程中，传统的粗放式管理已不能满足高速发展的城市建设的需要。BIM 技术在建设工程全生命周期的应用能够辅助政府机构实现城市精细化管理的目标。依照不同类型政府机构在建设工程中的定位，可将 BIM 的应用划分为三个层面：第一个层面的应用是指政府在城市公共基础设施建设中，将 BIM 应用于具体的建设工程；第二个层面的应用是指各级政府职能部门颁布相应政策、法规，支持编制相关技术标准，引导行业应用 BIM 技术，并利用 BIM 技术提升行业精细化管理水平；第三个层面的应用是指各级政府职能部门在 BIM 应用的基础上，形成城市 BIM 数据库，构建智慧城市，为城市公共设施管理提供决策支持服务。

重点项目管理办公室等政府机构，作为城市公共基础设施建设的主体，利用 BIM 技术可以提升和优化工程质量、成本、工期、安全运营的控制水平。作为建设工程行业管理部门的政府机构，可以通过颁布相应政策、法规，支持编制相关技术标准，引导行业 BIM 应用，提高行业精细化管理水平。当 BIM 应用不断成熟后，拥有了整个城市的地理环境信息、市政基础设施信息、所有建筑物信息，最终集成建设工程的 BIM 数据库和标准库，从而形成“数字城市”，为城市发展提供决策依据，为城市建设和运营管理提供技术支撑。

5.1.2 政府机构的 BIM 应用

5.1.2.1 城市规划

近年来，政府的规划管理部门一直致力于发展“数字规划”，利用计算机技术、遥感技术、全球定位技术、三维仿真技术、地理信息技术等，辅助提高城市规划管理水平。其中，CAD 和 GIS 技术扮演着重要角色，这两项技术应用于中国的城市规划行业开始于 20 世纪 80 年代中期。迄今，国内已有超过 200 个城市基本建立了 CAD 与 GIS 协同的规划数字化管理格局：规划设计及报批以 CAD 数据为依据，规划管理部门则以 GIS 数据为主要依据。但随着城市化进程的加快，当前国家和地方政府将可持续发展、绿色城市、宜居城市、低碳规划等理念作为战略目标，加强 BIM 技术的研究和应用，为城市的建设发展提供更好的技术手段。由此可以预见，未来的“数字规划”将会是 BIM+GIS 的格局。

（1）城市景观可视化

规划编制、审定是城市规划管理部门的一项重要职能，规划编制成果是城市规划管理的基本要素，也是建设项目规划审批必不可少的依据。国内外开展了不同程度的“数字规划”应用实践。目前，国内大、中城市的政府规划主管机构纷纷通过虚拟现实（VR）与 GIS 技术在三维和交互的界面中将城市空间数据可视化，目的是将现状数据、规划数据、分析数据、预测数据等可视化。

经过近几年的积累和总结，国内一批城市已初步形成了城市三维景观平台，并开展了阶段性的应用。国家行业标准《城市三维建模技术规范》为城市三维模型数据的采集、处理、制作与建设提供了可参照的统一标准，在全国数字城市数据实现共享、避免重复建设、提高城市建管的决策效率和服务水平上具有里程碑意义。

国内不少城市都在平台软件的基础上进行二次开发，形成了自己的系统，如广州、上海、北京、深圳、武汉、南京等城市。但目前来看，大部分的数字景观 3D 城市模型都是以纯图形或几何的形式制作，忽略了对属性和拓扑关系方面的表现。所以，这些模型基本上只能用于纯视觉方面的用途，并不能满足专题查询、分析和空间数据挖掘等方面的需求。在国际上，已有一些地区在尝试 BIM 模型与 CityGML 的集成应用，为数字景观注入新的活力。CityGML 实现了基于 XML 格式的用于存储及交换虚拟 3D 城市模型的开放数据模型，定义了城市中大部分地理对象的分类及其关系，而且充分考虑了区域模型的几何、拓扑、语义、外观属性等，其中包括主题分类之间的层次、聚合，对象之间的关系、空间属性等。这些专题信息不但是一种图形交换格式，而且允许将虚拟 3D 城市模型部署到各种不同应用中，完成复杂分析任务，如仿真、城市数据挖掘、设施管理、主题查询等。

(2) 微环境模拟

随着我国城市化进程加快以及各大、中城市建设中旧城改造的逐步深入，低矮、破旧的老房子逐渐被形态各异的高层建筑群所取代。与此同时，不断增多的高层和超高层建筑导致居民住宅日照和通风不足的问题也越发突出。解决日照和通风问题，除宏观上调整规划外，改进日照与通风分析方法也是重要措施之一。

一般说来，人居环境包括人的生活环境、工作环境和交通环境，也是人所处空间的重要环境指标。从城市规划角度和生态学角度看，优化规划空间，提高人的舒适度，就可以说城市规划做到了改善人居环境。

城市规划微环境模拟是在建立城市规划三维信息模型的基础上，借助微环境模拟平台，对城市规划进行微环境指标模拟与评估。城市规划微环境模拟是在建立城市规划三维信息模型的基础上，利用微环境模拟平台，对城市规划方案进行微环境指标模拟与评估。依据该模拟评估结果，可修正控制性详细规划的用地指标，调控修建性详细规划的建筑空间布局，从而辅助城市规划管理和设计工作。其主要内容涵盖建筑空间结构的日照分析、风环境、热工性能、景观可视度及噪声分析等模拟。

BIM 技术因具有可视化、参数化、集成化的特点，在城市规划领域中不仅可以模拟城市景观，为“智慧城市”提供可视化展示平台，还可以基于气象环境信息、材料信息等参数进行生态微环境定量分析，为城市的宜居、可持续发展提供规划技术支撑。随着我国城市化进程加快，基于 BIM 在低碳规划、宜居性等方面的探索与应用，对提升我国城市规划水平具有现实意义。

5.1.2.2　环境保护

近年来，我国各级政府对环境保护的力度不断加大，相继出台政策法规为环境保护提供依据，并提出可持续发展战略，要求城市规划建设进行全方位的战略性变革，与国民经济计划相辅相成，创造可持续发展的人居环境。

BIM 技术可承载大量的数据信息。环境专家把城市环境的现状监测数据和管理控制数据集成到城市三维数据库，然后再利用专业的分析软件进行计算，可让城市环境主管部门及时监测到环境污染对城市的影响，及时控制超标污染源，并为城市环境优化决策提供辅助。目前，国外已有部分城市政府将 BIM 技术应用到环境保护领域，这些探索值得借鉴。

(1) BIM 与城市水体污染可视化分析

我国水生态环境质量持续向好，水生态环境保护发生历史性、转折性、全局性变化，成为生态文明建设的标志性成果之一。城市水体管理是一项复杂但至关重要的系统工程，它关乎城市的生态环境、生活质量和可持续发展。通过实时监测设备获取水体污染数据，与城市三维数据叠加后形成城市环境虚拟数字环境（图 5-1）。如果城市的三维数据全部采用 BIM 技术建立数据库，就可以在城市的 3D 模型中加入环境保护的相关

图 5-1　城市水体修复三维示意图

信息，如建筑内人口信息、污水排放信息、业主环保纳税情况等。当发现城市某一区域的水体污染超标时，城市环保部门可迅速查询到附近的污染源及相关信息并快速做出应对措施。此外，BIM 数据可以通过专业的模拟软件工具来模拟海水的温度、盐度及人为污染的情况。

(2) BIM 与城市噪声污染分析

随着我国城市工业、交通运输和文化娱乐事业的快速发展，噪声扰民的现象愈发突出。通过积极应用 BIM 等数字化工具，我们能够更加科学地规划、精准地治理城市噪声问题。应用 BIM 软件可模拟声音污染源对周围环境的影响。城市管理者在进行工业、交通、文化娱乐布局时，可提前对噪声污染进行模拟，优化噪声污染源的布局，从而创造出宜居的城市环境。图 5-2 为噪声污染源对周边环境的影响分析等值色彩图，其中红色部分为噪声最大的区域。

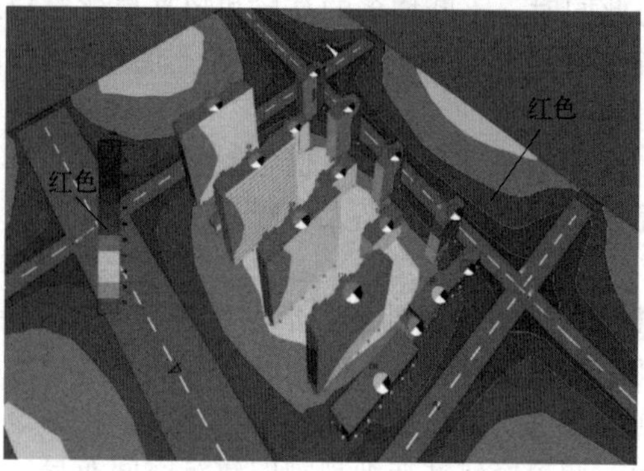

图 5-2 BIM 噪声污染分析

城市的三维数据采用 BIM 技术后，可迅速查询受影响的周边建筑情况，例如分析高噪声区域是否包含敏感性噪声建筑（如医院、养老院），并查看低敏感性噪声建筑（如厂房等）的分布情况，从而优化噪声污染源布局的建议方案。

5.1.2.3 城市管理

(1) 城市建设管理

城市建设行业行政主管部门主要对城市建设领域进行政策规划、行业管理，对建筑行业的施工安全等进行有效监督。应用 BIM 技术对建筑全生命周期进行全方位管理，是实现建筑信息化跨越式发展的必然趋势，也是实现项目精细化管理、企业集约化经营的最有效途径。利用 BIM 技术，可实现设计阶段的协同设计、施工阶段的全过程一体化建造、运营阶段的建筑物智能化维护与设施管理，并打破从业主到设计、施工、运营各方的界限，实施建筑全生命周期管理。

(2) BIM 与城市公共资产管理

我国城市化正处在快速发展时期，城市政府如何有效经营和管理城市的公共性社会资产，确保城市化顺利进行，已成为各方普遍关心的一个焦点问题。城市公共资产主要包括城市建成区范围内的国有土地以及建立在其上的城市公共基础设施。城市公共资产是城市建设投资的结果。如何高效管理和经营城市的公共资产是当前政府公共资产管理部门面临的挑战。

BIM 技术因其在城市建设全生命周期中发挥出的优势，可以为城市的公共资产管理提供技术上的新思路。在公共资产的运营阶段，BIM 能够提供关于建筑项目的协调一致的、可计算的信息，因此这些信息非常值得共享和重复使用。通过在建筑生命周期的维护和运营阶段使用数字建筑信息，管理机构便可大大减少因缺乏数据互操作性而产生的成本损失。

例如，将 BIM 技术应用于政府对各类园区（高新技术园区、创意产业园区、工业园区等政府投资、持有和运营管理的物业）的管理时，其空间与属性数据可集成各房间的业主、租金及物管信息，便于管理者在 3D 可视化平台上查询。该系统支持随时查询并更新数据库信息，同时对物业租期进行有效分析以优化出租率。在 3D 可视化平台上还可查询每个房间内设备的属性，如空调机或消火栓的品牌、规格及维修记录等。利用 BIM 技术还可监控物业状态，例如对特殊厂房的温度、湿度及有害气体含量进行可视化监控与查询。通过智能端口自动采集数据，可监控用电、用水、用气状况，实现可视化管理。

(3) BIM 与城市道路病害信息管理

城市建设在不断地发展，高度发达的都市需要高质量的交通网络。公路作为国民经济发展的重要基础设施，在城市中发挥着重要的作用，但是由于交通荷载、环境等因素的影响，道路逐渐产生了各种病害。道路病害不仅影响其正常使用功能，降低道路使用效率，使道路通行能力下降，行车速度降低，而且对车辆和驾驶员也会造成影响，威胁交通安全。

BIM 模型有助于城市道路可视化。利用 BIM 模型可以直观地对地上、地下的道路、桥梁的结构情况进行全方位观察（图 5-3）。

(a) 城市道路模拟　　(b) 城市道路高架道路模拟

图 5-3　城市道路的三维可视化

通过应用 BIM 技术对病害信息进行统计分析，可以在 3D 的图形界面上查询病害的名称、发现时间、维护人员等信息，精确定位病害位置，并查阅其具体面积及尺寸。随着 BIM 技术在城市交通（公路、桥梁、隧道、地铁）的设计和施工中发挥越来越重要的作用，政府最终会形成一套基于 BIM 的全新管理模式，为城市道路的高效管理运营提供技术保障。

(4) 政府机构 BIM 应用展望

BIM 技术正在成为一种新的城市建设和运营管理核心技术。BIM 的优势不仅体现在项目全生命周期的各个环节，在城市化推进进程中，BIM 作为三维及多维信息模型，能够进行属性信息管理与全流程数据跟踪，有效规避了其他技术在信息创建、管理和传递过程中常见的信息损失、效率低下与误解等问题。此外，随着绿色、低碳理念深入人心，BIM 技术在计算日照、通风、环境保护、能耗、水耗以及碳排放等定量指标方面展现出强大优势，为“低碳城市”“绿色城市”“宜居城市”等理念变成现实提供了必不可少的技术实现手段。

近年来，各国政府在“数字城市”的基础上提出“智慧城市”的概念，国内城市也纷纷启动“智慧城市”战略。“智慧城市”需要更多的技术支撑，包括云计算、物联网、智能空间数据引擎等，其核心概念是让城市更加可持续、更加智慧。城市的设计者、管理者在做每一个决策之前，都可以通过“智慧城市”强大的数据收集渠道，快速地收集描述过去、当前、未来的数据，在这些数据的基础上进行专业的分析，分析结果再通过仿真技术虚拟再现城市设计者、管理者的意图。这些虚拟的设计成果可以供专家和市民优化评判，实现最合理、最节能和最智慧的决策，在这个过程中 BIM 将会扮演重要的角色。

随着 BIM 技术在城市建设各领域应用的日趋成熟，将会形成与土地、交通、规划、建设、环保、水利、民政、公安等部门互联互通的城市信息资源共建共享机制，通过基于 BIM 的“智慧城市”体系，让政府管理者更加科学地规划、建设和管理城市。同时，城市

第5章

居民将可以通过“智慧城市”的公众平台，游览城市的旅游名胜、商业中心、文化坐标，甚至街巷小景。此外，在信息模型建立的基础上，可以模拟城市公共场所、社区等发生火灾险情或者其他紧急情况时，灾源扩散速度、市民如何选择最优逃生路线、如何组织人员分批次逃生等，为公众提供城市应急的直观体验，提高公众应急防灾的意识。

5.2 设计单位的 BIM 应用

5.2.1 设计单位 BIM 应用概述

设计单位是对各类工程地质勘察、民用与工业建筑设计及各类专项设计咨询服务机构的总称。设计单位对建设工程的造型、性能、造价等关键指标负责，是建设工程信息的主要创建者。设计单位是最先引入 BIM 设计理念的，已形成比较完善的行业应用技术体系。设计单位需整合建筑、结构、工艺、设备、自动化、动力等十几个乃至几十个专业，因此通常会运用多种类型的专业 BIM 软件协同工作。在工程建设行业中，从事连续性生产工厂（如石油、化工、电力等领域）的设计单位，其信息模型技术的应用水平通常最高。设计单位通过 BIM 应用，实现提高建筑性能和设计质量的目标。

日益复杂的工程项目要求设计单位有更好的可视化环境进行各专业设计沟通，避免常见的“错、漏、碰、缺”等低级质量错误，要有完善的建筑属性进行“热工、照明、通风、日照”等建筑性能分析。要实现这些目标，BIM 是最好的解决方案之一。BIM 技术的一个很重要的目标就是支持工程项目的全生命周期。设计单位使用 BIM 进行设计，其设计成果首先满足设计需求，而设计信息作为项目的最基本数据，也为施工管理和运营管理提供了绝大部分信息。

传统的工程项目建设流程中，设计单位创建的工程信息主要是为设计阶段服务。事实上，即使提供了电子版的设计图纸，由于没有实现技术参数的集成化管理，也无法很好地为其他机构所使用。而使用 BIM 技术建立建设工程信息模型，就能够将设计成果准确、完整地交付给施工单位；对于运营单位，只要施工单位把施工信息补充完善，就完成了运营管理所需的主要内容。

5.2.2 设计单位 BIM 应用需求分析

（1）三维设计

BIM 技术是由三维立体模型表述，基于 BIM 的三维设计能够精确表达建筑的几何特征，从初始就是可视化的、协调的。在传统的设计模式中，方案设计、扩初设计、施工图设计之间是相对独立的。而应用 BIM 技术之后，模型创建完成后自动生成平立剖面及大样详图，许多工作在模型的创建过程中已经完成。相对于二维绘图，三维设计不存在几何表达障碍，能够对任意复杂的建筑造型均能准确表现。

（2）协同设计

协同设计是设计方技术更新的重要方向。通过协同技术建立一个交互式协同平台，在该平台上，所有专业设计人员协同设计，不仅能看到和分享本专业的设计成果，还能及时查阅其他专业的设计进程，从而减少各专业之间以及专业内部沟通不畅或沟通不及时而导致的“错、漏、碰、缺”等问题，真正实现所有图纸信息的单一性，实现一处修改其他自动修改，提升设计效率和设计质量。同时，协同设计也可以对设计项目的规范化管理起到重要作用，包括进度管理、文件管理、人员管理、流程管理、批量打印、分类归档等。

(3) **建筑性能化设计**

随着信息技术和互联网思维的发展，现阶段业主对建筑的使用及维护会表现出更多的期望。在这样的环境里，设计工作已经逐渐开始推行基于对象的、新式的基于“性能化”的建筑设计理念。目前，已逐渐开展的性能化设计有景观可视度、日照、风环境、热环境、声环境等性能指标。BIM 技术对建筑进行了数字化改造，借助计算机强大的计算功能，使建筑性能分析的普及应用成为可能。

(4) **效果图及动画展示**

设计方常常需要效果图和动画等工具来进行设计成果的辅助表达。BIM 系列软件的工作方式是完全基于三维模型的，软件本身具有强大的渲染和动画功能，可以将专业、抽象的二维建筑表达直接三维化、可视化呈现，使业主等非专业人员对项目功能性的判断更为明确、高效，决策更为准确。

(5) **碰撞检测**

BIM 技术在三维碰撞检查中的应用已经比较成熟，国内外也都有相关软件可以实现，如 Navisworks 软件。这些软件都是应用 BIM 可视化技术，在建造之前就可以对项目的土建、管线、工艺设备等进行管线综合及碰撞检查，不仅能够彻底消除硬碰撞或软碰撞、优化工程设计、减少在建筑施工阶段可能存在的错误损失和返工的可能性，还能优化净空和管线排布方案。

(6) **设计变更**

设计变更是指设计单位依据建设单位要求进行调整，或对原设计内容进行修改、完善、优化。设计变更应以图纸或设计变更通知单的形式发出。在建设单位组织的有设计单位和施工企业参加的设计交底会上，经施工企业和建设单位提出，各方研究同意而改变施工图的做法，都属于设计变更，为此而增加新的图纸或设计变更说明都由设计单位或建设单位负责。引入 BIM 技术后，利用 BIM 技术的参数化功能，可以直接修改原始模型，并可实时查看变更是否合理，减少变更后还需再次变更的情况，提高变更效率。

5.2.3 设计单位的 BIM 技术应用

5.2.3.1 可行性研究和设计方案的 BIM 技术应用

在可行性分析阶段，需系统收集来自现有设施和过往项目经验的信息，据此编制可行性研究报告，对市场需求、建设规模、原材料、燃料及公用设施供应条件、选址方案、投资估算与资金筹措等进行全面分析，最终从技术经济角度综合评价项目的可行性，提出结论与建议。该阶段所形成的可行性研究成果，将作为关键输入信息传递至后续的方案设计、初步设计及施工图设计阶段。可行性分析阶段所确立的项目规模、技术路线、选址与总体要求，从根本上决定了建筑的设计实施方案，即明确了项目信息的构建框架与核心表现形式。因此，最终的设计方案是在可行性研究阶段所收集、分析和确认的信息基础上深化与具体化的成果。

方案设计阶段的设计文档包括图纸、设计说明、合同文本、工料清单。包含了详细信息的设计文档传递给初步设计和施工图设计阶段，足以确保概算与施工图设计工作的顺利开展。设计阶段有很多建筑信息以及团队成员之间的沟通和交流，这些都将影响整个生命周期的效率与效果。

设计师可利用 BIM 技术平台结合 GIS 及相关分析软件对设计条件进行判断、整理、分析，在这些信息中找到关注点，充分利用各种已知条件，在设计的最初阶段就朝着最有效的方向努力并做出适当的决定，从而避免潜在的失误。

(1) 地形分析

在地形复杂的情况下，详细的地形分析是进行规划设计的首要条件。利用 BIM 结合 GIS 技术可以快速地对地形进行空间分析，如高程、坡度和坡向分析，并能在设计山地建筑时进行初步探索，提供一些新的方法和思路。利用高程分析图、地形分析图，通过不同的色调表示不同的高度，可对整个地形有一个整体的、直观的印象。利用 GIS 建模并绘制坡度分析图，可以表达某一特殊地形结构，能为某一地区不同坡度的土地利用方式提供依据。也可以利用 GIS 绘制坡向分析图，将地面坡度的朝向用不同色调表示。坡向影响建筑的采光、通风。如在炎热地区，建筑宜建在面对主导风向、背对日照的地方；而在寒冷地区，宜建在面对日照、背对主导风向的地方。

利用 GIS 模拟技术可以很快且方便地生成透视图，供设计者从不同的角度观察某建筑日照分析图地形的起伏变化和不同建筑间的体量关系。而且，GIS 模型可以作为进一步设计的基础数据传输到下一步的工作软件中。

(2) 景观视线及可视度分析

规划可视度是指周围一定范围内的区域中对指定建筑物的可见程度。其影响因素包括周围环境的形态和建筑本身的几何特征。规划可视度特别适合于复杂的旧城改造、重要的地标性建筑和对景观视线有较高要求的建筑设计。建筑师在前期的方案推敲过程中可以随时通过 BIM 进行可视度分析，找出遮挡严重的区域，并有针对性地做出修改和优化。

(3) 设计条件的整合与管理

建筑师在设计的开始阶段要接触大量的设计资料，利用 BIM 技术结合专业软件，可对收集到的信息进行存储与管理，并在设计过程中随时调用及验证。

(4) BIM 方案创作

BIM 方案创作实现了从形式与功能相分离到整体化空间设计。对空间的探索一度成为现代建筑探索的主题。然而在当今一些建筑师的设计中，空间一直没能成为一种控制建筑的方法。由于设计工具的限制，建筑师无法在较短的设计周期内研究和推敲空间，更难以用空间来控制设计。这使得目前较多的建筑师仍然在用“立面”的方法控制建筑。建筑信息模型的出现为我们改变这种状况提供了可能性。在建筑信息模型中，建筑室内空间、室外空间、建筑围护结构、平面功能都可以被整合成一个相互关联的逻辑系统。

对于建筑设计而言，参数化设计并不是一个新的概念，甚至可以说是历史悠久。一些古典参数化方法被用在金字塔、拱券等建筑中，经典的参数化方法有黄金分割、泰森多边形等。这些数学方法被使用了好几个世纪，直至计算机被引入设计领域中，参数化设计才真正得以全面发展和推广。

参数化几何控制技术可以充分结合设计者与数字技术的智能力量来实现对几何符号的生成、测评、修正和优化，从而得到更加符合设计者、使用者和环境要求的建筑形态。引入参数化设计思维的意义，在于通过设定和调整可变参数，生成开放的、多样化的设计成果。这种方法不仅满足了建筑师在设计中综合考虑多种可预见因素（如功能、环境、结构等）的需求，提升了设计过程的客观性与系统性，也使复杂的几何形态成为参数逻辑驱动的自然结果，而非主观臆想的产物。通过设计程序的作用，输入参数控制值就可以在变化中生成形态，甚至生成可控制但不可预见的几何形态。在建造方面，它解决了标准化与单独定制的矛盾，借助智能工具，利用参数化手段，提高了异形构件的生产效率，降低了造价。

目前，参数化技术大致可分为以下三种方法：基于几何约束的数学方法；基于几何原理的人工智能方法；基于特征模型的造型方法。其中，后两种方法又被称为“非线性参数化设计”方法。“非线性”一词来自非线性科学，即复杂科学，它与发源于牛顿原理的现代经典线性科学不同，可以对动态、不规则、自组织、远离平衡状态等现象进行合理的阐述，是人类对自然及社会的一种全新的认识理论。

5.2.3.2　结构设计阶段

传统的建筑结构设计主要采取二维 CAD 绘图的方式，其设计一般在建筑初步设计过程中介入。设计师在建筑设计基础上，根据总体设计方案及规范规定进行结构选型、梁柱布置、分析计算并优化调整结构设计后，再深化节点、梁、板、柱配筋，然后绘制施工图文档，有时还需要统计结构用材用料。

将 BIM 模型引入结构设计后，BIM 模型作为一个信息平台，能将上述过程中的各种数据统筹管理。BIM 模型中的结构构件同样具有真实构件的属性和特性，可以记录工程实施过程中的数据信息，被实时调用、统计分析、管理与共享。结构工程的 BIM 模型应用主要包括结构建模、计算、规范校核、三维可视化辅助设计、工程造价信息统计、施工图（加工图）文档、其他有关的信息明细表等，涵盖了结构构件以及整体结构两个层次的相关附属信息（图 5-4）。

图 5-4　某模板工程结构模型

(1) 构件层次相关信息

BIM 模型可存储构件的材料信息、截面信息、方位信息和几何信息等，即时进行显示和查询，实现三维实体信息核心的参数化和智能化。BIM 软件系统在节点设计时可以自动判断结构构件的非图形数据，即构件的逻辑信息，包括梁柱的定义、梁柱的空间方位以及梁柱截面尺寸的基本要求等。

(2) 整体结构层次相关信息

完整的三维实体信息模型提供基于虚拟现实的可视化信息，这些信息能对结构施工提供指导，能对施工中可能遇到的构件碰撞进行预检测，能为软件提供的结构用料信息进行显示与查询，还包含供结构整体分析计算的数据显示。

(3) BIM 模型信息在结构设计中的应用层次

BIM 模型采用参数化的三维实体信息描述结构单元，以梁、柱等结构构件为基本对象，而不是 CAD 中的点、线、面等几何元素。BIM 模型的核心技术是参数化建模，因此复杂的结构节点具有真实构件的属性和特性，从参数化模型可以知道所有构件的特征及其之间的相互作用规则，因此在模型操作时会保持构件在真实世界中的相互关系。以结构设计中构造最复杂的钢结构节点设计为例，基于 BIM 理念的软件系统，能够完全反映钢结构节点零件的空间位置，为建筑施工提供数字化的真实节点，方便施工前的预观察。同时 BIM 具有全自动交互式的设计、校核以及编辑的特点，能很方便地对节点受力进行分析计算。

在结构设计完成后，从三维 BIM 模型中可以读取结构计算所需要的构件信息，包括截面信息和方位信息，保证实体模型在结构构件的布置上与结构计算分析模型完全一致，并与实际结构保持统一。分析设计信息完整地存储到建筑信息模型中，同时 BIM 软件又可读取结构分析软件的数据文件，实现建模过程中资源的共享，使项目管理协同能力得到提高。

5.2.3.3　机电设计

(1) 管线综合

在大型、复杂的建筑工程项目设计中，系统繁多、空间复杂，常常出现管线之间、管线与结构构件之间发生冲突的情况，或影响建筑室内净高及空间效果，或给施工造成麻烦，导致返工或浪费，甚至可能存在安全隐患。在传统的设计流程中，常通过二维管线综合设计来协调各专业的管线布置。然而，以二维的形式确定三维的管线关系，技术上存在着先天不足，效果上不能让人满意。二维管线综合只是将各专业的平面管线布置图进行简单叠加，按照一定的原则确定各种管线的相对位置，进而确定各管线的原则性标高，再针对关键部位绘制局部的剖面图。

采用BIM技术进行的三维管线综合设计，设备管线按照各专业的图纸分系统进行建模，各系统设置不同颜色以便区分。BIM模型均按真实尺度建模，传统表达予以省略的部分（如管道保温层等）均得以展现，能将各种隐藏的问题暴露出来；建筑、结构、机电全专业建模并协调优化，管线关系一目了然；可进行管线碰撞检测，全面快捷地检测管线之间、管线与建筑、管线与结构之间的所有碰撞问题；能以三维方式提交设计成果，可以非常直观地表达所有管线的变化及各区域的净高，为审阅和施工配合提供了便利。

当模型的各个专业（建筑、结构、设备）设计完成，集成到一个建筑模型中时，制订相应的检测规则，即可进行碰撞检查。碰撞检查节点将自动生成截图及包含相交部分长度、碰撞点三维坐标等信息的详细检查报告，便于查找碰撞的构件和位置。通过碰撞检查可以查找如风道、水管是否相交，空调管道的高度是否合适等问题，在施工前避免错误，节省人力物力（图5-5）。

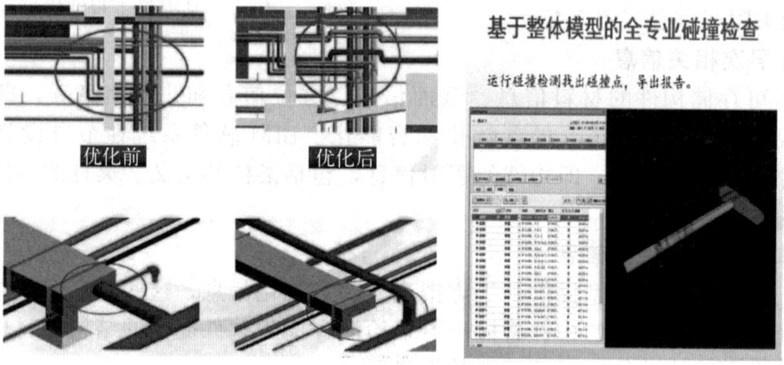

图5-5 碰撞检查示意图

（2）专业设备

传统的建筑机电设计主要采取二维CAD绘图的方式，其设计一般在建筑初步设计过程中介入。设计师在建筑设计基础上，根据总体设计方案及规范规定选取技术指标和系统形式进行负荷计算、确定设备型号，并进行管线系统设计，将各种水、暖、电设备连接成完整的系统。但是，建筑机电各专业设计完成后并不能直接出图，因为在各专业独立设计的情况下，往往会出现不同设计师和不同专业设计的管线发生交叉碰撞的问题，必须进行各专业间的管线综合。应用BIM建模解决专业设备空间管线综合、碰撞问题。

通过建立机电专业BIM模型，进行机电选型。在建筑模型空间内由设备、管道、连接件等构件对象组合成子系统，最后并入市政管网。整理、输出、分析各项数据，输入第三方软件进行调整更新。现有的BIM软件能对系统进行一些初步检测，如检测电力系统负荷是否超过指定值，或使用其他软件调用分析后，再导入进行设计更新，从而实现数据共享、合作设计。

组合建筑、结构、水暖电各专业所需表现的建筑信息模型，自动生成各专业的设计文档，如平面图、立面图、系统图、详图、设备材料表等。至此，一个完整的机电设计就基本完成，经过校对、审核、审定后即可发布图纸。BIM 对于设备专业的益处除了通过三维模型解决空间管线综合及碰撞问题之外，还在于能够自动创建路径和拥有自动计算功能，具有很高的智能性（图 5-6）。

图 5-6 BIM 软件设备建模

在暖通、给水排水、电气方面，BIM 可以根据设计需求建立带有参数的三维模型，便于各专业设计师直观地沟通设计意图，提高设计效率。智能化的计算功能可以免去过去繁复的计算。例如，暖通的风道及管道管径和压力计算都可以使用内置的计算器一次性确定；电气的馈进器及配电盘的预计需求负载可以在设计过程中高效快速地计算以确定设备尺寸；根据房间内的照明装置自动估算照明级别；设计倾斜管道时，只需定义坡度并进行管道布局，即会自动布置所有的升高和降低，并计算管底高程。自动创建路径也给设计工作带来很大的方便，例如，自动创建风道管路，可根据需要约束布线路径；进行电气设计布局时自动创建配电盘明细表，直接通过内置的配电盘线路编辑器轻松编辑线路；自动连接灯具和插座，将回路包含到与这些电气设备对应的配电盘中。

5.3 业主单位的 BIM 应用

业主单位是建设工程生产过程的总集成者，也是建设工程生产过程的总组织者，同时是建设项目的发起者及项目建设的最终责任者，业主单位的项目管理是建设项目管理的核心。业主单位项目管理任务繁重、涉及面广且责任重大，其管理水平与管理效率直接影响建设项目的增值。

业主单位的项目管理是所有利益相关方中唯一涉及建筑全生命周期各阶段的项目管理的单位。作为项目发起方，业主单位应将建设工程的全生命过程以及建设工程的各参与单位集成对建设工程进行管理，应站在全方位的角度来设定各参与方的权责利的分工。

5.3.1 业主单位 BIM 项目管理的应用需求分析

业主单位首先需要明确利用 BIM 技术实现什么目的、解决什么问题，才能更好地应用 BIM 技术辅助项目管理。业主往往希望通过 BIM 技术应用来控制投资，提高建设效率，同时积累真实有效的竣工运维模型和信息，为竣工运维服务，在实现上述需求的前提下，也希望通过积累实现项目的信息化管理、数字化管理。

业主单位应用 BIM 技术主要需求体现在以下几个方面。

(1) 招标管理

在业主单位招标管理阶段，BIM 技术应用主要表现在以下几个方面。

① 数据共享。BIM 模型的直观、可视化能够让投标方快速地深入了解招标方所提出的条件、预期目标，保证数据的共享及追溯。

② 经济指标精确控制。控制经济指标的准确性，避免建筑面积、限高以及工程量的不确定性。

③ 无纸化招标。基于 BIM 技术，可以实现无纸化招标。无纸化招标能增加信息透明度，还能节约大量纸张，实现绿色低碳环保。

④ 削减招标成本。基于 BIM 技术的可视化和信息化特点，可利用互联网实现低成本、高效率地跨地域招标投标，使招标投标过程更透明、更现代化。

⑤ 数字评标管理。应用 BIM 技术能够记录评标过程并生成数据库，对操作员的操作进行实时监督，有利于规范市场秩序，有效推动招标投标的公开化、法治化，使招标投标更加公正、透明。

(2) 设计管理

在业主单位设计管理工作中的 BIM 技术应用主要体现在以下几个方面。

① 协同工作。基于 BIM 的协同设计平台能够实现图纸与模型的协同工作，并支持业主及各参与方实时追踪设计数据的更新、监控施工进度，以及精准查询与评估施工偏差。

② 基于精细化设计理念的数字化模拟与评估。基于 BIM 模型，可以利用更广泛的计算机仿真技术对拟建工程进行性能分析，如日照、绿色建筑运营、风环境、空气流动性、噪声云图等指标；也可以将拟建工程纳入城市整体环境，对周边既有建筑等环境的影响进行数字化分析评估，如日照、交通流量等指标，这些对城市规划及项目规划意义重大。

③ 复杂空间表达。在面对建筑物内部复杂空间和外部复杂曲面时，利用 BIM 软件可视化、有理化的特点，能够更好地表达设计和建筑曲面，为建筑设计创新提供更好的技术工具。

④ 图纸快速检查。利用 BIM 技术的可视化功能，可以大幅度提高图纸阅读和检查的效率，利用 BIM 软件的自动碰撞检测功能，可以帮助图纸审查人员快速发现复杂、困难节点。

(3) 工程量快速统计

利用 BIM 技术辅助工程计算能大大减轻工程造价工作中算量阶段的工作强度。首先，利用计算机软件的自动统计功能，可快速实现 BIM 算量。其次，BIM 模型完整地表达了设计意图，可以有效减少错项、漏项。同时，根据模型能够自动生成快速统计和查询各专业工程量，对材料计划、使用做精细化控制，避免材料浪费。利用 BIM 技术提供的参数更改技术，能够将更改自动反映到其他位置，从而帮助工程师提高工作效率、协同效率以及工作质量。

(4) 施工管理

在施工管理阶段，业主单位更多是负责施工阶段的风险控制，包括安全风险、进度风险、质量风险和投资风险等。其中，安全风险包括施工中的安全风险和竣工交付后运营阶段的安全风险。同时，除了考虑不可避免的变更因素外，业主单位还要考虑变更风险。在这一阶段，基于各种风险的控制，业主单位需要对现场目标的控制、承包商的管理、设计者的管理、合同管理、手续办理、项目内部及周边管理协调等问题进行重点管控。为了有效管控，需要专业的平台来提供庞大信息和人员的管理。

BIM 技术辅助业主单位在施工管理阶段进行项目管理的优势主要体现在以下几个方面：

① 验证施工单位施工组织的合理性，优化施工工序和进度计划；

② 使用 3D 和 4D 模型明确分包商的工作范围，管理协调交叉，施工过程监控，可视化报表进度；

③ 对项目中所需的土建、机电、幕墙和精装修所需要的重大材料进行监控，对工程进度进行精确计量，控制业主项目中的成本，控制风险；

④ 工程验收时，用 3D 扫描仪进行三维扫描测量，对表观质量进行快速、真实、可追溯的测量，与模型参照对比来检验工程质量，避免人工测量验收的随意性和误差。

(5) 销售推广

利用 BIM 技术、虚拟现实技术、增强现实技术、3D 眼镜、体验馆等，还可以将 BIM 模型转化为具有很强交互性的三维体验式模型，结合场地环境和相关信息，组成沉浸式场景体验。在沉浸式场景体验中，客户可以定义第一视角的人物，以第一人称视角，身临其境浏览建筑内部，增强客户体验。利用 BIM 模型，可以轻松出具房间渲染效果图和漫游视频，减少了二次重复建模的时间和成本，提高了销售推广系统的响应效率，对销售回笼资金起到极大的促进作用。BIM 辅助业主单位进行销售推广的优势主要体现在以下几个方面。

① 面积准确。BIM 模型可自动生成户型面积、建筑面积、公摊面积，结合面积计算规则适当调整，可以快速进行面积测算、统计和核对，确保销售系统数据真实、快捷。

② 虚拟数字沙盘。通过虚拟现实技术为客户提供三维可视化沉浸式场景，让客户体会身临其境的感觉。

③ 减少法律风险。所有的数字模型成果均从设计阶段交付至施工阶段、销售阶段，所有信息真实可靠，销售系统提供给客户的销售模型与真实竣工交付成果一致，可大幅减少不必要的法律风险。

(6) 运维管理，

在漫长的建筑物运营维护期间，建筑物结构设施（如墙、楼板、屋顶等）和设备设施（如设备、管道等）都需要不断维护。一个成功的维护方案将提高建筑物性能，降低能耗和维护费用。BIM 模型结合运营维护管理系统可以充分发挥空间定位和数据记录的优势，合理制订维护计划，分配专人专项维护工作，以提高建筑物在使用过程中出现突发状况后的应急处理能力。

BIM 辅助业主单位进行运维管理的优势主要体现在以下几个方面。

① 设备信息的三维标注。可在设备管道上直接标注名称、规格、型号。

② 属性查询。在设备上右击鼠标，可以显示设备的具体规格、参数、厂家等信息。

③ 外部链接。在设备上点击，可以调出有关设备设施的其他格式文件，如图片、维修状况、仪表数值等。

④ 隐蔽工程。工程结束后，各种管道可视性降低，给设备维护、工程维修或二次装饰工程带来一定难度，BIM 能够清晰记录各种隐蔽工程，避免错误施工的发生。

⑤ 模拟监控。物业对一些净空高度、结构有特殊要求的，BIM 能够可视化处理这些特殊要求并能生成 VR 文件，让客户互动阅览。

(7) 决策数据库

决策是对若干可行方案进行选择，即对若干可行方案进行分析、比较、判断、选优的过程。建设项目投资决策在全生命周期中处于十分重要的地位。在传统的投资决策环节中，决策主要依据经验。但由于项目管理水平差异较大，信息反馈的及时性、系统性不一，经验数据水平差异较大；同时由于运维阶段信息化反馈不足，传统的投资决策依据很难涵盖项目运维阶段。BIM 技术在建筑全生命周期的系统、持续运用，将提高业主单位的项目管理水平，提高信息反馈的及时性和系统性。决策的主要依据将由经验或者自发的积累，逐渐被科学决策数据库代替，同时决策的主要依据将延伸到运维阶段。

5.3.2 业主单位的 BIM 技术应用

5.3.2.1 项目开发

房地产项目开发的前期，主要是项目论证、项目策划和营销策划，其涉及的范围最广，如项目定位、资金、营销、设计、建造、销售等，因此，需要房地产企业内部多个部门的共同参与，包括财务部、营销部、设计部、成本部、工程部、项目部、销售部、客户中心、物业公司等。由于参与的部门较多，而各职能部门都有各自很强的专业性，从而各自的数据缺乏关联。在项目开发的可行性分析阶段，反复的数据调整是常有的。当某部门的数据做出调整，其他部门的数据也要相应更新，如果没有良好的信息沟通载体，这些变化将导致大量低效率的重复劳动。BIM 技术可以很好地担当这一角色，成为各部门信息沟通的纽带和数据载体，为项目决策提供更有力的数据依据。

(1) 项目景观分析

BIM 技术的应用，可以把项目的 BIM 模型与环境场景位置精确定位后，从价值比较高的景观反算出项目各位置对该景观的可视度。根据需要，可以选择模型中任意的位置，就是任意的面，通常这些面就是窗户、阳台等，经过软件分析计算，得出景观物体在这些面的景观可视度的数据，可以通过颜色、数值等多种不同的、直观的表现形式展现其景观可视度的情况。由于基于 BIM 的概念模型具备比较随意的拉伸、旋转、变形等参数化控制性质，所以可根据日照计算结果轻松进行模型调整，而关联的面积、容积率等数据也随即变化。

(2) 项目环境温度分析

我国的设计规范要求室内温度夏季在 24～26 ℃，冬季在 16～20 ℃。然而，如果要采用非自然的恒温措施，则需要消耗大量的能源。良好的建筑围护结构保温是节约能耗的一个重要措施。项目环境温度分析主要有两项工作：一是项目区域的温度分析；二是室内温度分析。

建立项目区域 BIM 模型，结合相关气候数据属性，可以模拟出项目区域的热环境情况。根据分析结果，调整环境设计，譬如调整建筑物布局，改善自然通风路线，增加水景、绿化等措施，以降低局部区域温度等。对于室内温度分析，在 BIM 模型里加入建筑围护结构的热特征值，诸如导热系数、比热、热扩散率、热容量、密度等数据，除了通常的冷热负荷计算，还能进行全年的室内温度分析，优化室内温度的设定值。

(3) 户型舒适度与租售价格

对房地产开发项目，建筑舒适度是一个综合性的问题，但主要或基本要素就是空气、光、声和热，创造宜居环境，除了室内空间以外，建筑外部环境也不容忽视，甚至更为重要。通过 BIM 技术对上述的景观、日照、风环境、噪声和温度等进行分析，有了这些量化的数据作为基础，便可对住宅项目的户型和写字楼、酒店的房间舒适度进行评估，最终为销售和租赁定价提供科学的数据依据。

5.3.2.2 设计管理

房地产项目设计管理主要是对项目产品的设计进行全面的控制和管理，确保产品设计符合项目的定位和要求。所以，首要工作是明确产品设计的主要内容，并对设计单位的设计全过程进行控制。项目在建设过程中会因为各种各样的原因需要进行设计调整变更，所以，设计管理也包括对设计变更的跟踪和控制。

(1) 设计成果的一致性

BIM 技术从根本上改变了二维设计的信息割裂问题，BIM 的数据采用项目整体、唯一的数据存储方式，不论是平面图、立面图、剖面图还是门窗表中进行的修改，都能够实现数据的同步变化，从而从根本上确保了设计图纸的一致性。

(2) 设计成果的沟通交流和协调

BIM 模型是基于三维技术的集成设计，所以无论是二维图纸还是三维模型效果都可即时反映出设计的内容。设计师在他的工作环境下即可与业主直接进行沟通、交流和展示他的设计意图，而业主也不必费心地看那些专业的二维图纸，双方可以进行无障碍交流，大大缩短了设计师与业主的沟通时间。

所以，BIM 不仅是技术的革新，更是改善和优化设计流程的一套新的方法。对于业主单位，BIM 技术的优势是显而易见的。

5.3.2.3 项目销售

BIM 技术的应用给商业地产项目的销售提供辅助，最终促进销售。

(1) 建筑性能辅助户型定价

决定商业地产销售价格的因素很多，如项目所在的城市和地段等。不同的楼层、不同的户型，因为高度、朝向的不同或景观、日照、噪声、能耗等的不同而导致售价不同，而这些差异，由于有了 BIM 技术，可以提供一系列量化的数据对照，给户型定价提供了更科学的依据。

(2) 景观可视度辅助户型定价

基于 BIM 技术的景观可视度分析，就是建立项目自身的 BIM 模型，同时要把对本项目有影响的周边建筑、道路、景观模型等建立起来。有价值的景观评估是用可视面积来衡量的，同一个景观，在不同朝向、不同楼层的窗户中，因为距离、角度的不同，计算出来的可视面积是不同的，所以通过可视面积来衡量某景观的价值是可以有量化数据参考的。

(3) 日照时间辅助户型定价

日照时间的长短不同，户型价值有差异。对于项目开发商来说，除了在项目开发可行性分析时进行科学的日照分析，优化设计方案外，对于已建成并进行销售的房子，可以利用 BIM 技术，建立自身的建筑模型，并根据周围环境对相邻的建筑物进行全面的日照分析，把户型日照时间、相邻建筑物遮挡情况的数据综合起来，通过 BIM 技术量化的这类数据，会给科学定价提供可靠的依据，避免不必要的买卖纠纷。

(4) 能耗分析辅助户型定价

能耗模拟分析是在 BIM 模型的基础上，加入建筑围护结构的热特征值、项目所在地区的气候参数，经过分析模拟，就可以计算出全年的能耗情况。通过分析计算，就可以得到该户型全年的能耗。有了这些参数作为基础，尤其是采用了节能技术的建筑物，其能耗减少的数据就可以提供给买楼或租房的客户作为参考。而开发商有具体的数据，还可以更好地展示其项目的价值和优势。

(5) 虚拟售（租）楼

所有地产销售都要有样板房给购房的客户参观，这对于客户来说是最直接的体验。但是，样板房也有它的局限性，虽然样板房可以很清楚地体验其户型的布局、交楼的装修标准，但却无法体验到客户想购买的那套户型外面的实际景观、日照、采光、私密性等情况。BIM 提供了一个新选择（图 5-7）。通过计算机虚拟技术，以 BIM 的真实模型为基础，让客户在虚拟空间随意漫游观看。这里之所以强调以 BIM 的真实模型为基础，是因为目前大多数的电脑效果图或动画都是以漂亮的视觉效果来吸引眼球的，其真实性往往与实际有差距，而 BIM 模型是设计、施工使用的实际模型，与最终的实际效果是一致的。这样，客户看到的虚拟场景就比较真实可靠。

图 5-7 利用 BIM 的室内户型观察

结合前面提到的景观、日照、风、噪声、能耗等分析结果数据，客户还可以看到比只看样板房更多的、形象的图表，使客户更清楚地了解日照一天的情况，冬季日照会照射到什么地方，日照时间多久，夏季又会是怎样；各房间在自然通风时风的流动路线是怎样的；全年什么时候要采暖，什么时候要开空调，要开多长时间等。这样，客户就可以了解到其心仪的户型未来在居住时的情况。

5.3.2.4 运维管理

(1) 运维管理的定义

建筑运维管理（facility management，FM），根据国际设施管理协会（InternationaI Facility Management Association，IFMA）对其的最新定义，FM 是运用多学科专业，集成人、场地、流程和技术来确保楼宇良好运行的活动。人们通常理解的建筑运维管理，就是物业管理。但是，现代的建筑运维管理与物业管理有着本质的区别，其中最大的区别在于面向的对象不同。物业管理面向建筑实施，而现代建筑运维管理面向的则是企业的管理有机体。

(2) 运维管理内容

运维与设施管理的内容主要可分为空间管理、资产管理、维护管理、公共安全管理和能耗管理等。

① 空间管理。空间管理主要是满足组织在空间方面的各种分析及管理需求，以更好地响应组织内各部门对于空间分配的请求及高效处理日常相关事务，计算空间相关成本，执行成本分摊等内部核算，增强企业各部门控制非经营性成本的意识，提高企业收益。

② 资产管理。资产管理是指运用信息化技术增强资产监管力度，减少资产的闲置浪费，避免资产流失，使业主资产管理更加全面规范，从整体上提高业主资产管理水平。资产管理主要包括日常管理、资产盘点、折旧管理、报表管理，其中日常管理又包括卡片管理、转移使用和停用退出。

③ 维修管理。维修管理是指建立设施设备基本信息库与台账，定义设施设备保养周期等属性信息，建立设施设备维护计划；对设施设备运行状态进行巡检管理并生成运行记录、故障记录等信息，根据生成的保养计划自动提示到期需保养的设施设备；对出现故障的设备从维修申请到派工、维修、完工验收等实现过程化管理。

④ 公共安全管理。公共安全管理是指应对火灾、自然灾害、重大安全事故和公共卫生

事故等危害人们生命财产安全的各种突发事件，建立的应急及长效的技术防范保障体系。该体系包括火灾自动报警系统、安全技术防范系统和应急联动系统。

⑤ 能源管理。能源管理是指对能源消费过程的计划、组织、控制和监督等一系列工作。能源管理中的能耗管理主要由数据采集处理、报警管理等功能组成。

(3) 运维与设施管理的特点

① 多职能性。传统的 FM 往往被理解为物业管理。随着管理水平的提升和企业信息化进程的加快，设施管理逐渐演变成综合性、多职能的管理工作。其服务范围既包括对建筑物理环境的管理、维护，也包括对建筑使用者的管理和服务，甚至包括对建筑内资产的管理和监测。现今的 FM 职能可能跨越组织内多个部门，而不同的部门因为职能、权限等原因，在传统的企业信息管理系统中往往存在诸多的信息孤岛，导致 FM 这样的综合性管理工作的程序过于复杂，处理审批的时间过长，造成了不必要的损失。

② 服务性。FM 管理的多个职能归根到底都是为了给所管理建筑的使用者、所有者提供满意的服务。这样满意的服务对建筑所有者来说包括建筑的可持续运营寿命长、回报率高；对建筑使用者来说包括舒适安全的使用环境，即时响应维修、维护等需求的服务，以及其他建筑使用者为提高其组织运行效率可能需要的增值服务。正因如此，传统的 FM 行业中存在系统的、完备的服务评价指数，用于评价 FM 管理的服务水平。

③ 专业性。无论是机电设备的运营、维护，结构的健康监控，还是建筑环境的监测和管理，都需要 FM 人员具有一定的专业知识水平。专业知识有助于 FM 人员对所管理建筑的未来需求有一定的预见性，并能更有效地定义这些需求，从而获得各方面专业技术人才的高效服务。

④ 可持续性。建筑业是全球范围内能耗最大的产业之一。无论是组织自持的不动产性质的建筑，还是由专业 FM 机构运营管理的建筑，其能耗管理都是关系到组织经济利益和社会环境可持续发展的重大课题。当紧急情况发生时，如水管破裂或大规模自然灾害侵袭时，FM 人员有责任为建筑内各组织日常商务运营受损最小化提供服务。这也是 FM 管理在可持续性方面的多重职责。

(4) 运维管理具体应用

① 空间管理。BIM 技术可为 FM 人员提供详细的空间信息，包括实际空间占用情况、建筑对标等。同时，BIM 能够通过可视化功能帮助跟踪部门位置，将建筑信息与具体的空间相关信息关联，并在网页中实时监控，提高空间利用率。根据建筑使用者的实际需求，提供基于运维空间模型的工作空间可视化规划管理功能，并提供工作空间变化可能带来的建筑设备、设施功率负荷方面的数据作为决策依据。

以租赁管理为例，应用 BIM 技术对空间进行可视化管理，可以分析空间使用状态、收益、成本及租赁情况，判断影响不动产财务状况的周期性变化及发展趋势，帮助提高空间的投资回报率，并抓住出现的机会及规避潜在的风险。通过查询定位可以轻易查询到商户空间，并且查询到租户或商户信息，如客户名称、建筑面积、租约区间、租金、物业费用；系统可以提供收租提醒等客户定制化功能，还可以根据租户信息的变更，对数据进行实时调整和更新，形成一个快速共享的平台。

另外，BIM 运维平台不仅提供了对租户的空间信息管理，还提供了对租户能源使用及费用情况的管理。这种功能同样适用于商业信息管理，与移动终端相结合，商户的活动情况、促销信息、位置、评价可以直接推送给终端客户，提高租户使用率，同时为其创造更高的价值。

② 资产管理。信息技术的发展使基于 BIM 的互联网资产管理系统能够通过在 RFID 资产标签芯片中注入用户所需的详细参数信息和定期提醒设置，并结合 BIM 的三维虚拟实体技术，使资产在智慧建筑物中的定位及相关参数信息一览无余，实现精确定位和快速查阅。例如，对于机电安装的设备、设施，资产标签中的报警芯片会提醒设备需要定期维修的时间以及设备维修厂家等相关信息，同时可以预警设备的使用寿命，以便及时更换，避免发生伤害事故和一些麻烦。

资产管理的重要性在于可以实时监控、实时查询和实时定位，然而传统做法很难实现。尤其对于高层建筑的分层处理，资产很难从空间上进行定位。BIM 技术和互联网技术的结合完美地解决了这一问题。基于 BIM 技术的物联网资产管理方式通过三维虚拟实体技术使资产在智慧建筑中得到合理地使用、保存、监控、查询、定位。资产管理相关人员以全新的视角诠释资产管理的流程和工作方式，使资产管理的精细化程度得到很大提高，确保了资产价值最大化。

③ 维护管理。维护管理主要是指设备的维护管理。将 BIM 技术运用到设备管理系统中，使系统包含设备所有的基本信息，可以实现动态地观察设备实时状态，从而使设施管理人员了解设备的使用状况，也可以根据设备的状态提前预测设备将要发生的故障，从而在设备发生故障前就对设备进行维护，降低维护费用。

基于 BIM 技术的管理系统集成了对设备的搜索、查阅、定位功能。通过点击 BIM 模型中的设备，可以查阅所有设备信息，如供应商、使用期限、联系电话、维护情况、所在位置等；该管理系统可以对设备全生命周期进行管理，如对寿命即将到期的设备及时预购和更换配件，防止事故发生；通过在管理界面中搜索设备名称或描述字段，可以查询所有相应设备在虚拟建筑中的准确定位；管理人员可以随时利用四维 BIM 模型，进行建筑设备实时浏览。

所有设备是否正常运行可在 BIM 模型上直观显示，如绿色表示正常运行，红色表示出现故障；对于每个设备，可以查询其历史运行数据；可以对设备进行控制，如某一区域照明系统的打开、关闭等。所有的报修流程都可在线申请和完成，用户填写设备报修单，经过工程经理审批，然后进行维修；修理结束后，维修人员及时将信息反馈到 BIM 模型中，随后会有相关人员进行检查，确保维修已完成，待相关人员确认该维修信息后，将该信息录入、保存到 BIM 模型数据库中。

④ 公共安全管理。目前，监控管理基本以显示摄像视频为主，传统的安保系统相当于有很多双眼睛。基于 BIM 的视频安保系统不仅拥有“眼睛”，还拥有“大脑”。因为摄像视频管理是运维控制中心的一部分，也是基于 BIM 的可视化管理。通过配备监控大屏就可以对视频监控系统进行操作；当用鼠标选择建筑某一层，该层的所有视频图像立刻显示出来；一旦发生突发事件，基于 BIM 的视频安保监控就能与 BIM 模型的其他子系统结合进行突发事件管理。

基于 BIM 技术的运维可以管理复杂的地下管网，如污水管、排水管、网线、电线以及相关管井，并且可以在图上直接获得相对位置关系。当改建或二次装修时，可以避开现有管网位置，便于管网维修、更换设备和定位。内部相关人员可以共享这些电子信息，有变化可随时调整，以保证信息的完整性和准确性。同样的情况也适用于室内隐蔽工程的管理。这些信息全部电子化保存，内部相关人员可以进行共享，有变化可以随时调整，保证信息的完整性和准确性，从而大大降低安全隐患。

⑤ 能耗管理。基于 BIM 技术的运营能耗管理可以大大减少能耗。BIM 技术可以全面了解建筑能耗水平，积累建筑物内所有设备用能的相关数据，将能耗按照树状能耗模型进行分

解，从时间、分项等不同维度剖析建筑能耗及费用，还可以对不同分项进行对比分析，分析能耗及建筑运行的节能优化，从而促使建筑在平稳运行时达到能耗最小。BIM 技术还可通过与互联网、云计算等相关技术相结合的方式将传感器与控制器连接起来，对建筑物能耗进行诊断和分析，形成数据统计报告后可自动管控室内空调系统、照明系统、消防系统等所有用能系统。它所提供的实时能耗查询、能耗排名、能耗结构分析和远程控制服务，使业主对建筑物达到最智能化的节能管理，摆脱传统运营管理下由于建筑能耗大而引起的成本增加。

物业管理者还可以调整观察温度的范围，把温度偏高或偏低的测点找出来，再结合空调系统和通风系统进行调整。基于 BIM 模型可对空调送出水温、通风量、风温及末端设备的送风温湿度、房间温度、湿度均匀性等参数进行相应调整，方便运行策略研究、节约能源。风环境模拟如图 5-8 所示。

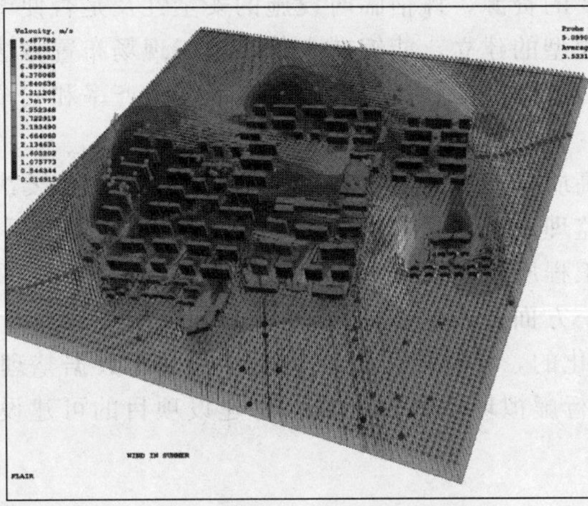

图 5-8　风环境模拟

5.4　施工单位的 BIM 应用

施工单位是指各类从事房屋建筑、公路、水利、电力、桥梁、矿山、工厂等土木工程施工的建筑企业，包括建筑公司、设备安装公司、建筑装饰工程公司、地基与基础工程公司、土石方工程公司、机械施工公司等。

施工单位根据设计单位提供的设计图纸进行施工，BIM 技术在很大程度上解决了从设计方到施工方的成果交付问题，实现了上下游机构的协同。施工单位要按照设计图纸完成实际的建造，深化设计是必不可少的环节，需要结合多个专业图纸进行集成和细化。传统的二维深化设计方法烦琐且不能从根本上解决复杂设计问题。而使用 BIM 技术可以从根本上解决复杂设计问题，并直观地表达设计成果，从而避免因设计表达不清导致的施工错误，保障施工质量和工程进度。

对于复杂的施工节点，利用 BIM 模型指导现场工人施工，可以保障施工的正确性，极大地提高信息传达的效率。借助 BIM 信息模型，也有利于施工方展现其企业形象，如向建设单位展现其施工水平、施工工艺和施工组织等，提高企业竞争力。

施工单位在项目施工时，也相应地把工程安装的设备信息添加到 BIM 模型中，在项目竣工时，同时移交一个 BIM 信息模型给建设机构，为项目今后的运营管理提供形象化和信息集成的 BIM 模型，实现运营机构的 BIM 运营管理。

5.4.1 施工单位 BIM 应用需求分析

(1) 施工模型建立

施工前，施工单位的施工组织设计技术人员需要先进行详细的施工现场查勘，重点研究解决施工现场整体规划、现场进场位置、卸货区位置、起重机械位置及危险区域等问题。正式施工前，根据设计方提供的 BIM 设计模型，建立包括建筑构件、施工现场、施工机械、临时设施等在内的施工模型。基于该施工模型，可以完成以下内容：基于施工构件模型，将构件的尺寸、体积、重量、材料类型和型号等记录下来，然后针对主要构件选择施工设备、机具，确定施工方法；基于施工现场模型，模拟施工过程、构件吊装路径、危险区域、车辆进出现场状况、装货卸货情况等，直观、便利地协助管理者分析现场的限制，找出潜在的问题，确定可行的施工方法；基于临时设施模型，能够实现临时设施的布置及运用，帮助施工单位事先准确地估算所需要的资源，评估临时设施的安全性及是否便于施工，并发现可能存在的设计错误；整个施工模型的建立，能够减少传统施工现场布置方法中存在的漏洞，及早发现施工图设计和施工单位方案的问题，提高施工现场的生产率和安全性。

(2) 施工质量管理

一方面，业主是工程高质量的最大受益者，也是工程质量的主要决策人，但受专业知识所限，业主同设计人员、监理人员、承包商之间的交流存在一定的困难。利用 BIM，业主可以更明确地表达自己对工程质量的要求，如建筑物的色泽、材料、设备要求等，有利于各方开展质量控制工作。另一方面，BIM 是项目管理人员控制工程质量的有效手段。由于采用 BIM 设计的图纸是数字化的，计算机可以在检索、判别、数据整理等方面发挥优势。利用 BIM 模型和施工方案进行虚拟环境数据集成，对建设项目的可建设性进行仿真模拟，可在事前发现质量问题。

(3) 施工进度管理

在 BIM 三维模型信息的基础上增加进度信息，这种基于 BIM 的管理被称为 4D 管理。目前，BIM 技术在工程进度管理上有以下三方面的应用。

① 可视化的工程进度安排。建设工程进度控制的核心技术是网络计划技术。通过与网络计划技术的集成，BIM 可以按月、周、天直观地显示工程进度计划。此外，应用 BIM 技术，还便于工程管理人员进行不同施工方案的比较，选择符合进度要求的施工方案，也便于工程管理人员发现工程计划进度和实际进度的偏差，及时进行调整。

② 对工程建设过程的模拟。工程建设是一个多工序搭接、多单位参与的过程。工程进度总计划是由多个专项计划搭接而成的。传统的进度控制技术中，各单项计划间的逻辑顺序需要技术人员来确定，难免出现逻辑错误，造成进度拖延。而通过 BIM 技术，用计算机模拟工程建设过程，项目管理人员更容易发现在二维网络计划技术中难以发现的工序间逻辑错误，从而优化进度计划。

③ 对工程材料和设备供应过程的优化。当前，项目建设过程越来越复杂，参与单位越来越多，如何安排设备、材料供应计划，在保证工程建设进度的前提下，节约运输和仓储成本，是“精益建设”的追求。BIM 为精益建设思想提供了技术手段。通过计算机的资源计算、资源优化和信息共享功能，可以达到节约采购成本、提高供应效率和保证工程进度的目的。

(4) 施工成本管理

在 4D 的基础上，加入成本维度，被称为 5D 技术，5D 成本管理也是 BIM 技术最有价值的应用领域。在 BIM 平台上，这一技术可以得到更大的发展空间，主要表现在以下几个方面。

① BIM 使工程量计算变得更加容易。在 BIM 平台上，设计图纸的元素不再是线条，而是带有属性的构件，“三维算量”实现了自动化。

② BIM 使成本控制更易于落实。运用 BIM 技术，业主可以便捷、准确地得到不同建设方案的投资估算或概算，比较不同方案的技术经济指标。而且项目投资估算、概算也比较准确，能够提高资金使用效率。此外，BIM 的应用可以让相关管理部门快速、准确地获得工程基础数据，为企业制订精确的人才计划提供有效支撑，大大减少了资源、物流和仓储环节的浪费，为实现限额领料、消耗控制提供了技术支撑。

③ BIM 有利于加快工程结算进程。工程实施期间进度款支付拖延的一个主要原因是工程变更多、结算数据存在争议。BIM 技术有助于解决这个问题。

(5) 施工安全管理

BIM 具有信息完备性和可视化的特点，BIM 在施工安全管理方面的应用优势主要体现在以下几点：

① 将 BIM 当作数字化安全培训的数据库，可以达到更好的效果。对施工现场不熟悉的人员，BIM 能帮助他们更快和更好地了解现场的工作环境。不同于传统的安全培训，利用 BIM 可还原施工现场，让工人更直观和准确地了解现场的状况，从而制订相应的安全工作策略。

② BIM 还可以提供可视化的施工空间。BIM 的可视化是动态的，施工空间随着工程的进展会不断变化，这将影响工人的工作效率和施工安全。通过可视化模拟工作人员的施工状况，可以形象地看到施工工作面、施工机械位置的情形，并评估施工进展中这些工作空间的可用性、安全性。

③ 仿真分析及健康监测。对于复杂工程而言，其施工中如何考虑不利因素对施工状态的影响并进行实时的识别和调整，如何合理、准确地模拟施工中各个阶段结构系统的时变过程，如何合理安排施工进度，如何控制施工中结构的应力应变状态处于允许范围内，都是目前建筑领域所迫切需要研究的内容与技术。通过 BIM 相关软件可以建立结构模型，并通过仪器设备将实时数据传回进行仿真分析，追踪结构的受力状态，杜绝安全隐患。

5. 4. 2　施工单位的 BIM 技术应用

5. 4. 2. 1　经营投标过程

(1) 企业经营过程中的应用

在当下建筑业市场竞争日趋激烈的环境下，施工企业亟须通过构建和提升自身的核心竞争力，以巩固并拓展市场份额。建筑信息模型（BIM）技术作为一种集成化、信息化的先进手段，显著增强了企业在技术创新、项目管理、成本控制和协同效率等方面的综合能力，为提升企业核心竞争力提供了重要支撑。

① 展示企业的技术能力。BIM 模型的可视化立体模型可仿真模拟客户所需的技术案例，避免了传统技术介绍技术案例时的空洞乏味。通过软件平台全方位地向客户展示企业技术水平和施工能力，无论是小的标准构配件还是预制加工的施工能力都可以虚拟展现，通过结合实际建成的现场案例使企业施工能力得到真实表现。

② 为用户提供特色服务。企业的服务能力已然成为市场竞争力的重要影响因素之一。特色服务、主动服务是吸引客户的主要方法。BIM 模型可提供丰富的数据库资源，经营部门可在数据库中为客户找到相似建筑，通过 BIM 软件提前找到存在的问题，并提出解决方案，为项目节约成本和缩短工期。

第5章

③ 企业的成功案例。成功的案例是企业实力的象征，也是对外展示时最具说服力的表达方式。BIM 模型的应用，让案例展示不再停留在表面，而是对建筑进行多角度、全方位、立体动态展示，见图 5-9。优秀的渲染效果和强大的数据模型库，使得案例在拥有传统华美外表的同时，还可通过内部数据仿真展示建筑内部细致的管路分布及系统规划，将案例展示拓展到原来无法展示的层面，使案例展示层层深入、细致入微，为企业占领市场、拓展市场提供强有力的竞争力。

图 5-9 某项目效果图

(2) 企业投标过程中的应用

① 标前评价。标前评价是提高投标质量的重要工作之一。利用 BIM 数据库，结合相关软件完成数据整理工作；通过核算人材机用量，分析施工环境和施工难点；结合企业实际施工能力，综合判断选择项目投标，做好投标的前期准备和筛选工作，提高中标率和投标质量。

② 风险控制。扬长避短、避险趋利应是企业投标的原则。在技术上，可根据 BIM 模型，结合现场实际预先了解施工难点和重点，采用风险转移或创新技术等方式积极应对，编制具有针对性、可靠性好的施工组织设计。在经济上，成本核算是投标工作的重点，传统工作方式中，该部分工作经常是人工操作，耗时，准确率不高，成本估算的偏大或偏小都将为投标报价的定位带来不利影响。在 BIM 相关软件的帮助下，工程量统计将变得简单易行，只需鼠标操作即可完成，且数据可靠准确，为之后的经济成本估算带来极大的便利。通过简单的数据格式转换，可以很方便地将数据导出为适合标书编写的格式，为编写标书带来便利。

③ 优化建议。优化建议是技术标书的重点，也是凸显企业实力和施工能力的重要组成部分。BIM 技术可以提供多种工序的优化方案，并且让其有良好的可操作性和可建性，如管路长度的优化、建筑配筋的优化以及外立面块尺寸的优化等。以某项目投标书为例，项目要求预制加工，提供各段管路参数列表。为提高施工效率，技术人员采用化零为整的方式，将管路长度误差在规范允许范围内的管长化为整数，重新规整管路参数。通过软件计算后，将所有管路的长度在验收规范允许的误差范围内调整至统一长度，避免了配置管路人员的烦琐工作，提高了施工效率，降低了投标报价。

5.4.2.2 施工管理

土建施工的顺利实施是在有效的施工方案指导下，由熟练掌握施工技能的操作工人来进行的。当前，施工方案编制主要依靠项目技术人员的经验，实施过程主要依靠简单的技术交底和作业人员自身的技术素养。面对越来越庞大且复杂的建筑工程项目，传统的方案编制和作业工人交底模式显得越来越力不从心，给工程项目的安全、质量、工期和成本带来了很大的压力。

基于 BIM 的虚拟施工管理不仅可以检查和比较不同的施工方案、优化施工方案，还可以提高向作业人员技术交底的效果。通过施工过程模拟，可提前发现不合理的施工程序、设备调用冲突、资源分配不均、作业空间不足及潜在安全隐患等问题，从而及时优化施工方案，有效解决相关问题。施工过程模拟、优化是一个重复的过程，即“初步方案→模拟→更新方案”，直至找到一个最优的施工方案，尽最大可能实现“零碰撞、零冲突、零返工”，从而降低不必要的返工成本，减少资源浪费与施工安全问题。同时，施工模拟也为项目各参建方提供沟通与协作的平台，帮助各方及时、快捷地解决各种问题，从而大大提高了工作效率。

土建工程常用的模拟分为工序模拟和工艺模拟。工序模拟是对分项工程施工或重要施工作业方案进行模拟，主要是验证、分析、优化和展示施工进度计划、工序逻辑顺序和穿插时机、施工工艺类型、机械选型和作业过程、资源配置、质量要求和施工注意事项等内容。工艺模拟主要是对某一具体施工作业内容进行模拟，主要是验证、分析、优化和展示每个施工步骤的施工方法、措施、材料、工具、机械、人员配置、质量要求、检查方法和注意事项等内容。BIM 技术在虚拟施工管理中的应用主要有场地布置方案、专项施工方案、关键工艺展示、施工模拟、装修效果模拟等。

(1) 场地布置方案

为保障现场使用合理性，确保施工平面布置条理清晰，应尽量减少施工用地占用，使平面布置紧凑合理；做到场容整洁、道路畅通，符合防火安全及文明施工要求。施工过程中需避免多工种在同一场地或区域作业，以免相互牵制干扰。施工现场应设专人负责管理，确保各类材料、机具等按审定的现场施工平面布置图定点堆放。某小区 BIM 施工现场布置示意图见图 5-10。

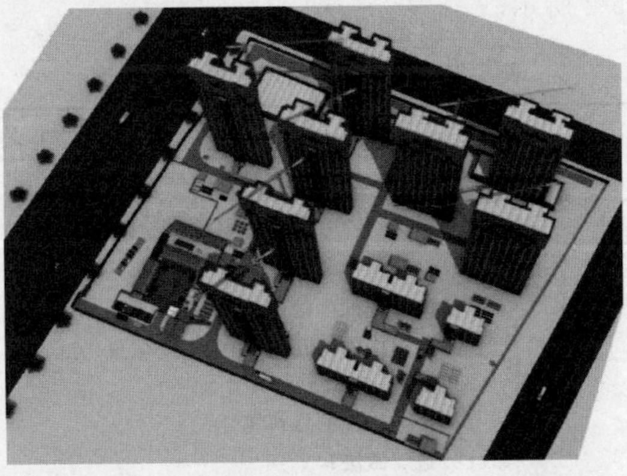

图 5-10　某小区 BIM 施工现场布置示意图

基于建立的 BIM 三维模型及搭建的各种临时设施，可以对施工场地进行布置，合理安排塔吊、库房、加工场地和生活区等的位置，解决现场施工场地划分问题；通过与业主的可视化沟通协调对施工场地进行优化，选择最优施工路线。

(2) 专项施工方案

通过 BIM 技术指导编制专项施工方案，可以直观地对复杂工序进行分析，将复杂部位简单化、透明化，提前模拟方案编制后的现场施工状态，对现场可能存在的危险源、安全隐患、消防隐患等提前排查，对专项方案的施工工序进行合理排布，有利于方案的专项性、合理性。

土建施工方案BIM模拟应用的基本流程是：首先编制方案和工艺交底，然后建立BIM模型和施工环境，最后对工序工艺进行模拟和优化，审批通过后进行展示交底和施工实施。

土建工序工艺模拟可采用的模拟软件比较多，主要有Revit、Navisworks等。基于Revit软件的模拟应用软件方案如图5-11所示。

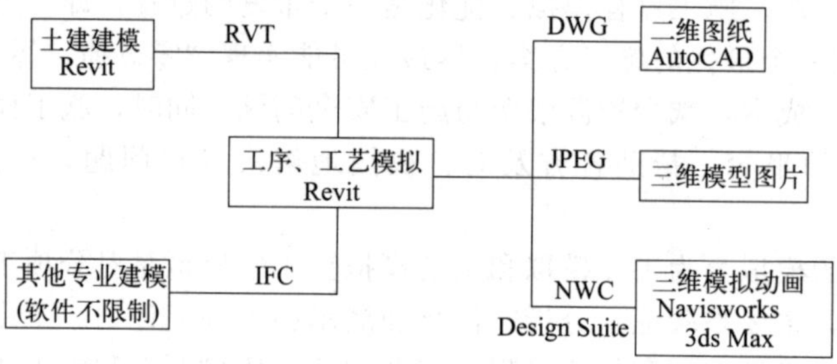

图5-11　基于Revit软件的模拟应用软件方案

(3) 关键工艺展示

对于工程施工的关键部位，如预应力钢结构的关键构件，其安装相对复杂，因此合理的安装方案非常重要。传统方法只有在工程实施时才能得到验证，这就可能造成二次返工等问题。同时，传统方法是施工人员在完全领会设计意图之后，再传达给建筑工人，相对专业的术语及步骤对于工人来说难以完全领会。然而，基于BIM技术的虚拟施工，能够提前对重要部位的安装进行动态展示，提供施工方案讨论和技术交流的虚拟现实信息，省时省力。

不同类型的工艺模拟，由于模型的场景和关注点不同，所以对模型细度的要求也不同。如在进行大场景的施工工艺模拟应用时，BIM模型除应包含施工图设计模型元素外，还应包括施工场地（场景）、施工机械、施工措施（如模板、脚手架）等元素。不同类型的模拟对模型细度的要求如表5-2所示。

表5-2　关键工艺模拟应用模型细度

模型元素类型	模型元素及信息
施工措施	几何信息：各类施工措施的位置、方向、截面尺寸、组合形式； 非几何信息：各类施工措施的材料属性
施工图设计模型	几何信息： (1)模型准确的轴网及标高； (2)各类构件的几何尺寸、空间位置、方向 非几何信息： (1)各类构件的材料属性； (2)施工做法； (3)施工流水分段信息
细部模型	几何信息：各类构件的几何尺寸、形状、空间位置、方向 非几何信息：各类构件的材料属性

由于软件操作的差异，不同软件制作模拟的步骤有较大差异。制作模拟动画前，需要对BIM模拟进行审核，避免因模型问题造成重复工作。BIM模型重点审核的内容主要有：

① 构件模型和原设计图纸是否相符，模型细度、分段方式是否满足模拟需要；

② 细部节点部位是否符合施工方案和工艺要求，模型细度、分段方式是否满足模拟需要；

③ 施工场景模型元素是否齐全，是否能真实反映施工场景；

④ 施工措施是否和施工方案、技术交底相符，模型细度是否满足模拟需要。

依据施工方案和技术交底，制作工序工艺模拟动画。具体步骤如下：

① 模型导出。将BIM模型整理后，选取需要的模型导出NWC格式文件。如需将局部模型导出时，可以选择导出DWG和IFC等三维数据格式文件。导出非NWC格式文件时，需要注意导出的相关参数设置以及图形范围，避免导出的图形不满足应用要求。

② 在模拟软件中，按照进度计划时间节点或工序先后的逻辑顺序、施工机械的布置与作业状态、施工环境，给模型中各有效图元赋予正确的出现（消失）时间、运行轨迹、状态（几何尺寸、颜色、属性等）变化等，使虚拟的施工工序工艺模拟尽可能逼真地呈现目标方案和交底的整个作业过程。

③ 设置视频的长度和速度，优化摄像机和灯光，使动画的速度、视角和色彩能够更好地表达施工内容。

在Navisworks中完成模拟动画编辑的内容后，需要对模拟内容进行审核，一方面确保工序工艺模拟的正确性，另一方面也可避免返工时重复视频渲染，节省时间。视频后期编辑通常选择专业软件对视频进行剪辑、调整速度、添加转场特效。将方案和交底中需要利用旁白和文字表达的内容制作成配音和字幕。视频编辑完成后，即可导出完整的工序工艺模拟视频。

(4) 复杂节点模拟应用

土建工程中复杂节点类型较多，如复杂钢筋节点、防水节点、屋面节点等。但是，基于BIM的复杂节点模拟应用方式非常相似，以常见的复杂钢筋节点为例进行介绍。

① 模型建立及整合。钢筋复杂节点模拟时，通常会用到钢结构专业的模型。土建专业的节点部分模型使用Revit软件根据施工图和节点详图对节点部位混凝土构件和钢筋建模，建模时需要重点关注钢筋的数量、规格、形状和空间位置。钢结构专业的模型可通过IFC格式导入到Revit中，完成钢筋节点部位的模型整合。

② 节点优化调整。模型整合后，检查梁柱主筋和箍筋的位置、间距等，对梁柱钢筋和劲性钢骨进行碰撞检查，并校核钢骨柱穿筋孔（钢筋接驳器）的位置、间距、数量和规格。在检查过程中常见的问题及调整方式如表5-3所示。节点优化调整后，导出钢筋详图指导钢筋加工制作和施工。

表5-3 常见的问题及调整方式

	主要问题	优化、调整方法
1	梁柱主筋间距不能满足规范要求	在满足保护层厚度的基础上调整钢筋间距以满足间距要求；如还不能满足要求，应告知设计单位解决
2	梁主筋和钢骨柱翼缘有碰撞冲突	如有碰撞深度不深，主筋可适当偏移；如碰撞较为严重，主筋应按1∶6弯折绕过钢骨柱
3	穿筋孔（钢筋接驳器）位置不准确、间距不能满足要求	如不满足要求，通知钢结构深化设计单位核实并修改
4	主筋安装、绑扎操作空间不能满足要求	优化、模拟主筋安装绑扎顺序，以满足操作空间要求
5	封闭箍筋无法绑扎	优化、模拟主筋和箍筋安装顺序，完成绑扎操作；如还不能满足要求，修改箍筋样式，报请监理单位和设计单位批准

③ 钢筋绑扎顺序模拟。复杂部位的钢筋节点，即使经过优化调整后满足了规范要求，但是由于钢筋和钢骨的相互影响，以及受限于局促的操作空间，钢筋的安装、绑扎操作难度

非常大。如不进行钢筋安装步骤的策划，现场施工往往费时、费力，甚至无法安装。

将钢筋节点模型导入到 Navisworks 中，按照钢筋整体绑扎流程模拟各类钢筋的安装绑扎操作，检查各步骤操作是否受到其他构件和钢筋的干扰。如遇到干扰或操作空间不足的情况，需调整各类钢筋的安装顺序，直至确定该节点部位钢筋最优的安装顺序。安装顺序确定后，可以生成各步骤图片或动画用于交底和指导现场施工。

(5) 土建主体结构施工模拟

根据拟订的最优施工现场布置和最优施工方案，将由项目管理软件（如 Project）编制的施工进度计划与施工现场 3D 模型集成一体，引入时间维度，能够完成对工程主体结构施工过程的施工模拟。通过 4D 施工模拟，可以使设备材料进场、劳动力配置、机械排班等各项工作安排得更加经济合理，从而加强对施工进度、施工质量的控制。针对主体结构施工过程，利用已完成的 BIM 模型进行动态施工方案模拟，展示重要施工环节的动画，对比分析不同施工方案的可行性，能够对施工方案进行分析，并听从甲方指令对施工方案进行动态调整。

5.4.2.3 进度管理

BIM 技术在工程项目进度管理中的应用体现在项目进行过程中的方方面面，下面仅对其关键应用点进行具体介绍。

(1) 施工进度模拟

在建筑工程项目管理中，常用于表示进度计划的甘特图，专业性强但可视化程度低，无法清晰描述施工进度和各种复杂关系，难以准确表达工程施工的动态变化过程。通过将 BIM 技术与施工进度计划相关联，将空间信息与时间信息整合在一个可视的 4D 模型中，不仅能直观、精确地反映整个建筑的施工过程，还能实时追踪当前进度状态，分析影响进度的因素，协调各专业，制订应对措施，从而缩短工期、降低成本、提高质量。

常用的 BIM 施工管理系统或施工进度模拟软件很多，利用此类管理系统或软件进行施工进度模拟大致分为以下步骤：①将 BIM 模型进行材质赋予；②制订 project 计划；③将 project 文件与 BIM 模型链接；④制订构件运动路径，并与时间关联；⑤设置动画视点并输出施工模拟动画。

通过 4D 施工进度模拟，能够完成以下内容：基于 BIM 施工组织，对工程重点和难点部位进行分析，制订切实可行的对策；依据模型，确定方案、排定计划、划分流水段；BIM 施工进度利用季度卡来编制计划；将周和月结合在一起，假设后期需要任何时间段的计划，只需在这个计划中过滤一下即可自动生成；做到对现场的施工进度进行每日管理。

(2) BIM 施工安全与冲突分析系统

① 时变结构和支撑体系的安全分析。通过模型数据转换机制，自动由施工信息模型生成结构分析模型，进行施工期时变结构与支撑体系在任意时间点的力学分析计算和安全性能评估。

② 施工过程进度/资源/成本的冲突分析。通过动态展现各施工段实际进度与计划的对比关系，实现进度偏差和冲突分析及预警；指定任意日期，自动计算所需人力、材料、机械、成本，进行资源对比分析和预算；根据清单计价和实际进度计算实际费用，动态分析任意时间点的成本及其影响关系。

③ 场地碰撞检测。基于施工现场 4D 时间模型和碰撞检测算法，可对构件与管线、设施与结构进行动态碰撞检测和分析（图 5-12）。

图 5-12　碰撞检测模拟

（3）BIM 建筑施工优化系统

建立进度管理软件 P3/P6 数据模型与离散事件优化模型的数据交换。基于施工优化信息模型，实现基于 BIM 和离散事件模拟的施工进度、资源以及场地优化和过程的模拟。

基于 BIM 和离散事件模拟的施工优化，通过对各项工序的模拟计算，得出工序工期以及人力、机械、场地等资源的占用情况，优化施工工期、资源配置与场地布置，实现多施工方案比选。

基于过程优化的 4D 施工过程模拟，将 4D 施工管理与施工优化进行数据集成，实现基于过程优化的 4D 施工可视化模拟。

（4）三维技术交底及安装指导

三维技术交底，即通过三维模型让工人直观地了解自己的工作范围及技术要求。技术交底的主要方法有两种：一种是虚拟施工（图 5-13）和实际工程照片对比；另一种是将整个三维模型打印输出，用于指导现场施工，方便现场的施工管理人员使用图纸进行施工指导和现场管理。

图 5-13　虚拟特殊工艺技术交底

对钢结构而言，关键节点的安装质量至关重要。安装质量不合格，轻者将影响结构受力形式，重者将导致整个结构的破坏。三维 BIM 模型可以提供关键构件的空间关系及安装形式，方便技术交底时施工人员深入了解设计意图。

（5）移动终端现场管理

采用无线移动终端、Web 及 REID 等技术，全程与 BIM 模型集成，实现数据库化、可视化管理，可有效避免某个环节出现问题给施工质量和进度带来影响。

5.4.2.4 安全管理

采用 BIM 技术可使整个工程项目在设计、施工和运营维护等阶段都能够有效地控制资金风险，实现安全生产。

(1) 施工准备阶段的安全控制

在施工准备阶段，利用 BIM 技术进行与实践相关的安全分析，能够降低施工安全事故发生的可能性，如模拟管理和安全表现参数的计算可以在施工准备阶段排除很多建筑安全风险；BIM 虚拟环境划分施工空间，排除安全隐患；基于 BIM 及相关信息技术的安全规划可以在施工前的虚拟环境中发现潜在的安全隐患并予以排除；采用 BIM 模型结合有限元分析平台进行力学计算，保障施工安全；通过模型发现施工过程中的重大危险源并实现水平洞口危险源的自动识别等。

(2) 施工过程仿真模拟

仿真分析技术能够模拟建筑结构在施工过程中不同时段的力学性能和变形状态，为结构安全施工提供保障。通常采用大型有限元软件来实现结构的仿真分析，但对于复杂建筑物的模型建立需要耗费较多时间。在 BIM 模型的基础上，开发相应的有限元软件接口，实现三维模型的传递，再附加材料属性、边界条件和荷载条件，结合先进的时变结构分析方法，便可以将 BIM、4D 技术和时变结构分析方法结合起来，实现基于 BIM 的施工过程结构安全分析，有效捕捉施工过程中可能存在的危险状态，指导安全维护措施的编制和执行，防止发生安全事故。

(3) 模型试验

对于结构体系复杂、施工难度大的结构，结构施工方案的合理性与施工技术的安全性和可靠性都需要验证。针对这一现实，可利用 BIM 技术建立试验模型，对施工方案进行动态展示，为试验提供模型基础信息。

(4) 施工动态监测

对施工过程进行动态监测，特别是重要部位和关键工序，施工方能够及时了解施工过程中结构的受力和运行状态。施工监测技术的先进与否，对施工控制起着至关重要的作用，这也是施工过程信息化的一个重要内容。为了及时了解结构的工作状态，发现结构未知的损伤，建立工程结构的三维可视化动态监测系统就显得十分迫切。

三维可视化动态监测技术较传统的监测手段具有可视化的特点，可以通过人工操作在三维虚拟环境里漫游来直观、形象地提前发现现场的各类潜在危险源，提供更便捷的方式查看监测位置的应力应变状态。在某一监测点应力或应变超过拟定的范围时，系统将自动报警给予提醒。

使用自动化监测仪器进行基坑沉降观测。通过将感应元件监测的基坑位移数据自动汇总到基于 BIM 开发的安全监测软件上，进一步分析数据，并结合现场实际测量的基坑坡顶水平位移和竖向位移变化数据进行对比，形成动态的监测管理，可确保基坑在土方回填之前的安全稳定性。

(5) 防坠落管理

坠落危险源包括楼梯井和天窗等。通过在 BIM 模型中的危险源存在部位建立临边防护栏杆构件模型，研究人员能够清楚地识别多个坠落风险，并可以向承包商提供完整且详细的信息，包括安装或拆卸栏杆的地点和日期等。图 5-14 为安全网模拟。

(6) 塔吊安全管理

大型工程施工现场需布置多台塔吊同时作业，确定塔吊旋转半径以避免碰撞。确定塔吊回转半径后，在整体 BIM 施工模型中布置不同型号的塔吊，可确保其与电源线和附近建筑

图 5-14　安全网模拟

物保持安全距离，并明确各时段塔吊操作人员安排。在整体施工模型中，使用不同颜色的色块标示塔吊的回转半径及影响区域，并对其进行碰撞检测，以生成塔吊回转半径计划内所有非钢安装活动的安全分析报告。该报告可以用于项目定期安全会议，减少由于施工人员和塔吊缺少交互而产生的意外风险。塔吊安全半径模拟见图 5-15。

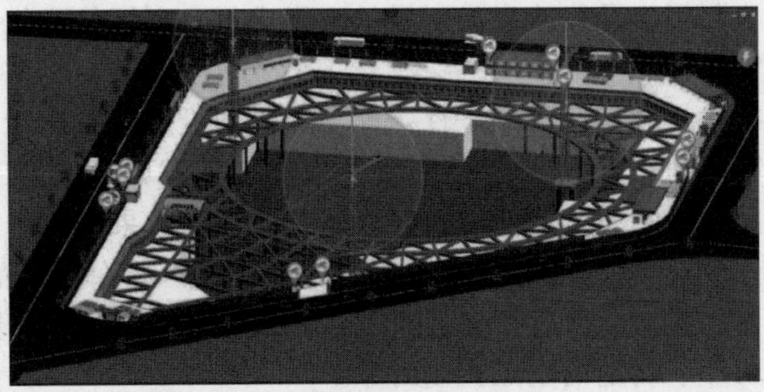

图 5-15　塔吊安全半径模拟

(7) 灾急管理

随着建筑设计的日新月异，现行规范已经无法满足超高型、超大型或异形建筑空间的消防设计。利用 BIM 及相应灾害分析模拟软件，可以在灾害发生前模拟灾害发生的过程，分析灾害发生的原因，制订避免灾害发生的措施以及发生灾害后人员疏散、救援支持的应急预案，以便在发生意外时减少损失并赢得宝贵时间。BIM 能够模拟人员疏散时间、疏散距离、有毒气体扩散时间、建筑材料耐燃烧极限及消防作业面等，主要表现为 4D 模拟、3D 漫游和 3D 渲染。通过模拟能够标识各种危险，且 BIM 中生成的 3D 动画、渲染能够用来同工人沟通应急预案计划方案。

另外，当灾害发生后，BIM 模型可以提供救援人员紧急状况点的完整信息，配合温感探头和监控系统发现温度异常区，获取建筑物及设备的状态信息，通过 BIM 技术和楼宇自动化系统的结合，使得 BIM 模型能清晰地呈现出建筑物内部紧急状况的位置，甚至到紧急状况点的最合适路线，救援人员可以由此做出正确的现场处置，提高应急行动的成效。

5.4.2.5　质量管理

下面仅对 BIM 技术在工程项目质量管理中的关键应用点进行具体介绍。

(1) 建模前期协同设计

在建模前期，需要建筑专业和结构专业的设计人员大致确定吊顶高度及结构梁高度；对净高要求严格的区域，提前告知机电专业设计人员；各专业设计人员针对空间狭小、管线复杂的区域，协调绘制二维局部剖面图。建模前期协同设计的目的是在建模前期就解决部分潜在的管线碰撞问题，对潜在质量问题做到预知。

(2) 碰撞检测

BIM 技术在三维碰撞检查中的应用已经比较成熟。碰撞检测可以分为专业间碰撞检测及管线综合的碰撞检测。专业间碰撞检测主要包括土建专业之间（如检查标高、剪力墙、柱等位置是否一致，梁与门是否冲突）、土建专业与机电专业之间（如检查设备管道与梁柱是否发生冲突）、机电专业之间（如检查管线末端与室内吊顶是否冲突）的软、硬碰撞点检查；管线综合的碰撞检测主要包括管道专业、暖通专业、电气专业系统内部检查以及管道、暖通、电气、结构专业之间的碰撞检查等。另外，解决管线空间布局问题（如机房过道狭小等）也是常见碰撞内容之一。在对项目进行碰撞检测时，要遵循如下检测优先级顺序：第一，进行土建碰撞检测；第二，进行设备内部各专业碰撞检测；第三，进行结构与给排水、暖、电专业碰撞检测；第四，解决各管线之间的交叉问题。其中，全专业碰撞检测的方法如下：在完成各专业的精确三维模型建立后，选定一个主文件，以该文件轴网坐标为基准，将其他专业模型关联到该主模型中，最终得到一个包括土建、管线、工艺设备等全专业的综合模型。该综合模型为设计提供了现场施工碰撞模拟检查平台，在这个平台上可以完成仿真现场碰撞检查，并根据检测报告及修改意见对设计方案进行合理评估及优化。

(3) 施工工序的管理

施工工序质量控制就是对工序活动条件，即工序活动投入的质量和工序活动效果的质量及分项工程质量的控制。利用 BIM 技术能够更好地确定工序质量控制工作计划。利用 BIM 技术主动控制工序活动条件的质量，能够及时检验工序活动效果的质量，主要是实行班组自检、互检、上下道工序交接检，特别是对隐蔽工程和分项（部）工程的质量检验。利用 BIM 技术设置工序质量控制点（工序管理点），实行重点控制。工序质量控制点是针对影响质量的关键部位或薄弱环节确定的重点控制对象。

5.4.2.6 物料管理

基于 BIM 技术的物料管理通过建立安装材料的 BIM 模型数据库，使项目部各岗位人员、不同部门间都可以进行数据的查询和分析，为项目部材料管理和决策提供数据支撑，具体表现为项目部拿到机电安装各专业施工图后，由 BIM 项目经理组织各专业机电 BIM 工程师进行三维建模，并将各专业模型组合到一起，形成安装材料 BIM 模型数据库。该数据库以创建的 BIM 机电模型和全过程造价数据为基础，把原来分散在安装各专业手中的工程信息模型汇总到一起，形成一个汇总的项目级基础数据库。

(1) 安装材料控制分类

材料的合理分类是材料管理的一项重要基础工作，安装材料 BIM 模型数据库的最大优势是包含材料的全部属性信息。在进行数据建模时，各专业建模人员对施工所使用的各种材料属性，按其需用量的大小、占用资金多少及重要程度进行“星级”分类，星级越高代表该材料需用量越大、占用资金越多。根据安装工程材料的特点，安装材料属性分类及管理原则见表 5-4。

表 5-4 安装材料属性分类及管理原则

等级	安装材料	管理原则
★★★	需用量大、占用资金多、专用或备料难度大的材料	严格按照设计施工图及 BIM 机电模型，逐项进行认真审核，做到规格、型号、数量完全准确
★★	管道、阀门等通用主材	根据 BIM 模型提供的数据，精确控制材料及使用数量
★	资金占用少、需用量小、比较次要的辅助材料	采用一般常规的计算公式及预算定额含量确定

(2) 用料交底

BIM技术与传统CAD相比，具有可视化这一显著特点。在设备、电气、管道、通风空调等安装领域进行专业三维建模并完成碰撞检测后，BIM项目经理组织各专业工程师进行综合优化，提前消除施工过程中可能发生的专业碰撞。项目核算员、材料员、施工员等管理人员应熟读施工图纸、透彻理解BIM三维模型、吃透设计意图，并按施工规范要求向施工班组进行技术交底，将BIM模型中的用料要求传达给班组。同时，需利用BIM三维图、CAD图纸或表格形式的下料单等书面材料做好用料交底，防止班组“长料短用，整料零用”，做到物尽其用，将材料消耗降至最低限度。

(3) 物资材料管理

物资材料的精细化管理一直是项目管理的难题。运用BIM模型，结合施工程序及工程进度周密安排材料采购计划，不仅能保证工期与施工的连续性，而且能用好用活流动资金、降低库存、减少材料二次搬运。同时，材料员根据工程实际进度，可以方便地提取施工各阶段材料用量，在下达施工任务书时，附上完成该项施工任务的限额领料单作为发料部门的控制依据，实行对各班组限额发料，防止错发、多发、漏发等无计划用料情况的发生，从源头上做到对材料物资管理的有的放矢，减少施工班组对材料的浪费。

(4) 材料变更清单

工程设计变更和签证在项目施工中经常发生。项目经理部在接收工程变更通知书执行前，应有因变更造成材料积压的处理意见，原则上要由业主收购，否则，一旦处理不当就会造成材料积压，无端地增加成本。BIM模型在动态维护工程中，可以及时地将变更图纸进行三维建模，变更所产生的材料、人工等费用通过模型准确、及时地计算出来，便于办理变更签证手续，保证工程变更签证的有效性。

5.4.2.7 绿色施工管理

绿色施工管理是以绿色施工为目的，以BIM技术为手段的施工阶段节地、节水、节材、节能管理。

(1) 节地与室外环境

节地不仅是施工用地的合理利用，设计前期的场地分析、运营管理中的空间管理同样包含在内。BIM技术在施工节地中的主要应用内容有场地分析、土方量计算、施工用地管理及空间建设用地管理等，下面将分别进行介绍。

① 场地分析。场地分析是研究影响建筑物定位的主要因素，是确定建筑物空间方位和外观、建立建筑物与周围景观联系的过程。BIM技术结合地理信息系统（GIS），对现场及拟建的建筑物空间数据进行建模分析，结合场地使用条件和特点，能够做出最理想的现场规划、交通流线组织。利用计算机可分出不同坡度的分布及场地坡向，预测地域发生自然灾害的可能性，划分适宜与不适宜建设区域。这对前期场地设计至关重要。

② 土方量计算。利用三维场地合并模型，直观查看场地挖填方情况，对比原始地形图与规划地形图得出各区块原始平均高程、设计高程、平均开挖高程，最后计算出各区块挖、填方量。

③ 施工用地管理。建筑施工是一个高度动态的过程。随着建筑工程规模的不断扩大以及复杂程度的不断提高，施工项目管理变得极为复杂。施工用地、加工区、堆场也随着工程进度的变化而调整。BIM施工模拟可以在项目建造过程中合理制订施工计划、精确掌握施工进度、优化使用施工资源以及科学地进行场地布置。

(2) 节水与水资源利用

BIM技术在节水方面的应用体现在协助土方量的计算，模拟土地沉降与场地排水，分析建筑的消防作业面，以及设置经济合理的消防器材。利用 BIM 技术，可以对施工过程中用水过程进行模拟，如处于基坑降水阶段，肥槽未回填时，采用地下水作为混凝土养护用水、喷洒现场降尘和混凝土罐车冲洗用水。也可以模拟施工现场情况，编制详细的施工现场临时用水方案，使施工现场供水管网根据用水量设计布置，采用合理的管径、简捷的管路，有效地减少管网和用水器具的漏损。例如，在工程施工阶段对现场雨水收集系统进行模拟，根据 BIM 场地模型，合理设置排水沟，将场地分区进行放坡硬化，避免场内积水，并最大化收集雨水，存于集水坑内，供洗车系统等循环使用。

(3) 节材与材料资源利用

基于 BIM 技术，可着重从钢材、混凝土、木材、模板、围护材料、装饰装修材料及生活办公用品材料七个主要方面进行施工节材与材料资源利用控制。通过 BIM5D 合理安排材料采购、优化钢筋配料、钢构件下料、安装工程预留预埋及管线路径，并实现建筑垃圾减量与循环材料的多次利用；同时结合设计要求和施工模拟，可有效节约材料。BIM 技术在施工节材中的主要应用包括管线综合设计、复杂工程预加工预拼装及物料跟踪等。

(4) 节能与能源利用

以 BIM 技术推进绿色施工、节约能源、降低资源消耗、减少污染是建筑发展的方向和目的。节能在绿色环保方面具体有两种体现：一是帮助建筑形成资源的循环使用，主要包括水能循环、风能流动、自然光能的照射，科学地根据不同功能、朝向和位置选择最适合的构造形式；二是实现建筑自身的减排，构建时以信息化手段缩短工程建设周期，运营时能够满足使用需求，保证最低的资源消耗。

(5) 减排措施

利用 BIM 技术可以对施工场地废弃物的排放、放置进行模拟，以达到减排的目的。通过用 BIM 模型编制专项方案，对工地的废水、废气、废渣的排放进行识别、评价和控制，安排专人、专项经费，制订专项措施，减少工地现场的“三废”排放。根据 BIM 模型对施工区域的施工废水设置沉淀池，进行沉淀处理后重复使用或合规排放，对泥浆及其他不能简单处理的废水集中交由专业单位处理。在生活区设置隔油池、化粪池，对生活区的废水进行收集和清理。

5.4.2.8 成本控制

成本动态控制是项目管理中一个常见的管理方法，而动态控制其实就是按照一定的时间间隔将计划值和实际值进行对比，然后采取纠偏措施。在对比过程中需要大量的数据作支撑，动态控制是否做得好，数据是关键。基于 BIM 技术建立成本数据库，以单位工程量、人机料单价为主要数据计入成本 BIM 中，能够快速实行多维度成本分析，从而对项目成本进行动态控制。

(1) 快速精确的成本核算

BIM 建模完成的模型不仅包含二维图纸中的所有位置、长度等信息，还包含二维图纸所不具备的材料等信息，其背后有强大的数据库支撑。因此，计算机通常通过识别模型中的不同构件及其几何物理信息（如空间坐标、几何尺寸等），对各种构件的数量进行汇总统计。这种基于 BIM 技术的算量方法，大幅简化了算量工作，减少了人为因素造成的计算错误，显著节约了人力投入和工作时间。有研究表明，工程量计算耗时占整个造价计算过程的 50%～80%，而运用 BIM 算量方法可将该环节时间节约近 90%，误差也能控制在 1%以内。

(2) 预算工程量动态查询与统计

在清单计价模式下，预算项目往往基于建筑构件进行资源的组织和计价，与建筑构件存在良好的对应关系，满足 BIM 信息模型以三维数字技术为基础的特征，故而应用 BIM 技术进行预算工程量统计具有很大优势。这一优势主要表现在使用 BIM 模型来取代图纸，直接生成所需材料的名称、数量和尺寸等信息，这些信息将始终与设计保持一致，在设计出现变更时，该变更将自动反映到所有相关的材料明细表中，造价工程师使用的所有构件信息也会随之变化。

在基本信息模型的基础上增加工程预算信息，即形成具有资源和成本信息的预算信息模型。预算信息模型包括建筑构件的清单项目类型、工程量清单，以及人力、材料、机械定额和费率等信息。

系统根据计划进度和实际进度信息，可以动态计算任意 WBS 节点任意时间段内的每日计划工程量、计划工程量累计、每日实际工程量、实际工程量累计，帮助施工管理者实时掌握工程量的计划完工和实际完工情况。在分期结算过程中，每期实际工程量累计数据是结算的重要参考，系统动态计算实际工程量可以为施工阶段工程款结算提供数据支持。

另外，从 BIM 预算模型中提取相应部位的理论工程量，从进度模型中提取现场实际的人工、材料、机械工程量，通过将模型工程量、实际消耗、合同工程量进行短周期三量对比分析，能够及时掌握项目进展，快速发现并解决问题。根据分析结果为施工企业制订精确的人材机计划，不但大大减少了资源、物流和仓储环节的浪费，而且可以及时掌握成本分布情况，进行动态成本管理。

(3) 限额领料与进度款支付管理

BIM 的出现为限额领料提供了技术和数据支撑。基于 BIM 软件，在管理多专业和多系统数据时，能够采用系统分类和构件类型等方式对整个项目数据进行管理，为视图显示和材料统计提供规则。基于 BIM 软件能够快速准确地统计出各类构件的数量，减少预算的工作量，且能形象、快速地完成工程量拆分和重新汇总，为工程进度款结算工作提供技术支持。

第5章

(4) 以施工预算控制人力资源和物质资源的消耗

在施工开工以前，可以利用 BIM 软件建立模型，通过模型计算工程量，并按照企业定额或上级统一规定的施工预算编制整个工程项目的施工预算，作为指导和管理施工的依据。对生产班组的任务安排：必须签收施工任务单和限额领料单，并向生产班组进行技术交底。生产班组根据实际完成的工程量和实耗人工、实耗材料做好原始记录，作为施工任务单和限额领料单结算的依据。任务完成后，根据回收的施工任务单、限额领料单进行结算，并按照结算内容支付报酬。为便于任务完成后将施工任务单、限额领料单与施工预算对比，在编制预算时应对每个分项工程工序名称进行编号，以便对号检索、对比分析节超。

(5) 设计优化与变更成本管理及造价信息的实时追踪

BIM 模型依靠强大的工程信息数据库，实现了二维施工图与材料、造价等各模块的有效整合与关联变动，使得实际变更和材料价格变动可以在 BIM 模型中实时更新。各环节之间的变更时间被缩短，效率提高，可以更加及时准确地将数据提交给工程各参与方，以便各方做出有效的应对和调整。如造价 BIM 模型能实现对成本费用的实时模拟和核算，并为后续建设阶段的管理工作所利用，解决了阶段割裂和专业割裂的问题。BIM 模型通过信息化的终端和 BIM 数据后台使整个工程的造价相关信息顺畅地流通起来，从企业级的管理人员到每个数据的提供者都可以监测，保证各种信息数据被及时准确地调用、查询、核对。

5.4.2.9 预制加工

对施工单位而言，预制加工事实上是一项已经在工程中广泛使用的技术。在施工过程中，施工单位会将需要使用的构件现场直接浇筑、施工或在工厂预制加工、制作并安装，当然也会购买商品化的构件。这些提前制作或购买构件的过程都可以称为“预制加工”。但预制加工作为一项技术，其可发挥的作用不止于此。BIM技术可以发挥更多的预制加工优势，是一项能够帮助施工单位实现高效率、高精度、高质量、低成本、不受自然条件限制的工厂化预制加工和现场高效安装完美结合的技术（图5-16）。

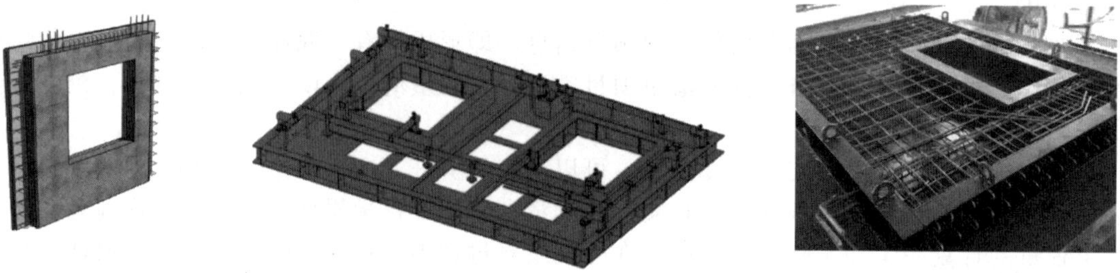

(a) 墙体BIM模型　(b) 墙体模具　(c) 墙体预制加工

图5-16　BIM数字加工

（1）预制加工技术的优势和应用条件

理想的预制加工过程中，施工单位对将要展开的工程进行预制加工评估后，有计划地将需要预制加工的构件、专业系统的制作交给位于后方的预制加工工厂或预制加工分包商，由其严格按照图纸对构件或整个专业系统进行分段编号、制作，然后运至现场安装，使制作过程和安装过程分开。另外，构件的集中制作还能减少构件制作过程中的材料浪费，提高构件的制作质量和安装效率，使工程管理变得更加高效。

（2）BIM技术在预制加工中应用的意义

现代社会处于高速发展时期。BIM技术的应用为提高建筑行业整体水平提供了契机。对施工单位而言，BIM技术在预制加工中的应用，不仅将促成预制加工与安装既彻底分离又完美结合的新型产业结构，还将带来更合理的工作界面划分、更优化的机具人员配置、更高效的生产模式、更高质量的预制件产品以及更大的经济效益。

5.5 造价咨询单位BIM应用

造价咨询机构是建筑企业的工程造价部门或独立的工程造价咨询机构，为建筑工程项目提供概算、预算、结算及竣工结算报告的编制和审核服务。

若设计单位采用BIM模型进行设计，那么工程量基本上就可以从BIM模型中取得，工程造价机构只需要读取工程量信息，就可以计算出造价，避免工程信息的重复输入，不但提高了工作效率，也减少了数据重复录入可能造成的错误。当然，设计单位建立的BIM模型主要是为设计服务，与造价机构需要的造价模型还有一些差别，所以不能简单地把设计BIM模型传递给造价软件直接计算出造价。

5.5.1 造价咨询单位BIM应用需求分析

造价咨询单位的工程造价咨询是指面向社会接受委托，承担工程项目的投资估算和经济评价、工程概算和设计审核、标底和报价的编制和审核、工程结算和竣工决算等业务工作。

总体而言，造价咨询单位的服务内容包括两部分：一是具体编制工作，二是审核工作。这两部分内容的核心都是工程量与价格。价格包括清单价、市场价等，工程量包括设计工程量和施工现场实际实施的动态工程量。

BIM技术的引入，将对造价咨询单位在整个建设全生命周期项目管理工作中对工程量的管控起到重要作用。

① 算量建模工作量将大幅度减少。因为承接了设计模型，传统的算量建模工作将变为模型检查、补充建模（如钢筋、电缆等），传统算量建模的体力劳动将转变为基于算量模型规则的模型检查和模型完善。

② 大幅度提高算量效率。传统的造价咨询模式是待设计完成后，根据施工图纸进行算量建模，根据项目的大小，少则一周，多则数周，然后计价出件。算量建模工作量减少后，将直接减少造价咨询时间，同时算量成果还能在软件中与模型构件一一对应，便于快捷、直观地检验成果。

③ 减轻企业负担，形成以核心技术人员和服务经理为核心的企业竞争模式。在传统造价咨询行业中，算量建模人员是造价咨询企业的主要人员。BIM 技术应用推广以后，算量建模将不再是造价咨询企业人力资源的重要支出，丰富的数据资源库、项目经验积累、资深的专业技术人员将是造价咨询企业的核心竞争力。

④ 单个项目的造价咨询服务将从节点式变为伴随式。BIM 技术应用推广后，造价咨询行业的参与度将不再局限于预算、清单、变更评估、结算阶段。项目进度评估、项目赢得值分析、项目预评估，均需要造价咨询专业技术支持；同时，项目管理、计价是一项复杂的工程，涵盖了众多定额子项和市场信息调价，必须有专业的软件应用人员和造价咨询专家提供技术支持。造价咨询行业将延伸到项目现场，延伸到项目建设全过程，与项目管理深度融合，提供持续的造价咨询技术服务。

5.5.2 造价咨询单位的 BIM 技术应用

造价咨询机构为客户提供的服务主要包括以下五种类型：

① 受投资人委托，审核投资成本，严格控制工程造价，如预、结算编制和审核业务；

② 受承包商委托，提高承包项目的利润；

③ 解决工程造价纠纷；

④ 简单的全过程造价咨询服务，包括招标投标业务等；

⑤ 为项目投资人提供投资增值服务。

造价咨询机构开展以上业务，只需要从 BIM 模型中获得工程量数据，而提取的规则有两个：一是工程量计算规则；二是工程量清单项目特征描述，即工程量属性信息。造价咨询机构开展最后一类业务，即投资增值业务，需要从 BIM 模型获得各种设计方案的项目特征数据、仿真工程量、合同工程量、进度工程量、工程变更的工程量、结算工程量等丰富准确的基础数据，将这些数据与互联网技术和数据库技术结合，形成先进的五维投资增值业务解决方案。

BIM 技术的产生和推广，将推动造价咨询机构提高服务质量，降低服务成本，提升服务价值，甚至会给造价咨询机构的业务模式和商业模式带来一场革命。

造价咨询行业应用 BIM 技术，解决了工程量计算的准确性问题。将 BIM 技术和互联网结合，实现了项目管理的各参与方能够快速、简单地提取准确的工程量数据，而过去，这些专业的工程量数据必须依赖造价专业人员来获取。BIM 技术的推广，将产生更细的专业分工，大批专业的 BIM 服务商将承担起专业的 BIM 建模和维护服务，结合软件提取工程量技术，使造价专业人员摆脱繁重的工程计量工作，降低服务成本，提高工作效率。

5.5.2.1 BIM 造价应用价值

BIM 模型使得其在建设项目造价管理信息化方面具有显著优势，对于提升建设造价管理信息化水平、效率，乃至改进造价管理流程，都具有积极意义。

前文提到工程造价的组成主要有量数据、价格数据和消耗量指标数据三个因素，而

BIM模型的价值主要体现在量数据的获得上面。

(1) 提高工程量计算的准确性

基于BIM模型的自动化算量方法比传统的计算方法更加准确。工程量计算是编制工程预算的基础。BIM模型的自动化算量功能可以使工程量计算摆脱人为因素影响，得到更加客观的数据。利用建立的三维模型进行实体扣减计算，对于规则或者不规则构件都可以同样准确计算。

(2) 合理安排资源计划，加快项目进度

建筑行业的建设周期长、涉及人员多、条线多、管理复杂，如果没有充分合理的计算，就容易导致工程延误，甚至发生质量和安全事故。利用BIM模型提供的数据基础，可以合理安排资金计划、人工计划、材料计划和机械计划。在BIM模型所获得的工程量上赋予时间信息，就可以知道任意时间段各项工作量是多少，进而知道任意时间段造价是多少，再根据这些信息制订资金计划。另外，我们还可以根据任意时间段的工程量分析出所需要的人材机数量，合理安排工作。

(3) 控制设计变更

利用BIM模型，可以把设计变更的内容关联到模型中。只要把模型稍加调整，相关的工程量变化就会自动反映出来，甚至可以把设计变更引起的造价变化直接反馈给设计人员，使他们清楚地了解设计方案的变化对成本的影响。

(4) 给项目算量对比提供有效支撑

利用BIM模型数据库的特性，可以赋予模型内的构件各种参数信息，例如，时间信息、材质信息、施工班组信息、位置信息、工序信息等。利用这些信息，我们可以把模型中的构件进行任意的组合和汇总。利用BIM模型的这个特性，可以为施工项目的算量对比提供有效支撑。

(5) 历史数据积累和共享

以往工程的造价指标、含量指标对今后项目工程的估算和审核具有非常大的价值，造价咨询单位视这些数据为企业核心竞争力。利用BIM模型对相关指标进行详细、准确的分析和抽取，形成电子资料，就可以轻松解决这一问题，实现数据的保存和共享。

5.5.2.2 全过程造价管理

(1) 应用方式

要实现投资增值就必须使用全过程造价管理的咨询方法。建设项目的全过程造价管理分为两个阶段：第一阶段是项目计划阶段；第二阶段是合同管理阶段。全过程造价管理的两个阶段分别使用两种投资增值关键技术，一是指标应用技术，二是合同管理技术。应用指标应用技术，能准确估算出项目的工程造价；在准确估算项目投资的基础上应用合同管理技术，能严格控制项目的工程造价，使结算价严格控制在概算价（估算价）范围内以配合投资者的商业判断和决策，实现投资增值。

在项目计划阶段对工程造价进行预估，应用BIM技术可以为造价工程师提供各设计阶段准确的工程量和丰富的工程项目特征参数、设计参数和功能参数，这些工程量、参数与技术经济指标结合，可以计算出比较准确的估算价、概算价，接着再运用价值工程和限额设计等手段优化设计成果。

在合同管理阶段，应用BIM技术可以提取项目各部位准确的工程量，当项目发生工程变更时，用变更信息及时修正BIM模型，可以准确统计出变更的工程造价。造价工程师根据“项目当前造价＝合同造价＋变更工程造价”原理，可以动态监控建设项目的当前造价，为投资人批准变更提供专业意见和建议，协助投资人对投资进行严格控制。同时，将BIM

模型数据上传到服务器端，项目管理团队通过互联网可以快速准确地获得工程量及工程变更数据，造价工程师、承包商、业主可使用网络共享的 BIM 数据模型实现网上工程量对数业务。

(2) 多次定价

一般工业产品的定价是一次形成的。建设工程作为一种特殊的商品，其价格不是一次形成的。建设工程的价格在项目建设的不同阶段有不同的定价方式，需要经历估算价、概算价、投标价、合同价，最终根据结算价予以确定。因此，BIM 技术为建设工程各阶段定价提供的工程量数据要求也有所不同。

在估算阶段，建筑师或工艺设计师建立 BIM 模型，造价工程师只能从 BIM 模型中获取粗略的工程量数据。在概算阶段，随着技术设计的深化及细化，工程项目的各种功能参数、特征参数、设计参数不断增加。造价工程师可以从 BIM 模型中获得建设项目的各种参数和工程量。将项目参数和工程量组合，查询指标数据库或概算数据库，可以计算出准确的概算价。在施工图预算阶段，根据施工图设计成果，可以建立准确详细的 BIM 模型，从而为造价工程师编制准确的施工图预算提供准确的工程量。在招标投标阶段，根据 BIM 模型，造价工程师可以编制高质量的工程量清单，实现清单不漏项、工程量不出错的效果。投标人根据 BIM 模型获取正确的工程量，与招标文件的工程量清单进行比较，可以制订更好的投标策略。在签订合同价阶段，BIM 模型与合同对应，为承发包双方建立了一个与合同价对应的基准 BIM 模型。这个基准 BIM 模型是计算变更工程量和结算工程量的基准。在施工阶段，BIM 模型记录各种变更的几何数据、工程量数据和各种变更签证数据，并提供 BIM 模型的各个变更版本，为审批变更和计算变更工程量提供基础数据。同时，结合施工进度数据，按施工进度提取工程量，为支付申请提供工程量数据。在结算阶段，BIM 模型已经调整到与竣工工程的实体一致，为结算提供了准确的结算工程量数据。

5.5.2.3 BIM 造价数据获取

(1) 前期造价管理

BIM 技术在前期造价管理中的作用是为造价咨询机构提供项目特征参数和工程量数据。项目前期的立项、论证决策和设计阶段，其核心目标是确定项目的功能。具体而言，立项是提出目标，经论证决策后确定目标；而设计是目标的具体化，即设计是投资人需要的功能目标和使用价值目标的确定和具体化。由于目标的明确性，项目前期造价管理的原则不是单纯节省投资，而是确定实现目标的合理投资。因此，该阶段应以价值工程原理作为造价管理的指导方法。在设计阶段，BIM 模型通常由设计人员构建。设计人员使用的 BIM 平台多与设计分析软件配套，这为提取项目特征参数提供了有力支持。

(2) 工程量清单特征描述

BIM 模型一旦建立，即可生成各类构件的工程量。在工程招标投标业务和投资增值业务中，普遍使用工程量清单计价技术。工程量清单报价的关键取决于项目特征和工程量，即项目特征决定单价，工程量决定总价。对于采用工程量清单计价的单价合同，项目特征具有重要意义。因此，BIM 模型为造价人员提供的数据不是简单的工程量，而是与工程量清单特征描述相匹配的工程量。

住房和城乡建设部颁布了《建设工程工程量清单计价规范》，按照建设工程分类和工程构件分类，详细列出了每个工程部位的工程量清单。每一个清单都有特征描述。将工程量清单的特征描述与 BIM 模型的构件参数进行组合运算，可以实现按工程量清单的特征描述提取工程量。所以，BIM 模型给造价人员提供了项目特征和工程量两个重要的造价基础数据，而不是单一的工程量数据。造价人员从 BIM 模型获得的工程量数据是按多个查询条件组合获取的，包括工程部位（如楼层信息）、工期信息、构件名称、工程量名称（与工程算法对应）、工程量的特征值等。

5.5.2.4 造价软件开发

（1）造价软件开发方式

造价软件开发目前主要通过两种方式进行：一是把 BIM 模型转换成 IFC 数据，然后在造价软件中导入 IFC 数据进行分析、计算；二是在 BIM 软件基础上进行二次开发，在 BIM 软件系统内部获取相关数据进行分析、计算。

第一种方法是通过 IFC 数据进行转换，好处是与软件无关，因为 IFC 是数据标准，理论上不管是用什么 BIM 软件建立的模型，转换出来的 IFC 数据都是标准的。因此，造价软件只需读取 IFC 数据便能以不变应万变——换言之，只要开发一个读取 IFC 数据的模块，便可适配各种由不同 BIM 软件建立的模型。但是，由于目前 BIM 软件技术正处在高速进化阶段，软件的成熟度还有待提高，所以从目前实际情况看，用不同的 BIM 软件建立的模型导出转换成 IFC 数据还存在差异，读取 IFC 数据还需要进行附加的分析。

第二种方法是针对不同的 BIM 软件进行二次开发，直接在 BIM 软件系统内部读取造价软件需要的数据，但这种方法需要针对不同的 BIM 软件编写对应的二次开发程序。目前主流的 BIM 软件都会提供应用程序编程接口（application programming interface，API），但由于不同的 BIM 软件提供的开发语言和环境不尽相同，所以给二次开发工作带来了一定的工作量。

上述两种方法各有利弊，最理想的是利用 IFC 数据作为数据交换标准，但由于目前软件成熟度等问题，使用第二种方式可能更符合现状，选择哪种方式还是要看具体情况。

（2）软件发展趋势

算量软件作为 BIM 技术在造价管理中最直接的应用，目前处于迅速普及阶段。BIM 技术在造价管理中的发展目标不仅仅是个人的高效率工具，而且是企业进行成本管理的现代化方式。把 BIM 模型作为基础，并将分散在造价人员手中的 BIM 数据汇总到总部，然后对这些数据进行分析、拆分、对比和汇总，最后在企业内部进行共享，设定不同的权限，使不同岗位、不同部门的人可以从中调用数据，为决策管理提供依据。利用 BIM 模型得到的数据还可以跟企业内部的 ERP 系统相结合，将大大节约时间和人力。

本章思考题

1. 政府机构的 BIM 应用需求有哪些？
2. BIM 技术在城市管理中有哪些应用？
3. 设计单位 BIM 应用的需求体现在哪些方面？
4. 业主单位 BIM 项目管理的应用需求体现在哪些方面？
5. 施工单位的 BIM 应用需求有哪些？
6. 造价咨询单位的 BIM 应用需求有哪些？

在线习题

第6章 BIM在项目全过程中的协同与应用

6.1 基于协同分析的项目管理应用

6.1.1 协同的概念

协同主要是研究协同系统从无序到有序的演化规律。协同工作中的一个重要内容即自组织，所谓自组织是指无序状态向有序状态的转变，或者有序状态向新的有序状态转变中，在一定环境条件下，环境中的物质、能量和信息交换并未产生质的变化。这种组织结构自身在没有外界因素驱使下的状态转变就称为自组织，相应的理论即自组织理论。协同学是一种关于自组织的理论，它研究系统各要素之间、要素与系统之间、系统与环境之间协调、同步、合作、互补的关系，研究新的有序结构的形成，揭示系统进化的动力。

协同管理是一种通过对该系统中各子系统进行时间、空间和功能结构的重组，产生的一种具有“竞争-合作-协调（competition cooperation coordination）”能力，其效应远远大于各子系统之和的新的时间、空间、功能结构。借助协同学“自组织”概念，可把协同管理定义为：运用协同学自组织原理，通过建立“竞争-合作-协调”的协同运行机制，把虚拟企业系统中价值链形成过程中的各要素组织成一个紧密的“自组织”体系，共同实现统一的目标，使系统利益最大化。

工程项目管理的全过程是指工程的全生命周期，是从项目构思开始到项目报废回收的全过程。全过程的协同管理又称为宏观协同管理。工程项目管理中，虽然不同类型和规模的工程项目生命周期不一样，但均可以划分为四个阶段。项目的前期策划和确立阶段，这个阶段的主要工作包括项目的构思、目标设计、可行性研究和批准立项；项目的设计和计划阶段，这个阶段的工作包括设计、计划、招标投标和各种施工前的准备工作；项目的施工阶段，这个阶段的工作包括从现场开工到工程建成交付使用期间的所有工作；最后是项目的使用（运行维护）阶段。每一个阶段和过程都不可分割。

工程项目全生命周期的协同是指工程项目全生命周期的数据、资源的共享和各方协同工作，将原来孤立的工程项目各过程进行整合，形成一个协调的系统。建立在信息协同基础上的过程之间的协调，通过消除过程中各种冗余和非增值的子过程（活动），以及由人为因素和资源问题等造成的影响过程效率的一切障碍，使项目过程总体达到最优。

工程建设过程中，项目相关者包括项目投资者、业主、管理和咨询单位、设计单位、工程承包单位、材料供应单位、政府、用户（购买者）和周边组织，这显示了项目相关者之间的管理关系。工程项目全过程各参与方的协同包括五个要素：协同主体、协同客体、协同媒介、协同环境和协同渠道。协同主体是指有目的、有步骤地对协同客体施加影响的团体或组织。协同客体是指协同的对象，是协同主体作用的对象，是整个协同过程存在的必要条件。协同媒介是指协同主体对协同客体产生影响、发生作用的中介，它建立起了协同主体与协同客体之间的联系，保证了协同过程的正常开展，包括协同内容和方法。协同环境是指协同主体与协同客体存在的客观外在环境，协同主体与协同客体根据协同环境的变化而变化。协同渠道是指协同媒介在协同主体和协同客体间、主体与主体间信息传输的途径，一方面广泛地收集协同客体的信息，并将信息准确反馈给协同主体；另一方面实现协同主体之间的信息共享和交流。

6.1.2 项目协同方式分析

(1) CAD 时代的协同方式

CAD 时代，设计流程是各专业将本专业的信息条件以电子版和纸质文件的形式发送给接收专业，接收专业将各文件落实到本专业的设计图中，然后进一步将反馈资料提交给原提交条件的专业。在图纸会审阶段，检查各专业的图纸是否符合设计要求。在施工阶段，施工单位根据设计单位提供的图纸信息进行项目工程施工。在竣工阶段，业主方根据图纸对工程完成情况进行逐项核对。这些过程都是单向进行的，并且是阶段性的，故各专业的信息数据不能及时有效地传达。一些信息化设施比较好的设计公司，利用公司内部的局域网系统和文件服务器，采用参考链接文件的形式，保持设计过程中建筑底图的及时更新。但这仍然是一个单向的过程，结构、机电专业向建筑专业反馈仍然需要提供单独的条件图。

(2) BIM 时代的协同方式

基于 BIM 技术创建的三维可视化高仿真模型，使各个专业设计的内容都以实际的形式存在于模型中。各参与方在各阶段中的数据信息可输入模型中，各参与方可根据模型数据进行相应的工作任务，且模型可视化程度高，有利于各参与方之间的沟通协调，同时也利于项目实施人员之间的技术交底和任务交接等，大大减少了项目实施中由于信息和沟通不畅而产生的工程变更和工期延误等问题，很大程度上提高了项目实施管理效率，从而实现项目的可视化、参数化、动态化协同管理。图 6-1 展示了项目参与各方协同方式的转变。另外，基于 BIM 技术的协同平台的利用，实现了各信息、人员的集成和协同，大大提高了项目管理的效率。

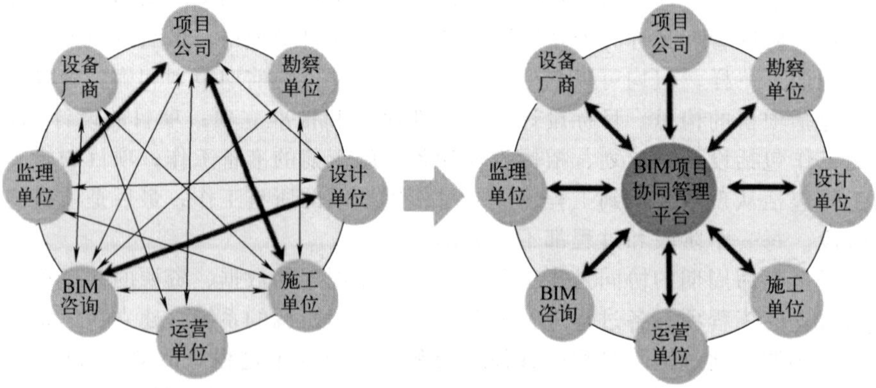

(a) 项目参与各方网状沟通　　(b) BIM协同平台

图 6-1　项目参与各方协同方式对比

6.1.3 BIM 协同平台的功能

为了保证各专业内和专业间信息模型的无缝衔接和及时沟通，BIM 项目需要在一个统一的平台上完成。这个平台可以是专门的平台软件，也可以利用 Windows 操作系统实现。协同平台具有以下几种功能。

(1) 建筑模型信息的存储功能

建筑领域中各专业部门设计人员高效协同工作的基础是建筑信息模型的共享与转换，其同时也是 BIM 技术实现的核心。因此，基于 BIM 技术的协同平台应具备良好的存储功能。目前在建筑领域中，大部分建筑信息模型的存储形式仍为文件存储，这样的存储形式使处理包含大量数据且改动频繁的建筑信息模型的效率变得十分低下，更难以对多个项目的工程信息进行集中存储。在当前信息技术的应用中，数据库存储技术具有存储容量大、信息输入输出和查询效率高、易于共享等优点，且发展最为成熟、应用最为广泛。应用数据库存储技术可解决建筑信息模型的存储问题。

(2) 具有图形编辑平台

在基于 BIM 技术的协同平台上，各个专业的设计人员需要对 BIM 数据库中的建筑信息模型进行编辑、转换、共享等操作。这就需要在 BIM 数据库的基础上构建图形编辑平台。图形编辑平台的构建可以使 BIM 数据库中的建筑信息模型更直观地显示出来，专业设计人员可以通过它对 BIM 数据库内的建筑信息模型进行相应的操作。不仅如此，存储整个城市建筑内容：建筑信息模型的 BIM 数据库与地理信息系统（geographic information system，GIS)、交通信息等相结合，利用图形编辑平台进行显示，可以实现真正意义上的数字城市。

(3) 兼容建筑专业应用软件

建筑业是一个包含多个专业的综合行业，如设计阶段，需要建筑师、结构工程师、暖通工程师、电气工程师、给排水工程师等多个专业的设计人员进行协同工作，这就需要用到大量的建筑专业软件，如结构性能计算软件、光照计算软件等。所以，在 BIM 建筑协同平台中，需要开发专业应用软件以便各专业设计人员对建筑进行设计和计算。

(4) 人员管理功能

在建筑全生命周期过程中，有多个专业设计人员参与协作，如何有效管理至关重要。为此，需要开发 BIM 建筑协同平台。该平台可对各专业设计人员进行合理权限分配，有效管理各专业设计软件，并对设计流程、信息传输的时间与内容进行合理规划，从而实现对项目人员的高效管理。

6.1.4　项目各方的协同管理

项目在实施过程中各参与方较多且各自职责不同，但工作内容联系紧密，故各参与方之间良好的沟通协调意义重大，见图 6-2。项目各参与方之间的协同合作有利于各自任务内容的交接，避免因不必要的工作重复或工作缺失而导致项目整体进度延误甚至工程返工。一般

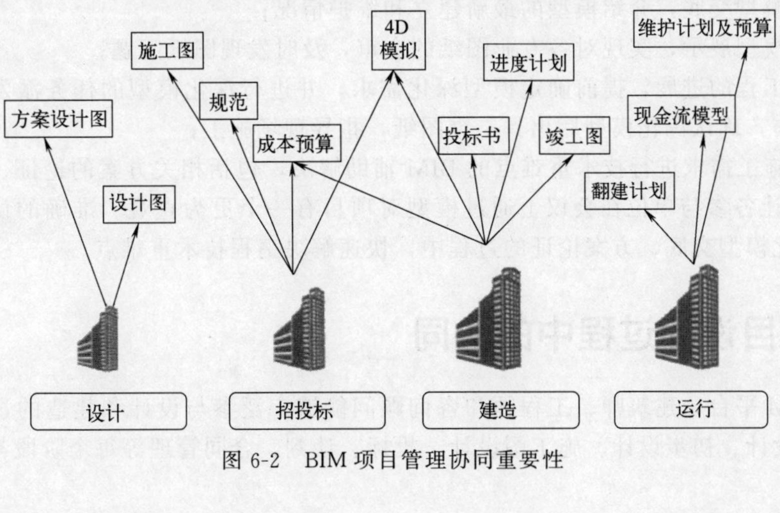

图 6-2　BIM 项目管理协同重要性

第6章

基于BIM技术的各参与方协同应用主要包括基于协同平台的信息管理、职责管理和会议沟通协调等内容。

(1) 基于协同平台的信息管理

协同平台具有较强的模型信息存储能力，项目各参与方通过数据接口将各自的模型信息数据输入协同平台中进行集中管理。一旦某个部位发生变化，与之相关联的工程量、施工工艺、施工进度、工序搭接、采购单等相关信息都自动发生变化，且在协同平台上采用短信、微信、邮件、平台通知等方式统一告知各相关参与方。各相关参与方只需重新调取模型相关信息，便能轻松完成数据交互工作。

(2) 基于协同平台的职责管理

面对专业复杂、体量大、专业图纸数量庞大的工程，可利用BIM技术，将所有的工程相关信息集中到以模型为基础的协同平台上，依据图纸如实进行精细化建模，并赋予工程管理所需的各类信息，确保出现变更后，模型能够及时更新。同时，为保证本工程施工过程中BIM项目的有效性，可对各参与单位在不同施工阶段的职责进行划分，让每个参与者明白自己在不同阶段应该承担的职责和完成的任务，与各参与单位进行有效配合，共同完成BIM项目的实施。

在对项目各参与方职责划分后，根据相应职责创建“告示板”式团队协作平台。项目组织中的BIM成员可以根据权限和组织构架加入协同平台，在平台上创建待办事项、任务，做任务分配，也可以针对每项任务创建一个卡片，包括活动、附件、更新、沟通内容等信息。团队成员可以上传各自创建的模型，也可以随时浏览其他团队成员上传的模型，发布意见，进行便捷的交流，并使用列表管理方式，有序地组织模型的修改、协调，支持项目顺利进行。

(3) 基于协同平台的流程管理

在项目实施过程中，除了让每个项目参与者明晰各自的计划和任务外，还应让他们了解整个项目，比如模型建立的状况、协同人员的动态、提出问题及表达建议的途径，从而使项目各参与方能够更好地安排工作进度，实现与其他参与方的高效对接，避免不必要的工期延误。

(4) 会议沟通协调

协同平台有助于各参与方更好地把握各自的工作任务，但项目实施过程中仍需沟通解决各类问题。协同平台仅能解决项目管理的部分问题，各参与方仍需定期组织会议进行直接沟通协调。协调会议由BIM项目专职负责人与项目总工每周组织，甲方、监理、总包、分包、供应商等相关单位参加。会议形成纪要，并根据需要延伸出图纸会审、变更洽商或深化图纸等施工资料，由专人负责落实。会议应协调以下内容：

① 进行模型交底，介绍模型的最新建立和维护情况；

② 通过模型展示，实现对各专业图纸的会审，及时发现图纸问题；

③ 随着工程的进展，提前确定模型深化需求，并进行深化模型的任务派发、模型交付以及整合工作，确认深化模型后出具二维图纸，指导现场施工；

④ 结合施工需求进行技术重难点的BIM辅助解决，包括相关方案的论证、施工进度的4D模拟等，让各参与单位在会议上通过模型对项目有一个更为直观、准确的认识，并在图纸会审、深化模型交底、方案论证的过程中，快速解决工程技术重难点。

6.2 项目设计过程中的协同

借助BIM平台，建筑师、工程师和咨询顾问能够广泛参与设计和建造的过程，在设计前期、方案设计、初步设计、施工图设计、投标、谈判、合同管理等每个阶段都能起到重要作用。这些阶段的确切划分、数量及名称可能根据公司的不同而有所不同，各个步骤所包含的具体任务等协同工作也受每个项目的规模和范畴影响。传统阶段的划分和工作细节必然会不断地经历重新评估和再定义。

（1）设计前期

设计前期过程的主要目的是确定客户项目目标与初步设想的可行性与潜力。该过程是对以下各项研究的综合：主要包括项目的管理制度、满足客户目标所需的成本、项目开发所遵循的进度表。通过与客户合作，设计前期工作能进一步了解其想法，并为项目确立具体的建筑目标。它可能涉及详细的经济可行性研究、项目融资以及房地产估价。在项目初期，合适的选址至关重要；绿色建筑目标和环境影响也需要与客户协调。

设计团队在与客户的协同下，需要准备初始方案来确定设计的范围。虽然很多前期设计是与研究相关的，但在一些方面 BIM 可能很适合。例如，BIM 用来创建楼板、空间标签与面积及楼面高度的报告，并以图形或明细表的形式表达出来。借助 BIM 软件完成三维体块建立并用于初始的体量研究。

在设计前期阶段，一项重要任务是与业主协商制定或更新 BIM 执行计划，并与所有团队成员（包括咨询顾问）讨论文件管理、决策记录以及具体 BIM 软件标准的审查。沟通在 BIM 流程中的设计、文件编制和施工等各个环节至关重要，其重要性相较于 CAD 流程更为突出。预先思考这些问题并尽早制订计划，有助于实现 BIM 在项目全生命周期中的各项应用。

（2）方案设计

方案设计中，创建和编辑模型，建立视图和图纸，并与团队成员沟通各种标准将花费大量时间。团队成员需要认真审慎地将它们应用到 BIM 的创建中，并建立新的参数对象。事实上，在设计过程中，随着建筑设计复杂性的增加，对新知识的了解将不可避免地促成其他选择，BIM 在其中可以起到促进作用。

方案设计可以进行模拟研究。可以是对构件的设计，或是对环境，如眩光与日光采集之间关系的研究。一些模拟可以直接在 BIM 软件中进行，而另一些模拟则需要更复杂的软件。效果图和动画也是如此，BIM 将使协同更加顺畅和高效。

（3）初步设计

初步设计的目标是完善建筑方案设计，并为施工图文件的编制做好准备。更多技术信息被添加到三维模型中（与平面图、剖面图、立面图，以及部分细节和明细表进行协调）。模型结合设计说明，能够生成项目中建筑材料、设施、装修等每个部分准确而“完整”的描述。咨询顾问与工程师需要通力合作，确保设计和文件编制覆盖结构、机械、电气与照明、管道与消防等所有主要系统。

BIM 的重要优势是能够对二维和三维信息进行协调。随着建筑构件被更新并变得更加复杂，这些变化会显示在更新的模型图纸中。更多的技术信息也将随之完善和添加，其中包括：图纸索引、带有图例的进度表、包含其他专业的信息、典型的节点图纸，以及用于解释建筑师设计意图的其他信息。

（4）施工图设计

施工图设计阶段的重点是创建有关建筑施工的描述。这将包括对初步设计模型的进一步细化（包括三维模型、平面图、剖面图、立面图、更多的细部设计、材料和组件明细表），以及更多针对项目具体内容的书面设计说明和手册。BIM 较 CAD 制图方法，功能体现得更加强大。

施工图设计阶段的最终结果是一套集成的文档，以便在投标和建筑施工过程中使用。

BIM 技术非常适合这个阶段，模型包含施工图文件所必需的所有信息，从三维文件到二维文件的转换会非常协调。高端的软件还可以创建参数化组件，安排事件，标记每种类型的使用量，并且用三维和二维的形式自动创建不同版本的文档。

（5）投标和谈判

在这个阶段，建筑师会根据合同文件来管理业主和总承包商之间的合同。如果采用传统方式投标，需要创建一组信息作为投标文件。实践中往往是建筑师审查这些文件和与客户有关的信息。客户需要了解在设计和施工过程中不同参与者的角色和职责。

为了实现更准确的报价，尽量减少错误、遗漏和误解，承包商了解投标建筑的复杂性至关重要。根据招标投标的类型，BIM 能以不同的方式起作用。在大型工程中，业主已要求承包商提供三维 BIM 模型，通过使用三维模型的虚拟展示作为建造的依据。在三维模型的帮助下，详细的成本估算更易进行，有关材料和方法等复杂的问题也能更快得到解决。

（6）合同管理

为了充分拓展 BIM 的作用，在合同允许时与承包商进行磋商会很有用。当然，早期沟通讨论 BIM 的使用方式也会对所有建设相关方有帮助。

6.3 施工应用中的协同

（1）设计模型与施工模型

设计模型指的是建筑师创建的用于描述设计意图的模型，它可以作为承包商创建用于项目实际建造的“施工 BIM”的基础。通常体现设计意图的模型（建筑师使用的）与可施工的模型（承包商使用的）是不同的，但如果能规划得多一些灵活性和预见性，设计模型可以更容易地转变为对施工很有用的初始施工 BIM 模型。设计模型与现场施工对比见图 6-3。

图 6-3　设计模型与现场施工对比

应用 BIM 进行设计可以产生一套高效、高度协调的文档，其中包括：合同、明细表、报告、设计说明链接、为客户汇报的图片。其主要目的是辅助设计过程并生成准确描述建筑、许可规定、规范检查、投标的文档。施工模型结合了建筑模型和结构模型，提供了可以添加专业合作方和分包商信息的核心数据。模型包含了建筑构件，如基础、外墙、顶棚和屋顶、门窗、楼板和内墙。结构对象包括柱和梁、挡土墙、基础、抗震支架、楼板穿洞、预埋件。施工模型可以实现对建筑物真实建造过程的模拟。

在此过程中，项目参与者的角色，以及修改模型的过程，其中包括模型元素、完善方式及权限分配等，都应该明确说明，以便高效协同。

（2）施工前和施工模型

承包商与建筑师在施工开始前便展开协作，这对双方都是互惠互利的。例如，承包商可能在初步设计阶段作为辅助设计顾问加入，为建筑事务所提供意见。其早期参与有助于成本估算或材料选择。此阶段，建筑信息模型尤为有用。随着项目推进，承包商能获得更全面的视角，从而提醒建筑师将必要内容纳入 BIM 执行计划，这既可提升未来工作效率，又可避免重复劳动。此外，承包商还需建立自身标准与惯例，公司亦应制订专属的 BIM 执行计划。

施工前后，众多施工管理软件将与 BIM 协同应用，新软件也在持续开发中。其应用包括：可视化展示、变更管理、可施工性分析、工程量统计与成本计划估算、项目进度安排与施工顺序、投标管理、生产管理、碰撞检测、碳核算、回收材料追踪以及施工物流（如混凝土泵送浇筑、材料堆放、起重机械日程安排）。

承包商、建筑师等工程相关方的协调至关重要，涉及的内容主要包括：BIM 标准与工作流程规划、准备适宜的合同、明确数字模型权责、确定数字信息标准、利用模型进行预测与现场协调。业主、建筑师和承包商应在施工前便积极参与，使设计施工过程紧密衔接，实现更高效率的协同。

(3) 现场施工和施工模型

现场施工计划包括现场物流、施工准备、交通规划、起重机安置、废料管理、环境减灾，以及其他与施工准备相关的问题。4D 施工动画软件结合 BIM 和项目进度安排软件可以展示工地上即将进行的任务的时间和地点。即便是场地和拟建建筑物简单的体量模型，也能创建信息量丰富的示意图。图 6-4 为方案设计与场地施工对比示意图。

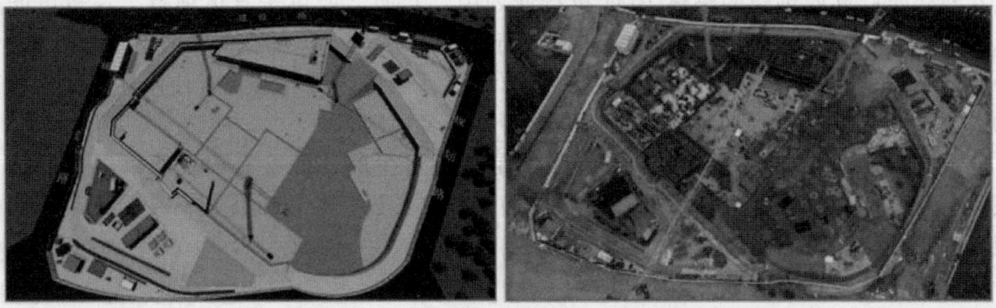

图 6-4　方案设计与场地施工对比示意图

(4) 项目进度安排和施工模型

BIM 补充了现有的项目管理软件，并提供了一个三维图形组件。如前所述，4D 施工动画是用来预测潜在问题的。例如，在新机场扩建项目中，使用 4D 的 BIM 模型可以显示施工活动之间的相互关系以及施工对仍在使用的跑道与滑行道的影响。在潜在的碰撞发生之前将其解决，可节约投资。

基于位置的进度安排也直接与 BIM 关联。流线图显示了各方专业人员在工地各区域工作的具体时间和地点。利用真实的数据，例如完成各种任务所需的时间（生产率资源）、基于建筑构件组装时长所确定的进度时间、工作的地点，可以预计并解决交叉重叠的工作，还能节省时间和金钱。正确使用时，4D 模拟可成为基于位置进度安排的有效衍生工具。

(5) 材料统计和施工模型

BIM 提供了材料统计所需的数据，可以据此编制一个所需材料以及建筑构件的清单与采购表。材料统计除了可以追踪绿色环保材料和废料管理的目录清单，还能追踪绿色建筑的认证要求。

(6) 成本估算和施工模型

成本估算软件可以与材料统计相关联。成本信息可以作为一个对象属性添加到 BIM 中，将工料数量直接从 BIM 导出到估算软件中。单位定价是一种方法，而相似工程项目的工料比例也可以为准确的成本估算提供依据。材料和劳动力成本也要计入成本估算。在选择使用成本估算程序时需要考虑的功能包括：与具体 BIM 软件的互通性、所使用软件的现有功能、用户界面、允许的细节水平、与成本数据库的结合、报表功能，以及在不同设计间进行对比的能力。

(7) 专业间协调和施工模型

通过有效地运用 BIM 进行专业间协调也可以减少碰撞问题。此外，MEP 和制造商等咨询顾问可以使用三维模型来开发自己的设计说明和加工图纸。每个承包商和营造商都有自己的一套与 MEP 专业进行协调的方法，这依赖于公司标准、项目具体细节及 BIM 的实施。MEP 专业进行协同时往往包括：设立协调流程，运行碰撞检测，追踪提交的文件，追踪协调完成后的变化。

① 招标的分包合同应包括关于 BIM 的详细信息，详细描述每个 MEP 分包商的角色并根据专业细分每个人的职责。它应描述承包商和分包商之间的协调过程。这很可能会结合多种方法：电子邮件、文件、电话交流，并记录所需的跟进和会议（计划的和临时的）。

② 为所有项目成员之间的协调制定标准和步骤非常关键。根据所签订的合同协定，这包括在与建筑师共同创建的整体 BIM 执行计划中。然而，取决于具体项目，这也可能适用于承包商和分包商。它应该是一套完整的项目标准，并至少包含：一个使用 FTP（文件传输协议）站点协调图形文件和其他重要文件的流程；一种让所有参与者使用共享文件管理系统的方法；为每次图纸修订制订编号标准；制订命名规则。

③ 协同追踪变更。设计变更和解释说明是必不可少的，模型需要更新以生成准确的竣工文件。与三维细部设计人员每月或每两周召开一次会议，可以确保所有变更准确地在模型中包含并更新。

(8) BIM 信息服务共享

实际上，在施工现场通常也可以方便地使用数字信息。笔记本电脑是一个解决办法，项目经理和现场管理人员可以用它来查看 BIM 模型和二维图纸。另一个办法是在主要位置安装高性能的工业级电脑，并支持无线上网。这使得它能更容易地检查 BIM 的最新更新，审查设计说明，并阅读当前通知。无线连接还允许平板电脑和智能手机等设备访问 BIM 数据。

目前新技术可以实现数字图像与现场情况实时合并，可以在施工现场对施工进程图像进行图像配准，在竣工场景中虚拟漫游，将与三维模型的偏差可视化，实现自动化进度追踪，并通过 GPS 更新位置和视图。

6.4 竣工验收的协同

基于 BIM 的竣工验收与传统的竣工验收不同。基于 BIM 的竣工验收，需项目的各参与方根据施工现场的实际情况将工程信息实时输入 BIM 模型中，并且信息输入人员须对自己输入的数据进行检查并负责。在施工过程中，分部、分项工程的质量验收资料、设计变更单、工程洽商等都要以数据的形式存储并关联到 BIM 模型中，需根据交付规定对工程信息进行过滤筛选，以删除冗余的信息。

6.4.1 竣工验收 BIM 应用流程

工程过程资料及竣工资料涵盖了工程从立项、开工到竣工备案的所有工程信息，包含立项审批、设计勘察、招标投标、合同管理、监理管理、施工技术、施工现场、施工物资、施工试验、竣工验收、竣工备案等信息。

(1) 工程验收及竣工交付工作流程

工程验收及竣工交付工作流程：隐蔽工程验收→检验批验收→分项工程验收→分部（子分部）工程验收→单位（子单位）工程验收→竣工备案→工程交付使用→竣工资料（包括竣工图）交付存档。检验批验收与工程资料的形成及审核流程如图 6-5 所示，分项工程验收与工程资料的形成及审核流程如图 6-6 所示，分部（子分部）工程验收与工程资料的形成及审核流程如图 6-7 所示。

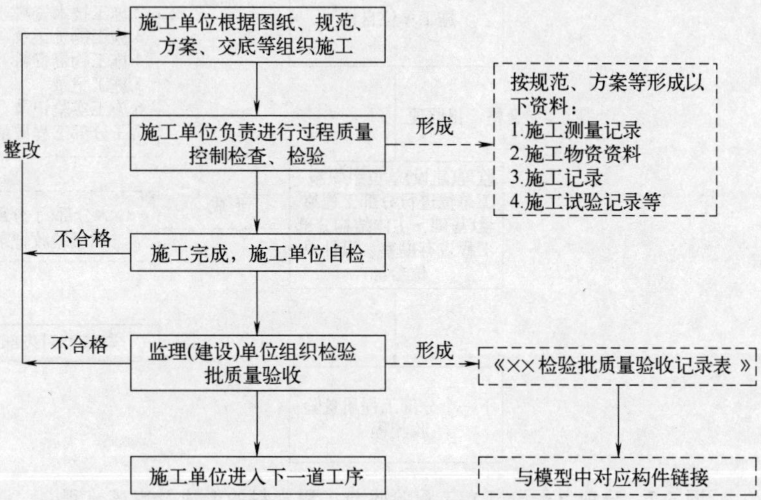

图 6-5　检验批验收与工程资料的形成及审核流程

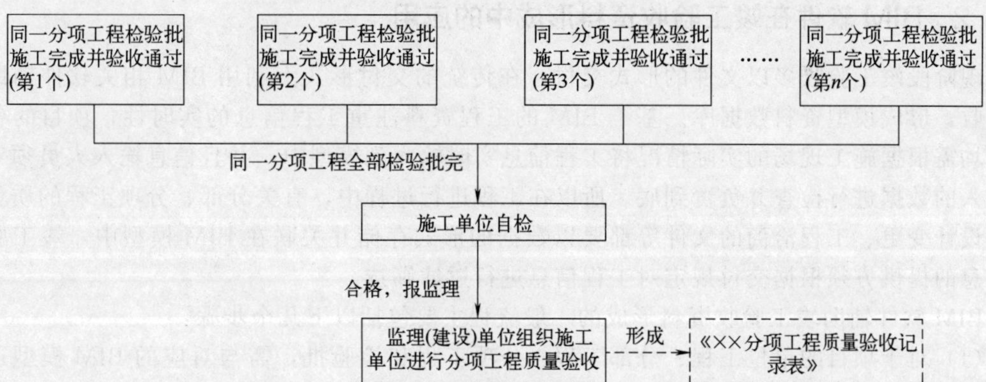

图 6-6　分项工程验收与工程资料的形成及审核流程

工程竣工验收 BIM 模型是在分部（子分部）工程 BIM 模型基础上，对其进行整合及文件链接，最终形成工程竣工验收 BIM 模型。

(2) 竣工验收阶段形成的信息

建设单位组织设计、监理、施工、模型汇总等相关单位对工程竣工验收 BIM 模型进行验收。验收合格后移交给建设单位并由施工单位自留，形成模型移交记录。外部链接的非几何信息采取数据库存储的方式与工程竣工验收 BIM 模型关联。各专业模型信息实行“谁输入，谁检验，谁负责”原则。

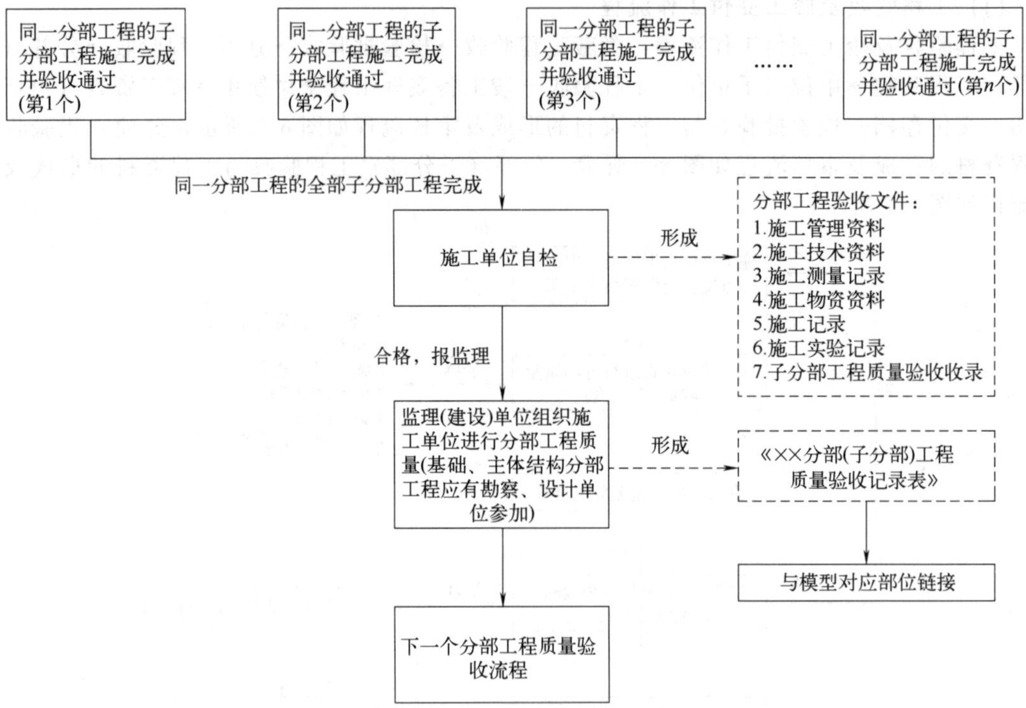

图 6-7　分项（子分部）工程验收与工程资料的形成及审核流程

6.4.2 BIM 软件在竣工验收资料形成中的应用

现阶段竣工验收多以文件的形式交付，在传统的交付形式上利用 BIM 相关软件辅助竣工验收，形成模型资料数据库。基于 BIM 的工程资料注重工程信息的实时性，项目的各参与方均需根据施工现场的实际情况将工程信息实时输入到模型中，并且信息输入人员须对自己输入的数据进行检查并负责到底。所以在工程进行过程中，有关分部、分项工程的质量验收，设计变更、工程洽商的文件等都要以数据的形式存储并关联在 BIM 模型中，竣工验收时信息的提供方须根据交付规定对工程信息进行过滤筛选。

BIM 软件辅助竣工验收资料形成的一般流程主要包括以下几个步骤：

（1）对于项目的单位工程、分部工程、分项工程和检验批，需与对应的 BIM 模型进行匹配关系建立（按照专业性质、工程部位、材料种类、施工工艺工序、楼层、施工段、变形缝等进行划分，具体见《建筑工程施工质量验收统一标准》）。对于某些无法与实体 BIM 模型匹配的质量验收划分，在系统中建立有逻辑的名称文件夹，以保存与该划分相关的现场资料及其他非几何信息。

（2）项目资源建立——质量验收及竣工验收的检验批建立

按照《建筑工程施工质量验收统一标准》《混凝土结构工程施工质量验收规范》《通风与空调工程施工质量验收规范》等建筑工程施工质量验收标准、规范和技术规程，结合本工程竣工验收的实际要求，针对检验批的主控项目和一般项目建立抽样检验的标准化流程。

（3）竣工验收 BIM 模型移动端同步与现场竣工验收信息关联

验收过程中发现的问题，问题的描述、现场照片等记录信息，均输入系统，并与相应的图纸和模型进行关联。

(4) 设备安装、调试的现场信息输入

设备安装、调试的现场信息应作为竣工验收质量和下一步数字化交付的资料进行收集，通过扫描条形码或二维码、自定义及输入新属性数据字段、同步模型与属性数据至 BIM 模型的方式实现。

(5) 生成质量验收及竣工验收的记录资料表单

基于 BIM 系统提取现场收集的信息，结合其他记录信息，为《检验批质量验收记录表》《分项工程质量验收记录表》《分部工程质量验收记录表》《单位工程质量竣工验收记录表》等提供质量验收和竣工验收的记录资料。

通过上述工作形成包含完整竣工验收过程资料的信息模型。

6.4.3 竣工验收 BIM 模型细度

(1) 建筑专业模型细度

建筑专业模型细度见表 6-1。

表 6-1　建筑专业模型细度

序号	模型元素	竣工验收模型	
		几何信息	非几何信息
1	场地		增加施工单位工程竣工报告等
2	建筑物主体	外观形状、体量大小、位置、建筑层数、高度、基本功能分隔构件、建筑轴线、建筑标高等	增加建设工程质量竣工验收意见书或单位(子单位)工程质量竣工验收记录、模型使用手册(注:所有非几何信息采用链接的方式)
3	主体建筑构件(楼地面、柱、外墙、外幕墙、屋顶、内墙、楼梯等)	几何尺寸、定位信息;根据施工需要绘制构造层,根据施工需要进行屋面面层及设备基础的仿真排布	(1)构造做法、工艺要求等; (2)设计变更及工程洽商信息; (3)根据工程需要增添二次结构、门窗、幕墙、电梯等厂家信息、安装单位信息、分部分项质量验收信息等
4	次要建筑构件(构造柱、过梁、基础、排水沟、集水坑等)	几何尺寸、定位信息	(1)构造做法、工艺要求等; (2)设计变更及工程洽商信息
5	主要建筑设施(卫浴、厨房设施等)	几何尺寸、定位信息	(1)构造做法、工艺要求等; (2)设计变更及工程洽商信息; (3)根据工程需要增加厂家或供应商信息、维保信息等
6	主要建筑细部[栏杆、扶手、装饰构件、功能性构件(如防水防潮、保温、隔声吸声等构件)]	几何尺寸、定位信息;对于重点部位的装饰构件(如吊顶、石材等)进行建模	(1)构造做法、工艺要求等; (2)设计变更及工程洽商信息; (3)根据工程需要增加厂家或供应商信息、维保信息等

(2) 结构（钢结构）专业模型细度

结构（钢结构）专业模型细度见表 6-2。

(3) 机电专业模型细度

① 给水排水系统。给排水系统模型细度见表 6-3。

② 通风空调系统。通风空调系统模型细度见表 6-4。

③ 电气系统。电气系统模型细度见表 6-5。

表6-2 结构（钢结构）专业模型细度

序号	模型元素	竣工验收模型	
		几何信息	非几何信息
1	结构主体	构件布置位置、结构留缝、结构层数、结构高度等	(1)增加单位(子单位)工程质量控制资料核查记录(质量保证资料审查记录); (2)增加单位(子单位)工程安全和功能检验资料核查及主要功能抽查记录; (3)增加单位(子单位)工程观感质量检查记录(观感质量评定表)
2	主体结构构件(结构梁、结构板、结构柱、结构墙、水平及竖向支撑等的基本布置及截面等)	几何尺寸、定位信息;对于构件(含预制构件)根据项目管理需求,绘制细节	增加有关安全和功能的检测资料;主要功能项目的抽查结果资料
3	次要结构构件(楼梯、坡道、排水沟、集水坑等)	几何尺寸、定位信息	(1)构造做法、工艺要求等; (2)设计变更及工程洽商信息; (3)根据工程需要增加子分部工程及分项工程的质量控制资料; (4)重要质量、安全、物资类管理资料
4	基础(桩、筏板、独立基础等)	类型、几何尺寸、定位信息	(1)构造做法、工艺要求等; (2)设计变更及工程洽商信息; (3)根据工程需要增加子分部工程及分项工程的质量控制资料; (4)根据工程需要增加子分部工程及分项工程的质量控制资料; (5)重要质量、安全、物资类管理资料
5	钢结构构件	几何尺寸、定位信息;节点大样几何尺寸、连接件样式及做法;预埋件、焊接件定位及外形尺寸	(1)构造做法、工艺要求等; (2)设计变更及工程洽商信息; (3)根据工程需要增加子分部工程及分项工程的质量控制资料; (4)重要质量、安全、物资类管理资料
6	空间结构(桁架、网架)	构件截面、网格尺寸、高度、定位信息	(1)构造做法、工艺要求等; (2)设计变更及工程洽商信息; (3)根据工程需要增加子分部工程及分项工程的质量控制资料; (4)重要质量、安全、物资类管理资料
7	预留洞口和隐蔽工程	几何尺寸、定位信息	(1)设计变更及工程洽商信息; (2)安全管控信息; (3)相应隐蔽工程质量管控信息、质量验收信息

表6-3 给水排水系统模型细度

序号	模型元素	竣工验收模型	
		几何信息	非几何信息
1	结构主体	构件布置位置、结构留缝、结构层数、结构高度等	(1)增加单位(子单位)工程质量控制资料核查记录(质量保证资料审查记录); (2)增加单位(子单位)工程安全和功能检验资料核查及主要功能抽查记录; (3)增加单位(子单位)工程观感质量检查记录(观感质量评定表)

表 6-4　通风空调系统模型细度

序号	模型元素	竣工验收模型	
		几何信息	非几何信息
1	空调风系统：风管、风口、末端、阀门、风机、空调箱	(1)施工过程模型中所包含的几何信息； (2)管道末端(设备、风口、风机等)的位置； (3)所有管道上阀门及附件的位置	(1)施工过程模型中所包含的几何信息； (2)末端设备、风口、风机等的规格、型号； (3)所有管道上阀门部件的规格、型号； (4)机房内所有设备的参数信息及维保相关的联系信息； (5)其他重点设备的参数信息及维保相关的联系信息
2	空调水系统：暖通水管道、阀门、仪表、水泵、锅炉、冷却塔、板式热交换器、风机盘管	(1)施工过程模型中所包含的几何信息； (2)管道末端(风机盘管)的位置； (3)所有管道上阀门及附件的位置	(1)施工过程模型中所包含的非几何信息； (2)末端风机盘管的规格、型号； (3)所有管道上的阀门部件的规格、型号； (4)机房内所有设备的参数信息及维保相关的联系信息； (5)其他重点设备的参数信息及维保相关的联系信息

表 6-5　电气系统模型细度

序号	模型元素	竣工验收模型	
		几何信息	非几何信息
1	强电系统：桥架、柴油发电机、柴油罐、变压器、开关柜、灯具、母线、开关插座、消防设备、灭火器、报警装置、安装附件、监测设备、终端设备、接地装置、测试点、断接卡	施工过程模型中所包含的几何信息	(1)施工过程模型中所包含的非几何信息； (2)末端设备的规格、型号； (3)所有管路上的阀门部件的规格、型号； (4)机房内所有设备的参数信息及维保相关的联系信息； (5)其他重点设备的参数信息及维保相关的联系信息
2	弱电系统：通信设备、机柜、监控设备机柜、通信设备工作台、路闸、智能设备	施工过程模型中所包含的几何信息	(1)施工过程模型中所包含的非几何信息； (2)末端设备的规格、型号； (3)所有管路上的阀门部件的规格、型号； (4)机房内所有设备的参数信息及维保相关的联系信息； (5)其他重点设备的参数信息及维保相关的联系信息

6.4.4　数据信息管理

(1) 竣工验收模型信息分类

竣工验收模型的信息形式主要包括表格信息、文档信息、图片信息、多媒体信息、虚拟现实信息等。将竣工资料信息与模型进行链接，形成一整套完整的竣工验收模型信息，BIM竣工验收模型中涉及的信息满足国家现行标准《建筑工程资料管理规程》（JGJ/T 185）、《建筑工程施工质量验收统一标准》（GB 50300）中要求的质量验收资料信息及业主运维管理所需要的相关资料。

竣工验收产生的信息应符合国家、行业、企业的相关规范、标准要求，并按照合同约定的方式进行分类。施工模型及资料包含但不限于：管理资料、技术资料、测量记录、物资资料、施工记录、试验资料、过程验收资料等。

（2）上游数据模型信息的接收、输入

上游数据模型信息主要包含：设计模型信息、施工模型信息、设备材料信息、业主提供的信息等。①设计模型信息包括设计参数信息、材料信息、设备技术参数信息等相关信息，设计模型信息具有开放性、可编辑性；②施工模型信息包括施工资料、深化设计、设计变更、工程洽商及设备进场信息；③设备材料信息包括选定的设备材料的主要技术参数信息、国家及行业规范规定的重要材料、设备厂家、复检信息、维保单位信息等，且信息具有开放性；④业主提供的信息主要包括立项决策、建设用地、勘察设计、招标投标及合同、开工、商务、竣工验收等备案的相关信息。

按照现行的行业标准《建筑工程资料管理规程》（JGJ/T 185）及业主运维的基本要求，输入竣工阶段生成的其他相关信息。接收、输入的质量验收信息要符合现行国家标准《建筑工程施工质量验收统一标准》（GB 50300）中要求的质量验收资料信息。竣工验收阶段主体信息见表 6-6。

表 6-6　竣工验收阶段主体结构分部工程 BIM 信息

分部工程/单位工程	信息分类	信息内容
主体结构	接收信息	1. 设计、施工模型信息
		(1)混凝土结构墙、梁、板、柱等构件几何尺寸、定位信息
		(2)砌体结构墙、构造柱、圈(过)梁等构件几何尺寸、定位信息
		(3)主要木质构件几何尺寸、定位信息
		(4)组合结构节点大样几何尺寸、预留孔洞大小及定位、连接件样式及做法
		(5)装饰基层做法信息
		(6)钢筋平法信息
		(7)混凝土设计信息
		(8)砂浆设计信息
		(9)砌体结构材料设计信息
		(10)各类木材设计信息
		2. 质量验收信息
		(1)图纸会审、设计变更、洽商记录
		(2)工程定位测量记录
		(3)楼层平面放线及标高实测记录
		(4)隐蔽工程验收记录
		(5)钢筋出厂合格证及性能检测报告、复试报告、进场检验记录
		(6)预拌混凝土出厂合格证

续表

分部工程/单位工程	信息分类	信息内容
主体结构	接收信息	(7)预制构件出厂合格证及性能检测报告、进场检验记录
		(8)工程中使用各种产品的质量合格证、材料构件进场检验记录
		(9)钢筋连接试验报告、钢筋机械连接形式检验报告
		(10)混凝土配合比申请单、通知单、混凝土抗压强度试验报告、混凝土试块强度统计、评定记录、混凝土抗渗试验报告
		(11)结构实体混凝土强度验收记录
		(12)结构实体钢筋保护层厚度验收记录及试验报告
		(13)检验批、分项工程质量验收记录
	需输入信息	1. 质量验收信息
		分部(子分部)工程验收记录
		2. 满足运行与维护管理基本要求的信息
		(1)室内的隔声、防水、防火要求及材料设计参数
		(2)节点部位防水做法

(3) 信息整合及验收

各专业承包商向模型整合单位提交本专业竣工验收模型，并办理相关模型移交手续，同时进行模型使用说明的书面交底。由模型整合单位向建设单位提交整合后的竣工验收任务信息模型，并办理相关模型移交手续，同时进行模型使用说明的书面交底。

竣工验收模型提交单位或整合单位，随竣工验收模型一并提交竣工验收模型管理目录等文件，并进行电子签章。

模型信息遵循“谁输入、谁检查”且负责到底的原则，确保接收方获取的信息完整、准确无误。最终提交给建设单位的竣工验收模型应满足以下要求：

① 模型信息已经过审核并删除冗余信息；

② 模型信息是最新版本；

③ 模型信息的数据及格式符合项目数据交换协议。

(4) 整合后的数据输出

整合后的竣工验收模型，其数据的输出采用标准格式，对于模型文件，依照建模软件的不同，分别输出不同格式。同时，为保证各部分、各专业的相互传递，输出 IFC 模型格式；对于文档格式，输出 docx、pdf、cad 格式；对于图片格式，输出 jpg 格式。

模型文件与文档文件通过模型软件建立外部链接，实现模型中各构件的实时资料调用和查看，竣工验收模型信息与传统纸质竣工图相吻合，设计变更、工程洽商信息在竣工验收模型中有差异化标记以区别基础设计模型。

(5) 信息的维护与调用

模型及附属信息标注的信息输入者、输入时间、应用软件及版本、编辑权限，针对不同的信息接收方进行权限分配，保证信息的安全性。

相关任务方需设置专人对信息进行管理维护，保证信息的及时更新。

相关管理系统信息数据已采取数据库存储的方式与 BIM 模型关联，以便相关任务方直接调取。

6.4.5　竣工验收 BIM 成果交付

(1) BIM 成果交付形式

竣工信息以 BIM 模型的方式进行交付，信息交付由接收方确认和核对，形成模型信息交接单。

① 模型文件。模型成果主要包括建筑、结构、机电、钢结构和幕墙等专业所创建的模型文件，以及各专业整合后的整合模型。

② 文档格式。在 BIM 技术应用过程中所产生的各种分析报告等由 Word、Excel、PowerPoint 等办公软件生成的相应格式的文件，在交付时统一转换为 pdf 格式。

③ 图形文件。主要是指按照施工项目要求，针对指定位置通过 Navisworks 软件等进行渲染生成的图片，格式为 jpg。

④ 动画文件。BIM 技术应用过程中基于 Navisworks 软件等按照施工项目要求进行漫游、模拟，通过录屏软件录制生成 avi 格式的视频文件。

(2) 竣工验收 BIM 成果交付

竣工验收 BIM 成果交付包括：各专业 BIM 模型的最新版本及整合后的 BIM 模型。模型信息应达到《建筑工程资料管理规程》的要求，详见表 6-7。

表 6-7　针对本企业的 BIM 成果交付内容

类别编号	工程资料名称
决策立项文件	(1)项目建议书(代可行性研究报告)
	(2)项目建议书(代可行性研究报告)的批复文件
	(3)关于立项的会议纪要、领导批示
	(4)专家对项目的有关建议文件
	(5)项目评估研究资料
建设用地文件	(1)规划意见
	(2)建设用地规划许可证
	(3)国有土地使用证
	(4)城镇建设用地批准书
勘察设计文件	(1)工程地质勘察资料
	(2)设计方案审查意见
	(3)初步设计及说明
	(4)施工图审查通知书
	(5)设计中标模型及初步设计模型
竣工验收及备案文件	(1)建设工程竣工验收备案文件
	(2)工程竣工验收报告
	(3)建设工程规划、消防等部门的验收合格文件
其他文件	(1)工程未开工前的原貌、竣工新貌照片
	(2)工程开工、施工、竣工的录音、录像资料
	(3)建设工程概况
	(4)工程项目质量管理人员名册

BIM 成果交付要求：

① 模型和构件尺寸、形状及位置准确无误，避免重叠构件。

② 制订统一的模型文件、构件、空间、区域的命名规范、标高准则、对象分组原则，不得杂乱无序。

③ 所有构件均有明确详细的几何信息以及非几何信息，数据完整规范，减少冗余。

④ 所有的机电设备、办公家具都有简要模型。

⑤ BIM 模型生成详细的工程量清单表，汇总梳理后与造价咨询公司采用广联达、鲁班等预算软件做清单进行对照检查，出具结论报告。

⑥ 主要功能房、设备房及外立面有渲染图片，室外及室内各个楼层均有漫游动画。

⑦ 提交有价值的碰撞检测报告，含有硬碰撞和间隙碰撞。

⑧ 创建 BIM 施工模型，含塔吊、脚手架、升降机、临时设施、围墙、出入口等，每月更新施工进度，提交重点难点部位的施工建议、作业流程。

⑨ 提供平板电脑随时随地对照检查施工现场是否与 BIM 模型一致，便于甲方、监理的现场管理。

⑩ 可选择性地提供 BIM 模型分析报告，建筑性能及环境分析（采光、通风、能耗、人流等）报告等。

⑪ 由 BIM 模型生成若干个平面、立面、剖面图纸及表格，特别是对构件复杂、管线繁多的部位出具详图，且符合《建筑工程设计文件编制深度规定》的要求。

(3) 针对业主的 BIM 成果交付

BIM 成果交付包括：各专业 BIM 模型的最新版本及整合后的 BIM 模型。模型信息应达到《建筑工程资料管理规程》要求，详见表 6-8。

表 6-8 针对业主的 BIM 成果交付内容

类别编号	工程资料名称
施工管理资料	(1)施工日志
	(2)工程技术文件报审表
施工技术资料	(1)图纸会审记录
	(2)设计变更通知单
	(3)工程变更洽商记录
施工物资资料	(1)主要设备(仪器仪表)安装使用说明书
	(2)智能建造工程软件资料、安装调试说明、使用和维护说明书
	(3)各类进场材料试验报告、复试报告
施工记录	隐蔽验收记录
施工试验资料	(1)各类材料的抗压强度报告、抗渗试验报告、配合比
	(2)探伤报告及记录
	(3)工艺评定
	(4)施工检测运行、试验测试记录
施工记录	(1)结构实体混凝土强度验收记录
	(2)结构实体钢筋保护层厚度验收记录
	(3)钢筋保护层厚度试验报告
	(4)检验批质量验收记录表
	(5)分项工程质量验收记录表
	(6)分部(子分部)工程验收记录表

本章思考题

1. 如何理解工程项目全过程管理？
2. 工程项目全过程各参与方的协同要素有哪些？
3. BIM 协同平台的功能是什么？
4. 项目各方的协同管理包括哪些内容？
5. 项目设计过程中的协同如何体现？
6. 施工应用中的协同如何体现？
7. 竣工验收的 BIM 应用流程是什么？

在线习题

第7章
BIM 技术与装配式建筑

7.1 BIM 技术在预制构件生产过程中的应用

利用工业化生产的方式来建造住宅，是装配式建筑的生产特点。混凝土预制构件关键技术及成套装备作为建筑工业化的基础环节，其研究开发将为实现建筑设计标准化和构件制造工厂化提供专业的技术及设备保障。将 BIM 技术可视化、参数化等优势与预制构件生产加工流水线系统融合，在构件从原材料到成品出厂的生产周期中合理利用，可使生产更加高效、管理更加便捷。

7.1.1 利用 BIM 技术设计构件模板

预制构件模具应具备的高精度、高一致性和高生产率，是其有别于其他加工方法、影响工业化建筑成本的关键。在预制构件的成本组成中，模具的摊销费用占 5%～10%，由此可见，模具的费用对于整个工业化建筑成本也是非常重要的。拥有设计精良的模具，不仅能减少工作量、节约时间，更能节省成本开支。

采用装配工法的工业化建筑较采用传统现浇工法建筑的一个显著特点就是精度得到极大提升。混凝土是塑性材料，成型完全依靠模具来实现，所以工业化预制依赖模具的尺寸精度。无论是已发布的《装配式混凝土结构技术规程》(JGJ 1) 还是地方标准，都强调了模具设计对于工业化的重要性。预制构件生产中，模具周转次数增加后，从成本、生产效率及构件质量角度看，模具设计尤为关键。模具设计师需要结合以往经验，考虑模具的设计使用寿命、通用性以及生产便利性等因素。完成模具设计必须综合考虑成本、生产效率和质量，缺一不可。对任何 PC 构件厂而言，控制好模具加工质量是确保预制构件生产质量的关键前提。通过 BIM 建模软件进行设计，利用其三维可视化、精准化及参数化等优势，可实现设计过程中的自行检查与纠错。BIM 在预制构件模板工程中的作用体现在以下几种情况：

(1) 模板成本控制

BIM 模型是参数化的模型，因此在建模的同时，各类构件就被赋予了尺寸、型号、材料等约束参数。BIM 是经过可视化设计环境反复验证和修改的成果，由此导出的材料设备数据有很高的可信度，如材料统计功能、模板支架搭设汇总表功能，可按楼层、结构类别快速统计出混凝土、模板、钢管、方木等用量。准确的材料用量计算，有效提高了成本管控能力。合理的材料采购、进场安排计划，有利于保障工程进度及成本控制。在工程预算中可以参考 BIM 模型导出的数据，为造价控制、竣工决算提供依据。

(2) 模板方案的编制和优化

装配式建筑模板结构相对复杂，通过传统的平面施工图纸和文字说明难以把握其复杂构造。充分利用 BIM 模型的三维图像显示，可使结构呈现更为形象直观。利用 BIM 虚拟模型进行施工模拟，能准确验证模板工程安全方案的可行性与合理性，主要需查验以下三点：原材料的选配，以及所用架种、构架对施工工程的适用情况。

(3) 可视化审核

通过 BIM 模型可进行 3D 可视化审核，审核人员根据经验，会更专注于模板工程的设计合理性。BIM 模型三维显示效果，有助于技术交底和细部构造的显示；采用 BIM 模型对模板施工中所有可能发生情形的“描述”认知、安全措施、防护手段以及危险预演，包括依照预定的方案进行模拟施工，基于 BIM 技术的设计软件大大提升了建模及模型的应用效率，并解决了过程设计中计算难、画图难、算量难、交底难等四个难题，BIM 技术在可视化、优化性、出图性等方面的创新，为模板工程的发展提供了技术支持，也为控制危险源和降低成本提供了新的技术手段。

7.1.2 BIM 技术在构件生产管理中的应用

运用 BIM 技术在前期深化设计阶段生成的构件信息模型、图纸及物料清单等，帮助构件生产厂商做好采购准备，制订生产计划，并安排技术交底、堆放场地管理和成品物流计划。这提前解决和避免了构件生产全流程中的异常状况。BIM 设计信息导入中央控制室后，通过明确构件信息表、产量排产负荷，进一步确定不同构件的模具套数、物料进场排产、人力及产业配置等信息。随后，根据构件生产加工工序及各工序作业时间，结合项目工期要求，考虑现场构件吊装顺序，排布构件装车计划和生产计划，制订排产计划。

依据 BIM 提供的模型数据信息及排产计划，细化每天所需不同构件生产量、混凝土浇筑量、钢筋加工量、物料供应量及工人班组安排；对同一模台进行不同构件的优化布置，提高模台利用率，相应提升生产效率。设计人员将深化设计阶段完成的构件信息传入数据库，转换成机器可识别的数据格式，进入构件生产阶段。通过控制程序实现自动化生产，减少人工成本，降低出错率，并提高生产效率和精确度。

该阶段作为建造管理的开始，首先对设计方传来的模型进行版本和信息完整性检查。通过后，则需要进行模型数据转换，将设计阶段模型转换为建造管理模型，这一过程通常为模型轻量化操作。转换工作主要有两项：

① 结合整体项目模式确定接收 BIM 模型的方法，一般可以通过中间文件传递，例如 IFC。如果设计可以纳入建造管理环节，则可以通过设计端直接上传平台数据库的方式完成，这可以极大地提高 BIM 平台数据管理效率。

② 根据实际建造需求设计 BIM 模型的数据结构，确定模型转换接口的交付精度，管理模型信息过少或过多均会影响 BIM 管理系统的实际效率。完成数据转换后，系统将自动提取 BIM 模型数据信息，分析并生成装配构件的唯一识别号（ID）及相关属性信息。利用装配构件的 ID 信息，系统将根据构件生产进度或生产方提前录入的顺序自动生成构件标签。目前，应用较为普遍的有二维码纸质标签和 RFID 电子标签两种，其均可以作为构件 ID 的载体，区别主要在于具体的识别方式不同。这个阶段的工作基本上在系统内自动完成，也是实现后续流程的基础。

7.1.3 BIM 在构件加工过程中的应用

在预制构件的生产制造阶段，为了实现构件模型与实际构件的对应以及对预制构件的科学管理，项目计划采用 BIM 结合 RFID 技术增强构件识别性。因此，在构件生产期间，对每个构件植入 RFID 标签，使模型与实际构件一一对应，项目参与人员能够查询和更新 PC 构件数据。

7.1.3.1 无线射频识别

无线射频识别（radio frequency identification），是一种非接触式的自动识别技术，它通过射频信号自动识别目标对象并获取相关数据，识别工作无须人工干预，可工作于各种恶劣环境，RFID 技术可同时识别多个标签，操作快捷方便。近年来，随着物联网概念的兴起和传播，RFID 技术发展迅速。RFID 系统在具体的应用过程中，根据不同的应用目的和环境，组成会有所不同，但从 RFID 系统的工作原理来看，典型的 RFID 系统一般都由电子标签阅读器、中间件和软件系统这些部分组成。

RFID 具有扫描速度快、适应性好、穿透性好、数据存储量大等特点，装配式建筑全生命周期的每个阶段都要依赖信息交换。借助 RFID 技术，能够有效提升装配式建筑从设计、构件生产、运输到施工阶段的全过程信息管理水平。

构件的 RFID 具体信息，在设计阶段作为产品信息设定于 BIM 数据库中。在构件生产的过程中，人员利用构件的设计图纸数据直接进行预制加工，通过对构件生产实时监测，并与构件数据库中的信息不断校正，实现构件预制加工的信息化。工厂加工完成的构件信息录入为构件入库出库信息管理提供了基础，也使加工管理、构件出库、物流运输变得实时而清晰。

7.1.3.2 基于 BIM 的工厂生产信息化技术

（1）信息化自动加工：研究基于 BIM 设计信息的装配式结构构件信息化加工 CAM 和 MES 技术，无须人工二次录入，实现 BIM 信息直接导入加工设备和设备对设信息的自动化加工。

（2）信息化管理系统：研究基于 BIM 设计信息的工厂生产信息化管理技术，无须人工二次录入，实现 BIM 技术直接导入工厂中央控制室，实现工厂生产的信息化管理。

（3）施工平面管理：通过 5D-BIM 模拟工程现场，有针对性地布置临时用水、电的位置，实现工程各个阶段总平面各个功能区的动态优化配置和可视化管理。

（4）工序工艺模拟及优化：基于 BIM 三维构件装配模型，对构件吊装、支撑、构件连接、安装以及机电等其他专业的现场装配方案进行工序、工艺模拟以及优化。

（5）可视化建造：通过移动终端，实时查看装配式建筑的装配要点、细节节点，展示在安装操作过程中保证构件、设备、部品件等的安装精准性和协同性。

（6）全过程信息追溯：结合物联网 RFID 技术，通过移动终端，实时查看构件、部品件的生产、运输过程信息，实现设计、生产、装配全过程的信息共享和可追溯。

（7）人员管理：实现对各工作面的劳务队伍的基础信息、进出场情况、劳务人员的考勤记录管理，便于对不同作业区人员到岗情况的监控。

7.2 BIM 技术在装配式建造过程中的应用

BIM 技术在装配式建筑建造过程中的应用主要体现在施工准备阶段的应用、基于 BIM 的现场装配信息化管理、施工模拟在施工中的应用以及施工实施和竣工交付阶段的应用。

7.2.1 BIM 技术在施工准备阶段的应用

(1) 利用 BIM 技术对构件进行精细化管理

基于 BIM 的装配式结构设计方法中，预制构件在施工现场进行有效装配是施工的主要任务。同时，BIM 技术注重全生命周期的信息管理，工程各阶段的信息传递与共享至关重要，所以现场施工的另一个主要任务是进行施工阶段信息的采集、传递与基于 BIM 的装配式结构设计、生产、施工的信息传递，设计时从预制构件库中查询调用预制构件，可以进行装配式结构的预设计，经分析和优化后的 BIM 模型，结合施工单位的进度模拟，指导预制构件的生产和运输，预制构件在现场装配施工设计的 BIM 模型向实体建筑转化。但是，现场施工的预制构件与 BIM 模型之间的关联与信息共享的问题并未解决。实际施工过程中的信息必须上传到 BIM 模型中，实现信息共享才能实现工程的全生命周期管理。因此，建立 BIM 模型和施工现场的预制构件一一对应联系才是关键。

（2）优化整合预制构件生产流程

装配式建筑的预制构件生产阶段是装配式建筑生产周期中的重要环节，也是连接装配式建筑设计与施工的关键环节。为了保证预制构件生产中所需加工信息的准确性，预制构件生产厂家可以从装配式建筑 BIM 模型中直接调取预制构件的几何尺寸信息，制订相应的构件生产计划，并在预制构件生产的同时，向施工单位传递构件生产的进度信息。为了保证预制构件的质量和建立装配式建筑质量可追溯机制，生产厂家可以在预制构件生产阶段为各类预制构件植入含有构件几何尺寸、材料种类、安装位置等信息的芯片，通过 RFID 技术对预制构件进行物流管理，提取钢筋的等级等参数信息。所有的设计数据及参数可以通过条形码的形式直接转换为加工参数，实现装配式建筑 BIM 模型中的预制构件设计信息与装配式建筑预制构件生产系统直接对接，提高装配式建筑预制构件生产的自动化程度和生产效率。

（3）BIM 装配式建造管理系统介绍

BIM 建造管理的核心在于形成可视化信息管理平台。平台框架具体分为 6 个模块，分别是：项目管理、模型转换、识别（ID）管理、质量控制、进度追踪和实时监控。其中，ID 管理和质量控制是整个建造过程成功管理的关键。

① 项目管理。项目管理模块负责对建造过程中人员、构件和设备等基本信息的统计和管理。该模块为业主、设计方、生产方和施工方分配相应权限，同时提供构件的属性信息和装配修改信息，这既能便于建造人员跟踪进度和质量等信息，也可以提高管理人员的管理效率。

② 模型转换。模型转换模块负责设计阶段模型的对接和平台模型的管理。该模块首先承接设计阶段，接收设计模型等相关数据，然后将其转换为管理平台所需格式的模型数据。接收设计文件可以通过文件方式开发接口系统对接现有的不同设计软件，也可通过进程间通信方式或网络接口通信方式实现。最后，该系统将建造过程所需的模型进行三维显示，该过程中进行模型轻量化处理将有利于增加平台的灵活性和适用性。

③ ID 管理。ID 管理模块负责构件的属性与 ID 的管理，包括提取建造过程中的管理模型、自动分配构件 ID 以及构件标签的生成。该模块通过向数据库提取管理模型，基于设定算法对模型中的构件进行自动 ID 分配和信息存储。标签即构件 ID 的物理载体，通常使用二维码/RFID 等方式，该模块最终实现 ID 信息的实体化。

④ 质量控制。质量控制模块负责建造过程中构件质量和装配结果的检测。该部分对接激光扫描结果，基于设定的阈值对被检测对象的质量进行分析判断。质量分析结果将被反映到管理平台的模型中，并通过系统内部分发给权限指定的相关建造人员和管理人员。相关人员可以协同生成变更数据，同时管理平台将更新项目建造计划。

⑤ 进度追踪。进度追踪模块负责收集构件的位置、状态和安装结果等信息。管理人员首先通过该模块对构件建造计划进行维护和管理，常规的建造计划主要是建造进度中的时间节点。该模块分别将计划和实际建造的状态信息添加到管理模型的属性信息中，实现 4D 管理。如果监测到进度异常，系统将自动向权限指定的相关建造人员和管理人员发送问题报告。

⑥ 实时监控。实时监控模块负责整体进度模型的 4D 展示和建造状态评估。该模块是主要的 BIM4D 展示模块，包括整体模型中全部构件的阶段进度、安装结果以及质量监测等信息。同时，该模块还将基于设定算法对整体的建造状态给出智能分析结果。

7.2.2　基于 BIM 的现场装配信息化管理

BIM 技术应用于装配式建筑施工过程中的各个环节，实现建筑信息的集成与共享，通过搭建信息化平台实现对建筑施工全过程的信息集成化管理，包括信息的提取、插入、更新和修改，改变了传统建筑业的管理方式。将 BIM 技术应用于装配式建筑施工中，能够解决传统施工过程中各阶段、各专业之间信息不通畅、沟通不到位等问题，确保工程施工加工构件高效配送，达到现场零库存的建造目标。

预制构件的堆放应符合下列规定：

① 场地应平整、坚实，并应有良好的排水措施。

② 应保证最下层构件垫实，预埋吊件宜向上，标识宜朝向堆垛间的通道。

③ 垫木或垫块在构件下的位置宜与脱模、吊装时的起吊位置一致。重叠堆放构件时，每层构件间的垫木或垫块应在同一垂直线上。

④ 堆垛层数应根据构件与垫木或垫块的承载能力及堆垛的稳定性确定，必要时应设置防止构件倾覆的支架。施工现场堆放的构件，宜按安装顺序分类堆放，堆垛宜布置在吊车工作范围内且不受其他工序施工作业影响的区域。

⑤ 预应力构件的堆放应考虑反拱的影响。墙板构件应根据施工要求选择堆放和运输方式。对于外观复杂的墙板宜采用直立堆放、直立运输的方式。插放架、靠放架应有足够的强度、刚度和稳定性。采用靠放架直立堆放的墙板宜对称靠放、饰面朝外，倾斜角度不宜小于 80°。通过对构件的预埋芯片，实现基于构件的设计信息、生产信息、运输信息、装配信息的信息共享，通过安装方案的制订，明确相对应构件的生产、装车、运输计划。依据现场构件吊装的需求和运输情况的分析，通过构件安装计划与装车、运输计划的协同，明确装车、运输构件的类型及数量，协同配送装车、配送运输，保证满足构件现场及时准确的安装需求。项目施工过程是一种多因素影响的复杂建造活动，往往在实施过程中参与方较多，甚至出现多工种、多专业同时交叉作业的情况，故在施工前期对其场地进行合理的优化布置很有必要。合理的场地功能分区及布置，有利于后期施工过程的准确高效进行，对施工安全质量的保障作用重大。通过已建立的模型，可对施工平面组织、材料堆场、临时建筑及运输通道进行模拟调整，并安排建筑机械（塔式起重机、施工电梯等）；利用 BIM 模型的分阶段工程量统计功能，结合施工进度分阶段统计工程量、计算体积，进而将人工与机械使用安排相协调，实现施工平面组织与设备材料进场的合理统筹。具体组织如下：

对现场临时建筑进行模拟，科学计划施工时间和空间场地堆放的布置；通过 BIM 模型分析各建筑以及机械等之间的关系，分阶段统计出现场材料的工程量，合理安排该阶段材料堆放的位置和堆放所需的空间，有利于现场施工流水段顺利进行机械运输（包括塔式起重机、施工电梯）等安排。通过 BIM 模拟施工进度，能够显示整个施工进度中塔式起重机的安装及拆除过程、现场塔式起重机的位置以及高度变化情况。

基于 BIM 软件中的场地建模功能，可对项目整体分区及周边交通进行三维建模布置，包括功能分区划分、交通要道组织等。通过三维可视化的展示，可对其布置的方案进行检查，通过 BIM 软件模拟工程现场的实际情况，有针对性地布置临时用水、工程施工各个阶段总平面各功能区（构件及材料堆场、场内道路、临建等）实施动态优化配置和可视化管理。

7.2.3　装配现场施工关键工艺展示

对于工程施工的关键部位，如预制关键构件及部位的拼装，其安装相对比较复杂，因此合理的安装方案非常重要。正确的安装方法能够省时省力，传统方法只有在工程实施时才能得到验证，容易造成二次返工等问题。同时，传统方法是施工人员在完全领会设计意图之后，再传达给建筑工人，相对专业性的术语及步骤对于工人来说难以完全领会。基于此，能够提前对重要部位的安装进行动态展示，提供施工方案讨论和技术交流的虚拟现实信息，基于 BIM 的装配式结构设计方法中调整优化后的 BIM 模型可用于指导构件的生产和装配式结构的施工。进度模拟能够优化预制构件装取施工的过程，并能够体现预制构件在施工时的需求量，所以利用进度模拟指导预制构件的生产和运输，可保障预制构件的及时供应以及施工现场的“零堆放”。通过进度模拟，可清晰了解每个时间点所需的预制构件数量。基于 BIM 模型，可与预制构件厂商商议订货事宜。每个预制构件的进场时间等信息可附加到 BIM 模型的进场日期属性中，并通过时间呈现状态，如已完成状态；施工方可方便地管理控制施工现场，并实时监控预制构件的生产和运输情况。预制构件厂可以根据需要直接从预制构件库中调取构件进行生产，不再需要复杂的深化设计过程。在复杂工程中的某些复杂节点技术交底时无法对其特点、施工方法进行详尽说明，这时可采用三维可视化施工交底。但是有时三维可视化施工也不能满足要求，则需要进行复杂节点的施工模拟，使施工人员迅速了解施工过程与方法。

7.2.4 装配现场的进度信息化管理

施工进度可视化模拟过程实质上是一次根据施工实施步骤及时间安排计划对整体建筑、结构进行高度逼真的虚拟建造过程。根据模拟情况，可对施工进度计划进行检验，包括是否存在空间碰撞、时间冲突、人员冲突及流程冲突等不合理问题，并针对具体冲突问题，对施工进度计划进行修正及调整。计划施工进度模拟是将三维模型和进度计划集成，实现基于时间维度的施工进度模拟。可以按照天、周、月等时间单位进行项目施工进度模拟，对项目的重点或难点部分进行细致的可视化模拟，进行诸如施工操作空间共享、施工机械配置规划、构件安装工序、材料的运输堆放安排等。施工进度优化也是一个不断重复模拟与改进的过程，以获得有效的施工进度安排，达到资源优化配置的目的。通过将 BIM 与施工进度计划相链接，将空间信息与时间信息整合在一个可视的 4D 模型中，可以直观、精确地反映整个建筑的施工过程。基于 BIM 的虚拟建造技术的进度管理通过反复的施工过程模拟，让那些在施工阶段可能出现的问题在模拟的环境中提前发生，并提前制订应对计划，使进度计划和施工方案最优，再用来真正地做到前期指导施工、过程把控施工、结果校核施工，实现项目的精细化管理。为了有效解决传统横道图等表达方式可视化不足等问题，通过 BIM 模型与施工进度计划的链接，将时间信息附加到可视化的三维空间模型中，不仅可以直观、精确地反映整个建筑的施工过程，还能够实时追踪当前的进度状态，分析影响进度的因素，协调各专业，制订应对措施，以缩短工期、降低成本、提高质量。目前常用的施工管理系统或施工进度模拟软件很多，其基本的实施过程大致可分为以下几个步骤：

① 将 BIM 模型载入；

② 编写施工计划进度表；

③ 将计划进度表与 BIM 模型关联；

④ 制订构件运动路径，并与时间关联；

⑤ 设置动画视点并输出施工模拟动画。

7.2.5 装配现场的商务合约和成本信息化控制

工程项目的成本控制与管理，是指施工企业在工程项目施工过程中，将成本控制的观念充分渗透到施工技术和施工管理的措施中，通过实施有效的管理活动，对工程施工过程中所发生的一切经济资源和费用开支等成本信息进行系统的预测、计划、组织、控制、核算和分析等一系列管理工作，使工程项目施工的实际费用控制在预定的计划成本范围内。由此可见，工程施工成本控制贯穿于工程项目管理活动的全过程，包括项目投标、施工准备、施工过程、竣工验收阶段，其中的每个环节都离不开成本管理和控制。

工程量是以自然计量单位或物理计量单位表示的各分项工程或结构构件的工程数量。工程造价以工程量为基本依据，工程量计算得准确与否，直接影响工程造价的准确性，以及工程建设的投资控制。工程量是施工企业编制施工作业计划，合理安排施工进度，组织现场劳动力、材料以及机械的重要依据，也是向工程建设投资方结算工程价款的重要凭证。传统算量方法依据施工图（二维图纸），存在工作效率较低、容易出现遗漏、计量精度不高等问题。使用 BIM 模型取代图纸，直接生成所需材料的名称、数量和尺寸等信息，通过此模型，系统能识别模型中的不同构件，并自动提取建筑构件的清单类型和工程量（如体积、质量、面积、长度等）信息，自动计算建筑构件的资源用量及成本，用以指导实际材料物资的采购。而且 BIM 对于图纸的信息将始终与设计保持一致，在设计出现变更时，该变更将自动反映到所有相关的材料明细表中，造价工程师使用的所有构件信息也会随之变化。实现主分包合同信息的关联，工程合同管理是对项目合同的策划、签订、履行、变更以及争端解决的管理，其中合同管理伴随着整个项目全生命周期信息的传递和共享。工程量清单算量明细表外，对于进度款的申请与支付方面，传统模式下工程进度款申请和支付结算工作较为烦琐，基于 BIM 能够快速准确地统计出各类构件的数量，减少预算的工作量，且能形象、快速地完成工程量拆分和重新汇总，为工程进度款结算工作提供技术支持。

7.3　BIM 技术与装配式施工模拟

通过结合 BIM 技术和仿真技术进行数字化施工模拟，使各种施工环境、施工机械及人员等以模型的形式出现，以此来直观显现实际施工现场的施工布置、资源的消耗等。由于模拟的施工机械、人员、材料是真实可靠的，所以施工模拟的结果可信度很高。

(1) 施工模拟的优势

施工模拟具有的优势主要体现在以下几个方面：

① 先模拟后施工。在实际施工前对施工方案进行模拟论证，可观测整个施工过程，对不合理的部分进行修改，特别是对资源和进度方面实行有效掌控。

② 协调施工进度和所需要的资源。实际施工的进度和所需要的资源受到多方面因素的影响，对其进行一定程度的施工模拟，可以更好地协调施工中的进度和资源使用情况。

③ 可靠地预测安全风险。通过施工模拟，能够提前发现施工过程中可能出现的安全问题，并制订方案规避风险，同时减少设计变更，节省资源。

④ 确保施工进度。通过将 BIM 模型与施工进度计划数据相关联，将空间信息与时间信息整合在同一个可视模型中，可以直观、精确地反映整个建筑的施工过程。施工模拟应用于项目整体建造阶段，可真正做到前期指导施工、过程把控施工、结果校核施工，实现项目的精细化管理。

(2) 施工模拟的内容

① 施工平面布置。施工平面布置应有序、有条理，尽量减少对施工用地的占用，使平面布置紧凑合理，同时做到场容整齐清洁、道路畅通，符合防火安全及文明施工的要求。施工过程中应避免多个工种在同一场地、同一区域进行施工而相互牵制、相互干扰。施工现场

应设专人负责管理，使各项材料、机具等按已审定的现场施工平面布置图的位置堆放。根据建立的 BIM 三维模型及搭建的各种临时设施，实现对施工场地的布置，合理安排塔式起重机、库房、加工场地和生活区等的位置，合理规划和优化现场施工场地布局。

② 编制专项施工方案。通过 BIM 技术指导编制专项施工方案，可以直观地对复杂工序进行分析，将复杂部分简单化、透明化，提前模拟方案编制后的现场施工状态，对现场可能存在的危险源、安全隐患、消防隐患等提前排查，对专项方案的施工工序进行合理排布，有利于增加方案的专项性、合理性。

专项施工方案编制过程中，运用 BIM 系统模型进行真实模拟，从中找出实施专项方案中的不足。在施工过程中，通过工艺的三维模拟，对施工操作人员进行可视化交底，使施工难度降到最低。通过 BIM 模型添加复杂节点的位置，节点展示配合碰撞检查功能，将大幅提高深化设计阶段的效率，同时为模型准确施工提供支持。

通过 BIM 模拟视频对现场施工技术方案和重点施工方案进行优化设计、可行性分析及可视化技术交底，进一步优化施工方案，提高施工方案质量，有利于施工人员更加清晰、准确地理解施工方案，避免施工过程中出现错误，从而保证施工进度、提高施工质量。

③ 装修一体化施工。土建装修一体化作为工业化的生产方式可以促进全过程生产效率的提高，将装修阶段的标准化设计集成到方案设计阶段，可以有效对生产资源进行合理配置。通过整体卫生间等统一部品的 BIM 模拟安装，可以实现设计优化、成本统计、安装指导。将商品信息都集成到 BIM 模型中，为内装部品的算量统计及产业链中各参与方提供数据支持。对装修需要定制的部品和家具，可以在方案阶段与生产厂家对接，使家具在工厂批量化生产，同时预留好土建接口，按照模块化集成的原则确保其模数协调、机电支撑系统协调及整体协调。为保证装修一体化施工效果，装修设计工作应在建筑设计时同期开展，合理划分为厨房模块、卫生间模块等功能区域。

④ 有效的碰撞检查。BIM 技术在碰撞检查中的应用可分为单专业碰撞检查和多专业碰撞检查，多专业的碰撞检查是指建筑、结构、机电专业间的碰撞；单专业的碰撞检查是因为构件管道过多，需要分组集合分别进行碰撞检查。预制构件在工厂预制，然后运输至施工现场进行装配安装，如果在施工过程中构件之间发生碰撞，需要对预制构件开槽切角，而预制构件在成型后不能随意开洞开槽，因此需要重新运输预制构件至施工现场，造成工期延误和经济损失。预制构件的碰撞检查主要是发现预制构件间及预制构件与现浇结构间的碰撞。因此在碰撞检查中 BIM 的优势主要体现在以下几个方面：

a. BIM 技术能将所有的专业模型都整合到一个模型中，然后对各专业之间以及各专业自身进行全面的碰撞检查。由于 BIM 模型是按照真实的尺寸构建的，所以在传统的二维设计图纸中不能展现出来的深层次问题在模型中均可以直观、清晰、透彻地展现出来。

b. 全方位的三维建筑模型可以在任何需要的地方进行剖切，并调整好该处的位置关系。

c. BIM 软件可以全面检查各专业之间的冲突矛盾问题并提前反馈给各专业设计人员来进行调整解决，基本上可以消除各专业的碰撞问题。

d. BIM 软件可以对各预制构件的连接进行模拟，如预制主梁的大小和开口位置，与预制次梁的连接等。

e. 可以对管线的定位标高明确标注，并且直观地看出各楼层高度的分布情况，很容易发现二维图中难以发现的问题，达到优化设计的效果。

f. 在装配式工程施工中，通过 BIM 技术改变传统的思路与做法，转由借助三维技术呈现技术方案，使装配式建筑施工重点、难点部位可视化，提前预见问题，确保工程质量，加快工程进度。

本章思考题

1. BIM 技术在预制构件生产过程中的应用有哪些？
2. 无线射频识别技术的概念是什么？
3. BIM 技术在装配式建筑建造过程中的应用有哪些？
4. BIM 技术应用于装配式施工模拟的优势是什么？
5. BIM 技术如何实现装配式施工模拟？

在线习题

第8章 BIM技术与GIS技术应用

8.1 BIM与IFC标准

数据格式（data format）是描述保存在文件或记录中的规则，它可以是数值、字符或二进制数等形式，任何数字技术的发展都与标准化的数据格式的制定有着密不可分的关系，如果没有统一的标准，就会出现协同实时性不足、工作效率降低、信息交互性不足、档案衔接困难、功能无法使用以及重要数据丢失等问题，影响该技术的持续发展。

BIM技术经过了多年的发展，各细分领域均出现了一系列相关软件，各种软件开发方也为其制定了不同的数据格式，诸如rvt、dwg、fbx、obj、3ds、dgn、skp等。目前国际上和行业内最为通用的BIM标准是由国际协同联盟（the International Alliance of Interoperability，IAI）制定并推广的工业基础类IFC标准。现阶段市场上主流的BIM相关软件，如Revit、Bentley、Tekla等，都为用户开发和提供了基于IFC标准的数据接口，各软件之间按照IFC标准进行统一格式的数据交换，为BIM技术的协同合作在工业领域中的实际应用提供了数据支持。

8.1.1 IFC数据特征

IFC是一种可以使用数字化工具进行处理的建筑数据表达与交换标准。其价值是提供一种规范的、统一的机制来描述建筑项目整个生命周期中的所有数据，并为建筑行业不同阶段和部门之间的数据交换提供标准化的支持。IFC标准采用Express语言描述数据定义所有用到的数据。软件开发商只需要按照IFC的数据处理标准来表示和调用自己的数据，向软件用户提供符合标准的数据输入接口和输出接口，使用者在这种环境里就可以轻松实现与其他同样按照IFC标准设计的软件进行数据互通。

IFC标准以IFC大纲（IFC Schema）作为其工作的核心架构，该架构将建筑工程项目全生命周期内的所有信息数据按照四个概念层级进行描述，四个层级的关系层层递进，由低到高分别为资源层、核心层、共享层和领域层，如图8-1所示。

① 资源层（IFC-Resource Layer）。资源层位于IFC层次架构的底层，描述了项目全部的基础资源信息，其中每个资源都是相互独立的，不受具体建筑和具体领域的限制，但其作为通用资源无法独立使用，只能被上层资源引用，具有普适性和通用性。

② 核心层（IFC-Core Layer）。核心层包含核心和核心扩展两个独立模块，在整个IFC大纲中担任承上启下的角色。它负责组织归纳好分散在资源层的海量数据，生成一个可以描述真实实体构件和抽象工作过程的IFC模型的基本结构，根据相关法律法规和行业现行规范来定义流程、控制和产品等抽象的概念。

③ 共享层（IFC-Interoperability Layer）。共享层直接为上层领域层的数据提供处理服务，领域层的数据需要共享交流时，也需要通过共享层进行，并除此之外共享层还对各个系统的组成元素进行精细化分类与处理。

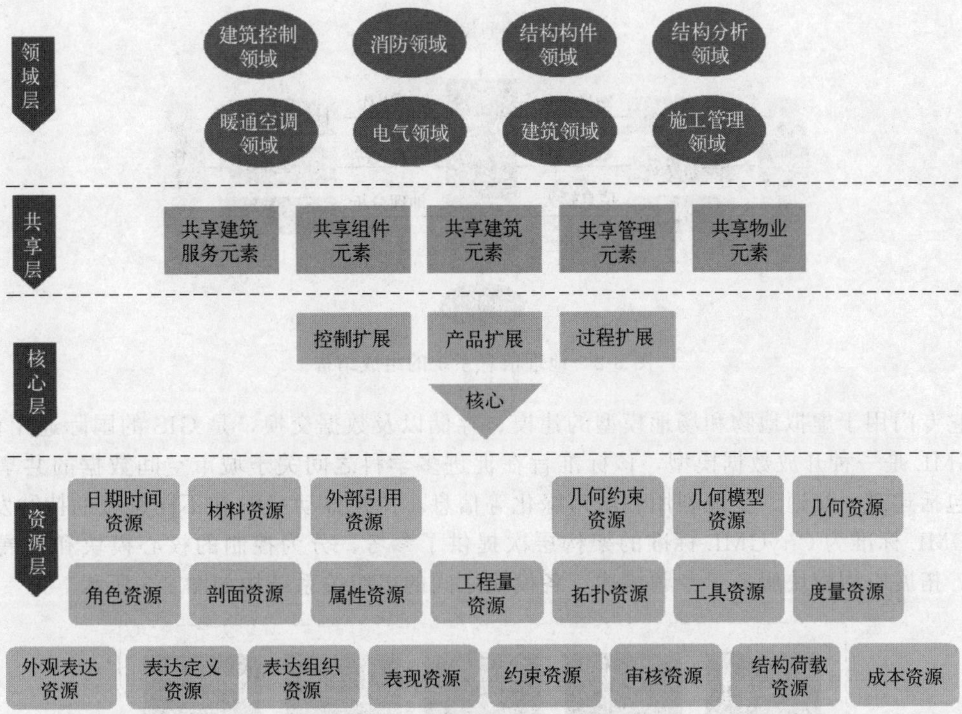

图 8-1　IFC Schema 层次架构

④ 领域层（IFC-Domain Layer）。领域层是整个 IFC 层次架构的顶层结构，覆盖各专业领域，根据不同专业的法律法规和规则规范为其定义各种实体模型，形成该领域专属的信息。

为保证整个 IFC 层次架构的稳定性，各个层级只被允许引用当前层级的数据信息或低层级的数据信息，例如共享层的信息数据只能通过资源层或核心层生成，不能涉及领域层的信息数据。

8.1.2　GIS 技术介绍

GIS 的概念诞生于 1967 年，由加拿大学者 R. F. Tomlison 提出。现在的 GIS 系统主要由四个部分构成：硬件系统、软件系统、操作人员和空间数据，如图 8-2 所示。其中，硬件系统是计算机、数字化仪、扫描仪和绘图仪等设备；软件系统是 GIS 的核心，是具有数据采集和处理、数据库管理、查询与显示、空间分析和地图绘制等功能的各种程序；应用人员是指 GIS 的创建者和用户；空间数据是 GIS 的处理和研究对象，不仅包含常规数据的专题属性，更为重要的是其包含了位置信息这一空间属性，这也是 GIS 数据有别于其他数据的最显著特征。

空间数据作为 GIS 的研究对象，决定了其应用领域非常广泛，特别是在与地物空间分布联系紧密的区域地理环境研究和城市管理等领域。GIS 核心的空间分析功能使其可以帮助解决复杂的规划、决策和管理等问题。

8.1.3　CityGML 标准概述

CityGML 全称为城市地理标记语言（city geography markup language），是由开放地理空间信息联盟（open geospatial consortium，OGC）开发并推广的开放数据模型和交互标

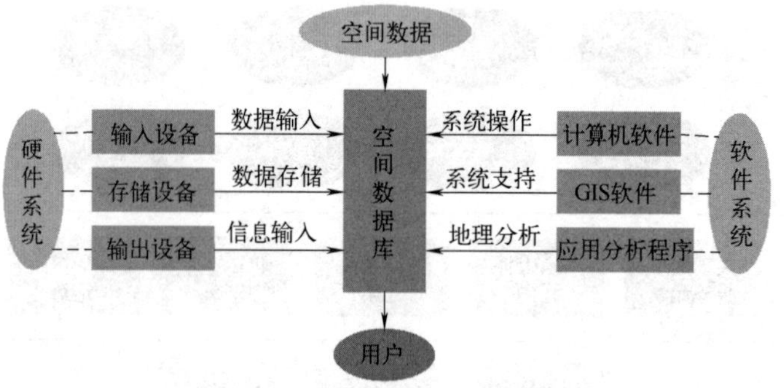

图 8-2 地理信息系统的组成结构

准。它专门用于虚拟地物和场地模型的建模、存储以及数据交换，是 GIS 的国际通用标准。CityGML 是一种开放数据模型，该标准旨在促进多学科之间关于城市空间数据的共享和使用，包括建筑、交通、土地利用和城市绿化等信息，持续推动 GIS 在不同领域的持续发展。

GML 标准为 CityGML 标准的架构层次提供了参考，分为控制的核心模块和拓展应用模块，拓展应用模块服务于专题描述，各模块之间的组织关系结构如图 8-3 所示。

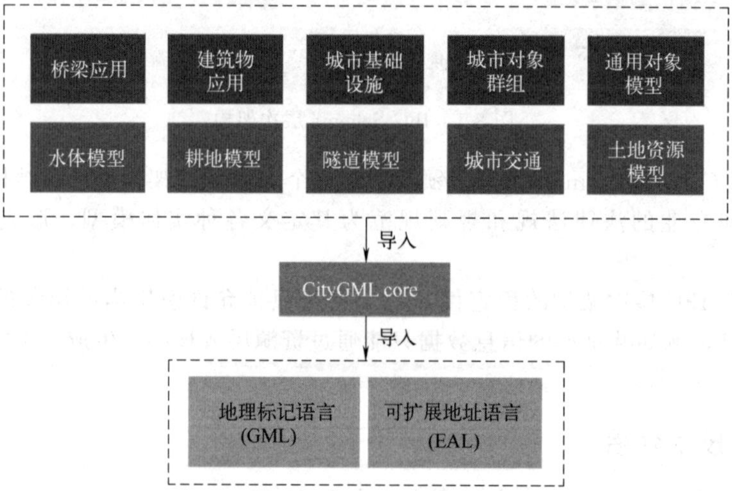

图 8-3 CityGML 的层次架构

CityGML 标准的核心构成元素是现实世界中的建筑物、水体、道路和桥梁等实体。该标准将与这些实体有关的所有数据，包括几何形状、拓扑关系、语义描述和外在特征等信息作为其属性数据。同时为每个要素划分了明确的类别，建立起一个多层次的空间属性框架。CityGML 标准支持多样化的表现方式，既能够展示不含属性信息的精简单体模型，也能够展现结构复杂、语义信息丰富的多尺度模型。基于此标准构建的模型不仅包含几何和语义两类数据，且两者之间存在直接对应关系，确保了几何信息与语义信息的一致性和协同表达。

8.1.4 IFC 到 CityGML 各层级转换

数据在由 IFC 向 CityGML 转换的过程中，关键环节是根据 CityGML LOD 各层级的需求，在 IFC 数据库中选择对应的实体，以确保转换后的 CityGML 模型能精准反映建筑物不同的细节层次，从而满足不同应用场景下对建筑物模型细节的需求。需要补充指出，LOD0

级别仅描述了建筑物的底层轮廓，LOD1 级别在 GIS 平台中也可通过拉伸建筑物底部的矢量图形获得，因此在 IFC 向 CityGML 转换的实际应用中一般不考虑向 LOD0 和 LOD1 进行转换。图 8-4 展示了由 IFC 向 CityGML 的转换步骤。

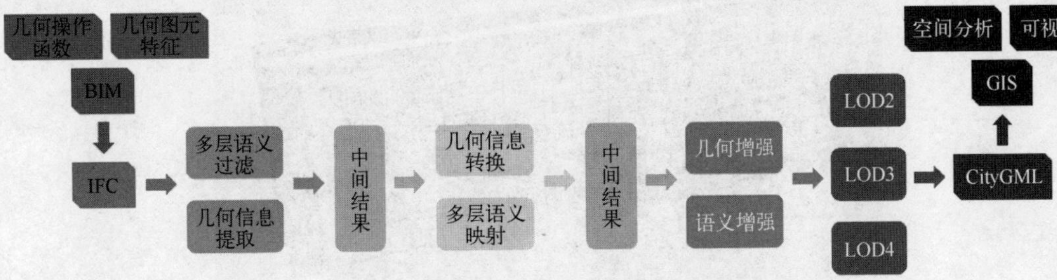

图 8-4 由 IFC 向 CityGML 的转换步骤

8.2 系统开发平台的选择

8.2.1 BIM 建模平台的选择

在建设工程领域，没有任何一个软件能够满足建筑设计、施工和运维阶段的所有需求，每个软件都有其独特的功能来满足使用者不同的需求。

目前建筑行业中比较常见的三维建模平台主要包括 Trimble 公司开发的 SketchUP、广联达公司开发的 BIMMAKE、Autodesk 公司开发的 Revit 系列软件等。这些软件被广泛应用于建筑物的空间布局展示和模拟分析。然而，由于不同的三维建模软件和平台采用不同的数据存储方法，导致它们各自拥有不同的数据格式，进而影响了软件之间的互操作性。

(1) SketchUP

SketchUP 是由美国 Last Software 公司开发的三维建筑建模设计软件。当前，它在建筑、园林、城市景观规划以及室内装饰设计等诸多领域得到广泛应用。该软件拥有独创的“推拉”建模方式，还具备强大的材质库。SketchUP 除了最主要的三维建模功能之外，还具有三维参数化模型导入与导出、模拟三维场景动画漫游等功能，因其后来被 Google 收购，还能无缝衔接到 GoogleEarth 平台，实现虚拟城市的搭建。

SketchUP 绘制的模型支持自由切割以生成二维剖面图，方便观察建筑物内部的构造，它还具有良好的文件格式兼容性，能够处理包括 dwg、3ds、jpg 在内的多种格式的数据。但 SketchUP 模型的构建精度存在一定限制，细节也不够丰富，这使得出图质量较为普通。最重要的是其模型并不包含构件的任何属性信息，因此仅适用于视觉呈现方面工作，无法在工程施工过程中给出技术参考。图 8-5 展示了在 SketchUP 中创建一个三维建筑的效果。

(2) BIMMAKE

BIMMAKE 是基于图形和参数化建模技术，应用于施工全过程的专业化应用软件，拥有完全的自主知识产权。这款软件的研发立足于国内施工 BIM 的需求，契合本土化操作习惯，具备 GTJ 翻模以及一键处理扣减关系等智能化功能。它支持 3ds、dxf、cad、igms 和 xml 等各类型文件的导入与导出，一模多用能力较强。但与国外较成熟 BIM 软件相比，它在实现某些高级功能，比如高度自主化定制构件、材质库的转移与映射等方面仍存在不足，在实际使用中将大型模型转换成其他格式或链接到其他软件中时也容易出现构件丢失或移位

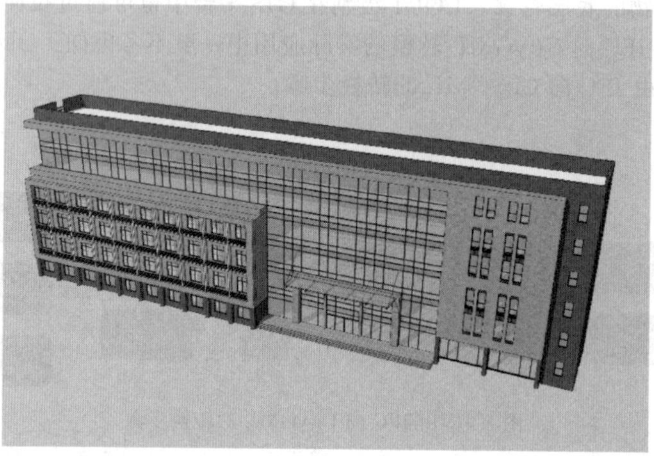

图 8-5 SketchUP 三维建模

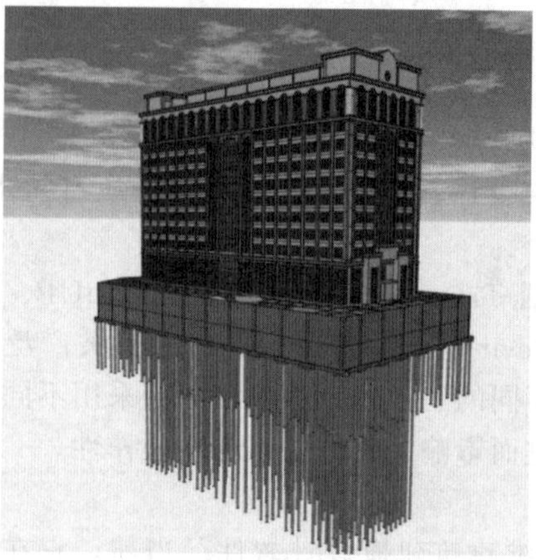

图 8-6 BIMMAKE 三维建模

的现象。图 8-6 展示了在 BIMMAKE 中创建三维建筑的效果。

(3) Revit

Revit 是一款由 Autodesk 公司开发的 BIM 软件，集成了设计、协作、分析和文档生成等诸多功能，使其在 BIM 行业内拥有广泛的应用场景。Revit 为不同领域的用户提供了丰富的工具和功能，支持建筑规划设计阶段、施工阶段、运营阶段和废弃阶段等建筑的全生命周期，包括建筑、结构、机电、暖通空调和景观设计等多个专业领域的协同工作。同时，Revit 在使用过程中能够与 Autodesk 旗下其他产品无缝链接，例如 AutoCAD、3DsMax、Navisworks 等，从而为设计过程提供更多应用工具和技术支持，提供更加完备、可持续和智能的建筑工程解决方案。Revit 在不断地发展和优化过程中为建筑、工程和施工产业（architecture，engineering & construction，AEC）的降本增效提供了许多技术支持。图 8-7 展示了在 Revit 中创建一个三维建筑的效果。

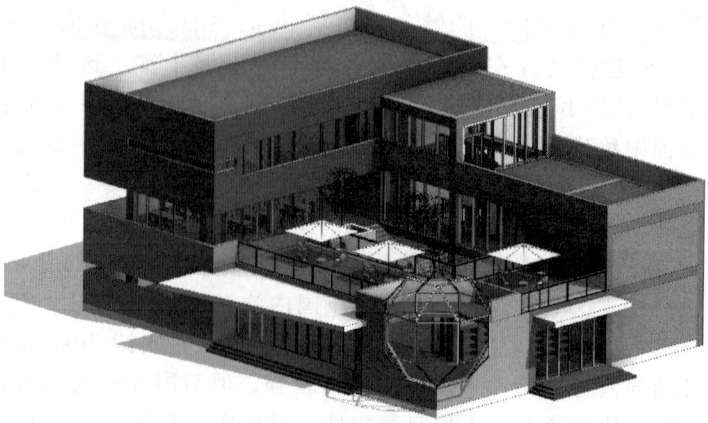

图 8-7 Revit 三维建模

Autodesk 公司为用户提供了一定程度的可扩展性和客制化操作性，允许用户使用其提供的应用程序编程接口（application programming interface，API）和软件开发工具包（software development kit，SDK）进行功能扩展，以满足特定的业务需求。Revit API 是 Autodesk 公司针对 Revit 开发的，用于提供与软件进行集成交互的应用程序接口。软件工程师可以通过预定义的类、函数和变量等编程元素访问或修改 Revit 现有的数据和功能，比如创建新的建筑族（famliy）、修改和删除现有的族、查询和修改族的属性以及创建和修改视图等，并且可以编写自定义程序和插件，以便于根据实际需要扩展软件的功能和工作范围。

除了通过开放的 API 接口进行相应的功能拓展以外，Revit 还可以与其他程序文件通过 IFC、STL、DWG、DGN 等格式进行数据对接与交互。例如将在 Revit 中建好的模型导出为 IFC 格式，并在 Tekla 中导入和分析模型，帮助结构工程师在 Tekla 中使用 Revit 的数据来设计和分析结构；将在 Revit 中建好的模型导入到 Rhino 中，建筑设计师可以使用 Rhino 的渲染工具对模型进行高质量的渲染和可视化操作；Revit 与 Navisworks 相互集成，可以将时间因素通过 Navisworks 的 4D 建筑施工进度模拟工具引入建筑模型中，帮助建设方和施工方对施工过程进行模拟，帮助制订更加科学高效的施工进度计划，还能够使用 Navisworks 的碰撞检查分析功能，降低后期修改的成本；将 Revit 与 Civil 3D 相结合可以辅助处理海量的地形高度、地形分析和勘探资料等地形数据，辅助规划分析建筑物所处的环境。

8.2.2 GIS 平台的选择

在 GIS 开发平台选择的过程中，必须全面评估各种因素，包括但不限于数据的存储格式、BIM 模型渲染能力、开发工作量的大小以及对多元数据的处理能力等，避免因集成应用过程中的开发负担过重或普适性较低而导致不利后果。可靠性原则、可操作性原则和先进性原则是在选择与使用 GIS 平台时需重点考虑的原则。例如，由于不同软件商针对的市场不同，所开发的 GIS 平台在空间属性管理、LOD 处理技术、数据融合能力等方面存在一定的差异，因此在决策时应充分考虑这些差异可能带来的影响，确保项目顺利进行。

从 20 世纪 80 年代开始，随着地理信息技术的进步，三维可视化逐步成为该领域的研究热点。为满足日益增长的技术需求，国际市场上出现了众多领先的软件和平台，如 GoogleEarth、Skyline 和 ArcGIS 等，这些产品凭借其先进的功能和广泛的应用，推动了 GIS 技术的快速发展。尽管国内在这一领域起步较晚，但也成功研发出一系列既符合国际标准又紧密结合国内工程实际需求的 GIS 软件，包括伟景行数字科技开发的 CityMarker、北京超图软件开发的 SuperMap 系列、中地数码开发的 MapGIS 以及中国地质大学开发的 MapGIS 等，这些本土 GIS 产品正逐步展现出强劲的市场竞争力和应用潜力。

（1）GoogleEarth

GoogleEarth 是由 Google 公司开发的全球卫星影像软件，通过网络访问包含遥感图片和航空图片的海量数据库，用户可以获取、判读和标注已知地域上的地物、地貌等实时地理信息。GoogleEarth 的影像主要来自 Quick Bird 商业卫星和 Blue Sky、Sanborn 等航片公司，根据人类活动是否密集划定了不同分辨率的地区。这些海量的卫星影像以及众多用户上传添加的地标、航迹、KML 地图和地貌景观等共同构建了一个庞大且多元的地理信息可视化数据库，它不仅涵盖了几乎全球各地的地理特征，还包含了丰富的人文信息，为用户提供了一个全面了解地球的独特视角。GoogleEarth 虽然在处理地理模型方面表现十分出色，支持用户使用矢量和栅格数据进行导入、查询以及修改三维模型等操作，但总体来说功能较为单一，主要是提供三维地理模型的浏览和展示，无法进行空间分析也不能提供数据库管理系统。

（2）Skyline Globe

Skyline Globe 是由美国 Skyline 公司打造的个性化三维地理信息系统，被广泛应用于多个行业领域，诸如数字城市、数字海图、水利工程和三维景观等。Skyline Globe 拥有强大的数据处理能力，能够在展示模型三维空间信息的同时进行三维测量和地形分析等操作。该平台集应用程序、建模工具和网络服务于一体，使用户可以充分利用影像照片、地形高程和其他地理空间属性数据，根据自身业务需求创建高分辨率的地理三维可视化场景。通过多种 API 接口，用户可以开发定制基于网络环境或单机应用的三维地理信息系统，并进行浏览、查询、分析和网络发布共享等操作。

（3）ArcGIS

ArcGIS 是由美国环境系统研究所公司开发的地理信息系统平台，是一个由多个软件产品构成的完整的地理信息系统软件产品家族，所有软件均基于 ArcObjects 的共享 GIS 软件组件公共库，该公共库采用 C^{++} 编写，提供个人客户端和服务器应用等开发服务。ArcGIS 系列软件主要包括以下四个部分：

① ArcGIS Desktop——一个专业 GIS 应用的完整套件；

② ArcGIS Engine——为定制开发 GIS 应用的嵌入式开发组件；

③ 服务器 GIS——主要有 ArcIMS 和 ArcGIS Server 两个产品；

④ 移动 GIS——ArcPad 以及应用于平板电脑的 ArcGIS Desktop 和 Engine。

ArcGIS 提供了一系列强大的数据处理功能，包括 TIN 数据和栅格数据的生成与修改，还支持对三维地理模型的查询和分析以及表面积和体积的计算，同时 ArcGIS 还具备数据转换和重分类的能力。

（4）SuperMap

SuperMap 是北京超图软件股份有限公司研发的一款面向各行业应用的大型地理信息系统软件平台，拥有完全的自主知识产权。该产品涵盖了云 GIS、组件 GIS 开发平台、移动 GIS 开发平台、桌面 GIS 开发平台、浏览器端 SDK 以及轻量移动端 SDK 等系列产品，具备跨平台、二三维一体化、云端一体化以及大数据分析等先进的技术和功能。作为一个标准化的空间 GIS 产品，SuperMap 内置了多种语言，支持二维平面浏览和三维场景展示，具备强大的空间分析能力，其基于“共相式内核（UGC）”的核心技术和松散耦合（SOA）的结构体系，使得与不同的平台进行数据交互变得更加便捷。

为了方便定位和组织管理，SuperMap 允许用户根据一定规则为设备和部件分配具体的地理编码。此外，系统还提供了构件分类统计功能，以及以 EXCEL 格式制作、编辑和导出资产表的功能，这些功能大大简化了 BIM 和 GIS 集成数据的组织和管理工作。

8.3 基于 BIM 技术的数字建筑的构建

8.3.1 原始数据的采集和处理

构建数字建筑系统需要海量数据支撑，这些数据主要包括建筑的遥感影像、高程数字信息、建筑物的相关数据等。

8.3.1.1 遥感影像图

从远距离感应目标物体反射或其本身辐射的电磁波、可见光或红外线等，以此对目标进行探测和识别的技术即遥感技术。地球、地物或大气目标均无时无刻不在辐射或反射电磁波、可见光或红外线等，这些波在特定条件下可以被专业的遥感传感器捕获并记录，然后通过电磁波转换技术对数据进行识别、调整和处理，即可得到人眼可以观察的图像，即遥感影像图。遥感影像以其宏观观测、客观记录、综合信息、实时更新、动态捕捉和快速响应的优势，为地球资源的勘探和开发、国土资源的规划与整治以及地球环境变化的监测等地理研究提供了超前的探测工具，目前遥感影像在测绘学、动态监测、资源调查、灾害评估与救援以及军事侦察等多个领域发挥着关键的作用，主要包括六种：可见光遥感影像、全色遥感影像、多光谱遥感影像、红外遥感影像、Lidar 遥感影像、合成孔径雷达遥感影像。

数字正射影像图（digital orthophoto map，DOM），是一种将航空航天器拍摄到的影像通过垂直投影处理得到的影像数据集，属于可见光遥感影像的一种，这种影像保留了原始相片的细节特征，同时具备地图级别的几何精度。在制作过程中，需要将拍摄得到的影像根据地形图要求进行裁切和图廓整饰，以符合特定的图幅范围。经过这些处理步骤后，DOM 便具备了地图的几何特征。DOM 具有真实还原、精度高、内容丰富和获取容易等诸多优点，被普遍认为是对标准地图的补充或替代，是国家基础地理信息数字成果的重要组成部分。

根据项目的实际需要选择合适的影像级别，项目的地域范围越大，包含的瓦片数就越多，为保证后续工作的流畅运行，需要选择相对较小的影像级别；项目的地域范围越小，在影像级别选择方面就可以更具灵活性。根据所需要影像的清晰程度，可以适当选择较高的影像级别。

8.3.1.2　数字高程模型

数字高程模型（digital elevation model，DEM），是数字地形模型（digital terrain model，DTM）系统中一个重要的组成部分。它通过有序数值矩阵来描述地表起伏状态，属于实体地面模型的一种。通常用一个二维数组 fDEM［nRow］［nCol］来表示高程数据的球面映射，nRow 表示地形在纬度方向的采样点数，nCol 表示地形在经度方向的采样点数，fDEM 表示在该定位点的高程采样点数，这些数据组合在一起即可表示一个特定的 DEM 数据。DEM 的表示形式有规则格网和不规则三角网两种，规则格网便于使用和管理，不规则三角网能更细致地表达地貌特征，对复杂地形的表示优于规则格网，但其在存储过程中除了要记录三维坐标，还要记录点位之间的拓扑关系，数据量较大，因此目前行业内更倾向于采用规则格网的方式处理和存储 DEM 数据。DEM 的数据采集途径有很多，包括摄影测量、纸质地图数字化和实地测量等。

在进行数据采集时，数字高程模型（DEM）的数据覆盖范围原则上应大于数字正射影像图（DOM），以确保地形的高程特征能够全面覆盖项目区域。对于地形起伏显著的区域，应适当增加测量点的密度，以提升地形变化的精确度。相反，在地势相对平坦的区域，则可以适度降低测量点密度，从而在保证数据质量的前提下提高工作效率。

8.1.3.3　建筑物的相关数据

在数字建筑三维场景的构建过程中，涉及建筑物的相关数据和信息主要有建筑物本身的 CAD 设计图、相关材质的纹理贴图。在创建模型构件时，优先使用系统内置的族库，族库内的模型包含了一系列标准的并且可以进行参数化定制的构件模板，便于快速搭建和统一管理。针对系统族库中不存在的特殊构件，采用导入外部族库模型或调用内建模型的方法进行补充。这样既能确保模型的完整性，又能灵活应对各种复杂场景的需求。

(1) 建筑物的 CAD 图

建筑物的 CAD 设计图是利用 AutoCAD 软件绘制生成的二维矢量图形文件，它精确地描绘了建筑物及场地中点、线、面的尺寸与空间布局，该图像不仅保证了 BIM 建模的精确性，还显著缩短了数据收集的周期，降低了成本。

(2) 纹理贴图

对于特定的 BIM 数字化建筑场景，其模型的材质纹理是体现建筑真实性与完整性的重要依据，并对 BIM 技术在不同场景中的应用起着重要作用。有很多种方式可以获得建筑物的纹理贴图，例如从专业第三方的材质素材库购买、处理专业摄影图片、利用照相机进行实地拍摄获取等，这些方法各有优势，可以满足不同场景下的需求。

纹理处理的具体要求如下：

① 立面纹理和色彩应与建筑的真实情况保持一致；

② 纹理贴图边缘应进行无缝拼接；

③ 纹理贴图的透明度和镂空方式采用添加通道实现；

④ 清洁图像，去除影响效果的遮挡、污渍和阴影等；

⑤ 以像素为单位，纹理尺寸应为 2^n，且最大尺寸不应超过 1024×1024，保存为 jpg 格式；

⑥ 依据科学统一的标准和规范对每张纹理贴图进行命名和保存整理操作，保证当前工程中不同材质的纹理贴图名称不重复。

8.3.2 基于 GIS 技术的建筑场景搭建

三维数字建筑的构建是数字体系中的重要组成，其场景的搭建是具有关键性特点的一项工程，因为它不仅可以作为空间数据的直观体现，更重要的是它是现实世界与虚拟世界之间的桥梁，起到联系二者的作用。较之于传统二维数字地图，三维场景能够提供更立体、更丰富的视觉效果，进而能够更加全面地了解真实场景。精准实用的三维数字场景构建需要考虑诸多因素，如成本、数据精度、应用需求等，同时亦需根据建模范围和建筑物复杂性等技术限制灵活地选取合适的精度。

为了使数字建筑管理系统更加真实地反映场景与建筑物的规格，在建立三维场景模型与三维建筑物模型时应尽可能逼真，尽可能还原真实校园的场景。Revit 模型建立步骤如图 8-8 所示。

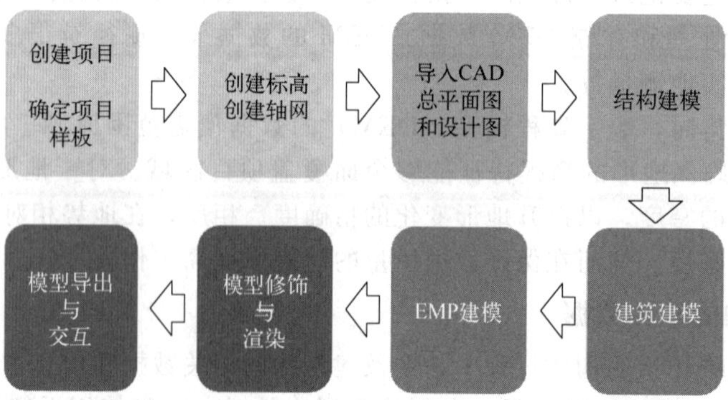

图 8-8 Revit 建模步骤

8.3.2.1 建筑物建模

运用 BIM 软件对建筑物开展三维建模工作。建模内容主要涵盖：样板选择和标高轴网系统的建立，基本构件如基础、柱、梁和板、墙体、楼梯和坡道、门窗、屋顶的建模，还包括室内场景、周围环境的建模。

8.3.2.2 BIM 技术与 GIS 技术结合的过程

BIM＋GIS 系统建设的总体流程如图 8-9 所示。

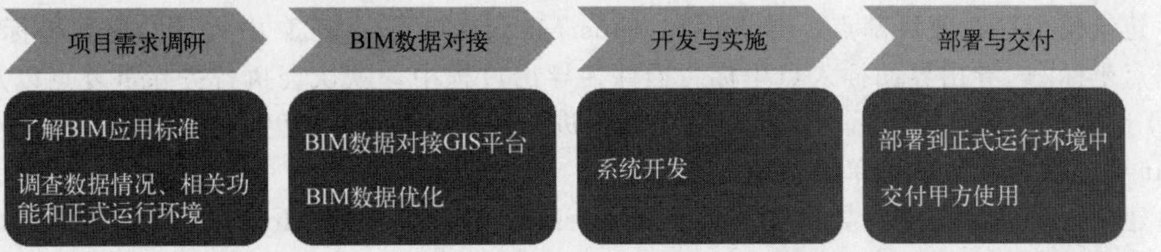

图 8-9 BIM＋GIS 系统建设的总体流程

通过 BIM 模型和 GIS 场景的室内外一体化，实现在 GIS 平台下的模型组织管理和可视化技术，系统的整体架构如图 8-10 所示，两者的集成主要实现以下三个功能：

(1) GIS 平台下的坐标查询、室内漫游和空间测量，从而为导航功能提供必要的数据条件。将可以查看到的 BIM 模型转换放置到世界坐标系下，为导航功能提供坐标基础，在此基础上通过引入百度地图提供的第三方网站导航接口实现简单的路径规划功能。

(2) BIM 模型在 GIS 平台下的分组查询和资产管理功能，使得模型可以对大楼、房间及房间内部设施进行分组和查询，利用表格功能实现资产的管理，通过对表格的修改挂接可以实现资产属性的动态化管理。

(3) 部分空间分析功能。三维模型不仅实现了可视化，还可以通过诸多第三方插件实现视域分析、缓冲区分析和应急避险分析等功能，使 BIM 和 GIS 集成的应用范围扩大，有利于两种技术融合的推广与发展。

图 8-10 系统的整体架构

SuperMap iDesktop. NET 提供了 BIM 导出工具 SuperMapExport ，将其安装到 Revit 软件中，可对 BIM 三维模型进行初步处理、格式转换与导出。

在 Revit 的三维视图界面，打开附加模块的 UDB 插件。设置好导出参数后，点击“确定”，便能将建筑模型的几何信息与属性信息一次性批量导出至 SuperMap 的数据源文件中。勾选“导出网络数据集”，则会导出由相应三维点、线构成的网络数据集，方便后续在 SuperMap iDesktop. NET 中针对模型的构件设施使用三维网络分析功能。通过设置插入点的坐标值（涉及球面或投影坐标系），可确定 RVT 模型在 GIS 三维场景中的位置。而导入投影文件（xml），主要是针对基于自定义坐标系文件创建的建筑模型。需注意，对于 Revit 软件，建筑模型存在项目基点，导出后在 SuperMap iDesktop. NET 中查询的模型坐标 = 项目基点坐标 + 导出界面插入点坐标。插件在导出过程中，默认会执行去除重复点以及创建 LOD 这两个步骤。导出后的建筑模型无需再进行单体化操作，模型数据集中的构件对象与 Revit 中的保持一致，可单独选取与编辑。

建筑物模型使用插件导出后，借助 SuperMap 平台提供的 Model 数据编译工具，将建筑物的模型发布到虚拟地球上，实现 BIM 技术与 GIS 技术的结合。Model 数据编译工具是将 Model 数据经过编译发布成三维浏览数据，其过程如下：

（1）新建工程：在新建过程中需设置文件的存储路径。文件的存储空间要足够大，避免因为存储空间不够而导致文件发布中断、暂停等问题。

（2）添加文件：将之前处理好的各个数据文件添加到列表框，按住“Ctrl”键多次点击可以同时选择多个文件。此步骤允许添加不同格式的数据。

（3）设置空间参考系：选择合适的坐标系。根据地理坐标与项目坐标的差值设定偏移值。

（4）数据编译：模型数据的发布过程包括投影变换、编译、发布和搜索数据等几个阶段，在发布过程中会显示当前阶段的名称和发布进度，当前阶段结束时软件还会自动显示该阶段数据编译的错误信息。

（5）成果展示：可以通过鼠标的拖拽、缩放、点击和旋转等操作，对三维模型和场景进行浏览（图 8-11），同时实现建筑物信息查询，依托 BIM 强大的空间数据库交互能力还可以对模型中的信息进行动态管理和实时更新。

图 8-11　三维建筑场景浏览页面示意

BIM 与 GIS 技术的融合突破了传统测绘方法在获取建筑内部结构与设备信息方面的限制，有效应对了信息化建设和管理的挑战。这一集成不仅消除了 BIM 模型信息孤岛的问题，还极大地增强了建筑工程项目在空间决策分析方面的能力，从而提升了设计质量。BIM+GIS 的三维可视化技术在建筑行业项目管理和决策中的应用，不仅提高了工作效率，而且推动了地理信息行业从宏观到微观的转型，实现了建筑物及其周边环境的室内外一体化信息查询、展示和分析。

本章思考题

1. IFC 的数据特征是什么？
2. 什么是 GIS 技术？
3. BIM 软件按阶段场景如何分类？
4. GIS 平台有哪些？各有何特点？
5. 构建数字建筑系统的主要内容是什么？
6. BIM＋GIS 系统建设的总体流程是什么？

在线习题

第 9 章 BIM 技术与人工智能

人工智能（artificial intelligence，AI）的应用已经越来越广泛。BIM 软件包含大量数据，人工智能可利用这些数据研究项目的各个方面，从而比人类更快、更精准地发现最佳参数。AI 与 BIM 技术的结合还可以降低风险，不易受到人为错误的影响，实现自动化，效率更高。

通过构建建设领域专业的 AI 知识体系，使其能够处理行业规范、图纸、复杂 BIM 模型等，并在建设全流程的实际应用中，将 AI 与具体场景和产业结合，充分发挥其巨大技术应用价值。

9.1 人工智能简介

人工智能是研究、开发用于模拟、延伸和扩展人的智能的理论、方法、技术及应用系统的一门新兴技术科学。人工智能是计算机科学的一个分支，它旨在了解智能的实质，并生产出一种新的能以人类智能相似的方式做出反应的智能机器，自 20 世纪 50 年代人工智能概念提出以来，已逐步从理论探索走向实际应用，深刻影响着人类社会的经济、文化、教育等各个领域。人工智能的应用已渗透到工程、医疗、金融、交通、教育等多个领域，带来了前所未有的变革。随着技术的不断进步，人工智能正以前所未有的速度重塑着我们的生活方式和工作模式。

(1) 人工智能的核心技术基础

人工智能的核心在于通过机器学习（machine learning）、深度学习（deep learning）、自然语言处理（natural language processing）等关键技术，使计算机能够像人类一样进行推理、学习、决策和交流。这些技术不仅赋予了计算机处理复杂数据的能力，还使其能够从海量信息中提取模式进行预测和决策，从而在一定程度上模拟人类的认知过程。

机器学习作为人工智能的核心技术之一，通过算法从数据中学习规律，不断优化决策模型。例如，在银行反欺诈模型中，通过多轮特征工程调整，误报率显著降低，这充分展示了算法对数据质量的依赖性以及优化调整的重要性。深度学习，作为机器学习的一个分支，通过构建多层神经网络，处理更复杂的模式识别任务，如图像识别、语音识别等，极大地推动了人工智能在各个领域的应用。

自然语言处理使计算机能够理解和生成人类语言，为智能客服、机器翻译、情感分析等应用提供了技术支持。随着大语言模型的发展，如 DeepSeek，自然语言处理的能力得到了显著提升，合同审查时间大幅缩短，尽管在复杂文本处理上仍需人工校验，但已展现出巨大的潜力。

(2) 人工智能面临的挑战与应对策略

尽管人工智能在多个领域取得了显著成效，但其发展仍面临诸多挑战。在技术实现层面，算法效率与实时需求常存在冲突，需要针对场景进行定制优化。算法泛化能力与真实环境的差距、数据治理的难题、算力需求的激增等，都是制约人工智能发展的关键因素。

在应对策略方面，应加大力度推进技术创新，强化伦理教育与公众参与，完善法律监管与政策支持体系，引导 AI 沿着符合人类伦理与社会价值的方向稳健发展；在 AI 系统的设计、研发、训练、测试、部署、使用、维护等生命周期各环节提升数据安全保护能力；通过技术手段提高 AI 算法的透明度和可解释性，使用户和利益相关者能够理解和评估 AI 的决策过程；针对 AI 技术替代传统岗位的趋势，加强职业培训和教育，帮助人们适应新职业和技能要求；同时加强国际合作与交流，共同应对 AI 技术带来的全球性挑战。

(3) 人工智能的未来展望与可持续发展

随着技术的不断进步和数据的不断积累，人工智能水平将进一步提升，可以更好地模拟人类的智能行为。同时，人工智能的应用将更加普及，为我们提供更多的智能化解决方案。

人工智能作为一项前沿技术，对我们的生活产生了重要影响。通过能够模仿人类智能行为的计算机系统，我们可以更好地解决现实生活中的问题。然而，人工智能的发展不仅需要技术创新，还需要我们思考其对社会和人类的影响，以确保其发展能够为人类社会带来更多的福祉。在未来的发展中，我们应继续探索人工智能的潜力，同时关注其面临的挑战和伦理风险，以实现人工智能的可持续发展和广泛应用。

9.2 人工智能与 BIM 技术的智能协同

9.2.1 智能协同的概念与内涵

建筑行业的智能协同，是以建筑信息模型（BIM）和人工智能（AI）技术为核心，通过数字化手段实现设计、施工、运维全生命周期协同的管理模式。这一行业范畴涵盖 BIM 软件研发、智能建造装备制造、数字孪生平台构建、AI 算法优化等多个细分领域。根据国家统计局发布的《国民经济行业分类》（GB/T 4754—2017），建筑行业智能协同属于“软件和信息技术服务业”下的“工程和技术服务业”。而根据中国建筑业协会的定义，智能协同技术旨在通过数据集成与智能分析，提升建筑项目效率、降低成本、优化质量，是建筑业数字化转型的重要方向。

BIM 技术作为基础，提供三维可视化建模与信息管理功能，而 AI 技术则通过机器学习、深度学习等算法，实现施工进度预测、风险识别、资源调度等智能化应用。两者融合后，可形成从设计阶段的参数化建模，到施工阶段的自动化作业指导，再到运维阶段的预测性维护的全链条解决方案。智能协同应用领域见图 9-1。

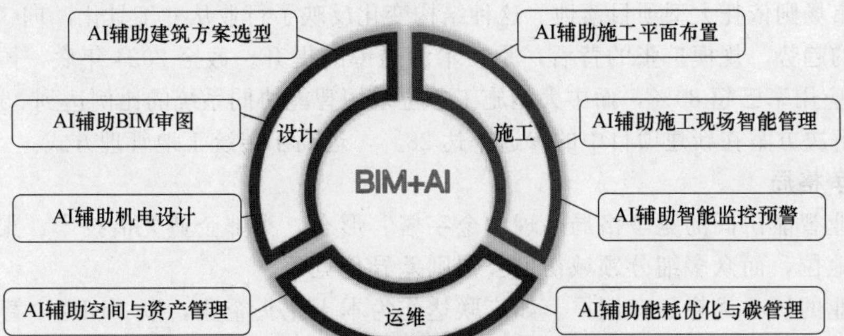

图 9-1　智能协同应用领域示意图

9.2.2 行业发展现状

建筑行业智能协同的产业链分为上游、中游、下游三个环节。上游为原材料与核心部件供应，主要包括 BIM 软件平台、AI 芯片、传感器、智能设备等。此外，还包括地质勘探、材料测试等基础服务。中游为核心部件生产与系统集成，涵盖 BIM 软件开发、AI 模型训练、数字孪生平台搭建等。企业通过整合设计、施工、运维数据，提供一站式智能协同服务。下游为终端应用服务，面向设计院、施工单位、物业管理等客户。一些大型、复杂的工程项目，通过 BIM 与 AI 融合，提升城市基础设施运维效率。智能协同在工地的应用见图 9-2。

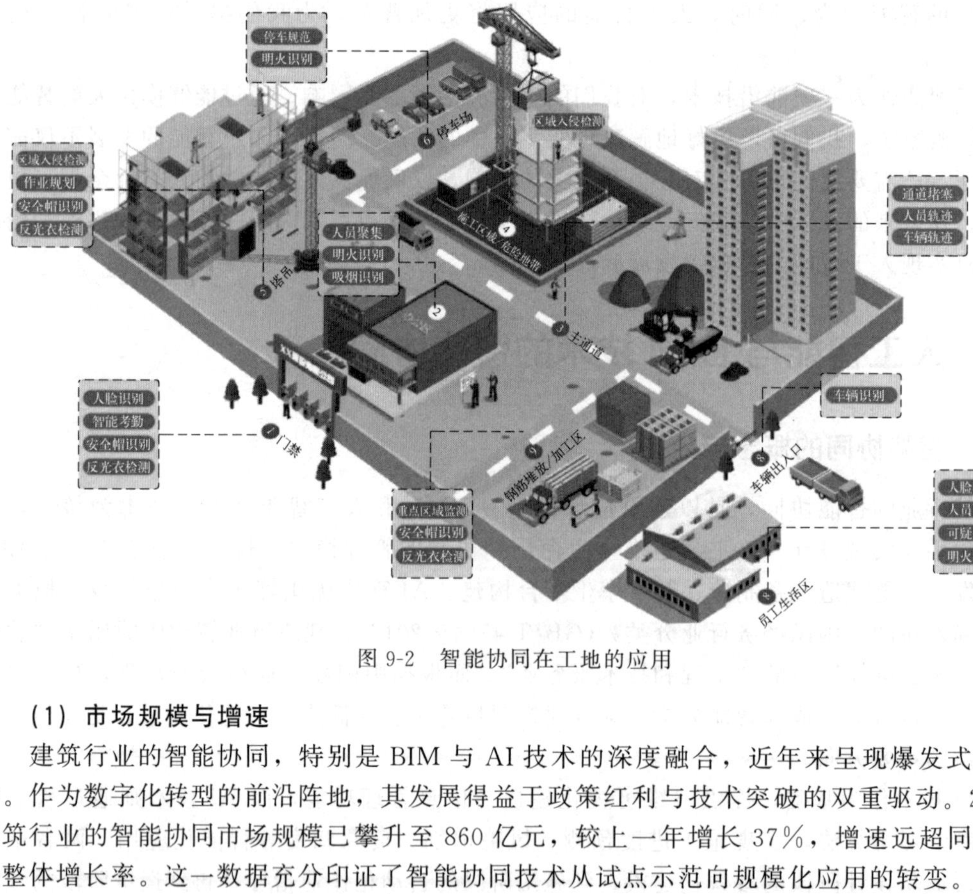

图 9-2 智能协同在工地的应用

(1) 市场规模与增速

建筑行业的智能协同，特别是 BIM 与 AI 技术的深度融合，近年来呈现爆发式增长态势。作为数字化转型的前沿阵地，其发展得益于政策红利与技术突破的双重驱动。2024 年建筑行业的智能协同市场规模已攀升至 860 亿元，较上一年增长 37%，增速远超同期建筑业整体增长率。这一数据充分印证了智能协同技术从试点示范向规模化应用的转变。

从细分领域来看，BIM 软件与服务是市场主力，AI 算法与硬件营收增长最快，数字孪生与运维服务市场则依托大型项目落地。这种结构变化反映了行业从“工具化”向“平台化+服务化”演进的趋势。规模扩张的背后，是技术渗透率的提升。截至 2024 年底，国内大型建筑设计院 BIM 应用率已超 80%，而中大型施工单位采用智能协同系统的比例达到 35%，AI 赋能的智慧工地解决方案在新建项目中的渗透率达 28%，远高于传统工地管理方式。

(2) 竞争格局

建筑行业智能协同的竞争格局呈现“金字塔”形态，头部企业凭借技术、渠道、品牌优势占据主导地位，而众多细分领域初创公司则差异化竞争。

头部企业的核心优势各有侧重。如广联达作为本土龙头企业，以“BIM+智慧工地”全产业链布局见长，其相关平台覆盖国内 90%以上施工单位，核心优势在于渠道渗透与本土化服务。Autodesk 则凭借 Revit 生态，占据高端设计市场，其“Revit+AI”技术路线通过

Dynamo 可视化编程，降低 AI 应用门槛。

中小企业则围绕细分场景进行突破。例如，专注于 AI 安全巡检的“AI 头盔”产品，通过计算机视觉识别安全隐患；而 BIM 模型的轻量化交付则解决了跨平台数据协同难题。这种生态格局符合“生态位分化”规律，但同时也加剧了底层算法的同质化竞争。

9.2.3　BIM 与 AI 技术融合应用的核心技术

9.2.3.1　核心技术演进

建筑行业的智能协同，其核心在于 BIM 与 AI 技术的深度融合，这一过程伴随着一系列关键技术的迭代升级。从技术成熟度来看，BIM 技术已进入“成熟”（mature）阶段，其标准化程度和商业化应用广度均达到较高水平；而 AI 技术在其中则处于从“新兴”向“成熟”过渡的阶段，特别是深度学习算法在建筑场景的应用仍处于快速增长期。

(1) BIM 技术深化

BIM 技术的演进经历了从“三维建模”到“参数化设计”，再到如今的“数字孪生集成”阶段。早期 BIM 主要用于可视化展示和碰撞检查，如 Autodesk Revit 在 2008 年推出的“族”功能，实现了构件参数化，但与 AI 的耦合度较低。技术突破点出现在 2016 年，广联达推出基于 Revit 的“智能算量”系统，通过 AI 识别图纸中的工程量，误差率从 15%降至 3%，将算量效率提升 40%。这一进展标志着 BIM 开始从“信息载体”向“智能引擎”转变。

随着 BIM 技术的成熟，BIM 与 CIM 的融合成为新焦点。2023 年，上海市住建委试点“BIM+CIM”双模应用，在浦东机场三期项目中，BIM 模型精度达厘米级，与 CIM 平台实时联动，实现“设计-施工-运维”全生命周期数据贯通。这一技术突破得益于轻量化 BIM 模型的成熟，其将模型文件压缩至 MB 级别，加载速度提升 10 倍。

(2) AI 技术赋能

AI 在建筑行业的应用可分为“设计优化”“施工智能”“运维预测”三大方向。设计阶段，AI 大模型的应用尚处早期，但已展现潜力。2023 年，清华大学“深构建筑”团队开发的“AlphaCAD”，通过指令生成复杂建筑方案，据测试可缩短方案设计周期 60%。施工智能方面，AI 视觉识别技术已相对成熟。成本方面，基于计算机视觉替代早期的智能设备，成本大大降低。运维预测领域，AI 算法在设备故障预测中的应用更为深入，印证了“数据驱动运维”的价值。随着数字孪生技术的普及，AI 将实现在 BIM 模型中发挥“实时感知-智能分析-自主决策”的闭环效益。

9.2.3.2　未来趋势预测

建筑行业智能协同的未来发展趋势，受政策、技术、需求三重因素驱动，呈现出加速迭代的态势。

(1) 政策驱动

2022 年，住房和城乡建设部发布的《“十四五”建筑业发展规划》中，特别提出要积极推进建筑机器人在生产、施工、维保等多个环节的典型应用，特别是与装配式建筑相结合的机器人技术，以辅助和替代高危、繁琐、脏累等施工作业。同年 11 月，住房和城乡建设部还选择了 24 个城市作为智能建造试点，旨在探索建筑业转型发展的新模式和新路径。

(2) 技术迭代

技术迭代是市场增长的“底层动力”。首先，AI 大模型与 BIM 的融合将进入“深水区”。BIM 模型将实现自然语言交互，如语音输入指令，系统自动调整模型参数。这一技术突破将降低 BIM 使用门槛。其次，数字孪生技术将向“物理-数字”双向同步发展。当前数字孪生多依赖 BIM 模型逆向生成，而未来将实现“数字建造”模式，即施工过程数据实时驱动数字模型更新。技术迭代还将加速“云-边-端”协同，适用于网络覆盖不佳的偏远项目。

(3) 需求变化

需求变化是市场发展的“最终诱因”。一方面，成本压力倒逼技术升级。相关研究表明，装配式建筑项目与传统施工相比，智能协同系统可使人工成本降低 30%，材料损耗减少 20%，这一数据促使更多企业采用“预制构件＋智能运维”的模式。另一方面，客户需求从“功能满足”转向“体验优化”。如运维市场在“数据驱动决策”更加广泛的应用，通过 BIM＋AI 能耗模拟，将碳排放降低 18%，符合《绿色建筑评价标准》（GB/T 50378—2019）的要求，这一趋势将带动“绿色智能建筑”市场规模增长。

9.2.3.3 新兴场景分析

建筑行业智能协同的前沿应用正突破传统边界，与元宇宙、碳中和等新兴领域深度融合，形成新的增长空间。

(1) 元宇宙融合场景

元宇宙作为虚拟世界的延伸，与建筑行业的结合始于“数字孪生”阶段，现已向“虚实交互”演进。目前，这类项目的落地仍面临硬件成本高的挑战，但趋势是向“轻量化”发展，使元宇宙应用门槛大幅降低。

(2) 碳中和融合场景

碳中和是建筑行业智能协同的“刚需”，AI 与 BIM 的结合正在重塑“绿色建筑”的定义。当前主流方案包括“碳足迹模拟”“节能优化”“碳交易支持”三方面。技术突破点体现在“多物理场耦合模拟”算法上。通过神经网络模拟建筑能耗、结构变形、材料生命周期碳排放，这一技术的应用使设计阶段碳排放估算误差大幅降低。

(3) 其他前沿场景

智能协同还在探索与“机器人施工”“数字工匠”等场景融合。这些场景的技术核心是“具身智能”（embodied AI），即让机器人在建筑场景中实现“感知-决策-执行”闭环。目前主要挑战在于“环境适应性”，通过强化学习持续优化。

总体来看，新兴场景的融合将打破行业边界，推动智能协同从“工具化”向“生态化”演进。

9.3 智能协同面临的形势和挑战

9.3.1 现存挑战

建筑行业智能协同在高速发展的同时，也面临一系列现实挑战，这些挑战既来自技术本身的局限，也来自外部环境的不确定性，还源于市场竞争的加剧。

(1) 技术瓶颈

技术瓶颈是智能协同发展的重中之重，其中最突出的是 AI 算法在建筑场景的“泛化能力不足”和“数据壁垒”。以 BIM 模型深度学习为例，尽管在结构优化、能耗模拟等特定任务上已取得突破，但模型在跨项目、跨场景的迁移能力仍较弱。这是因为建筑项目的高度异构性导致数据稀疏性问题严重，一个算法可能耗费数周时间训练才能适应新项目，这种“重置成本”使得中小企业望而却步。“高投入、低产出”的现状导致行业利润率普遍降低。此外，传感器成本也是制约施工智能化的关键因素。这种成本鸿沟使得“智能监测”在大多数项目中仍是“奢侈品”。还有，目前 BIM 数据格式不统一，如某些 BIM 软件之间仍存在

"兼容性鸿沟"，导致项目数据流转效率低下。BIM应用深度上也存在差异，智能化程度高的项目，其成本控制能力普遍较强。

(2) 竞争压力

竞争压力是智能协同市场的"常态"，其中最显著的是"新进入者加剧价格战"和"龙头企业生态壁垒"。近年来，随着AI技术门槛降低，大量科技公司涌入建筑行业，头部企业的"生态壁垒"同样加剧了竞争压力。

9.3.2 发展机遇

尽管挑战重重，但建筑行业智能协同的机遇同样巨大，这些机遇与国家战略紧密相连，为行业转型提供了前所未有的动力。变革不仅是技术的升级，更是整个行业生态的重塑。

(1) 进口替代机遇

"双循环"战略为智能协同的国产替代提供了历史性机遇。近年来，国产BIM软件在参数化建模、协同工作等方面已达到国际主流水平，且成本优势更为突出。更值得关注的是，国产AI算法在建筑场景的适配性更强。这种"技术+成本"的双重优势，使得国产替代不仅符合政策导向，更具备市场竞争力。这一机遇不仅带动了软件行业，更促进了上游芯片、传感器等产业链的发展，形成"技术-经济"的正向循环。

(2) 绿色转型机遇

"双碳"目标为智能协同提供了广阔的绿色转型空间。建筑行业是碳排放大户，智能协同技术通过"节能设计优化""碳排放精准核算""可再生能源集成"等手段，为建筑行业的"双碳"目标实现提供了关键支撑。这一机遇体现在三个层面：首先，节能优化市场潜力巨大，基于AI的节能优化方案市场规模不断增大。其次，碳核算市场亟待爆发。当前建筑碳核算仍依赖人工统计，误差率高且效率低下，而AI技术可通过BIM模型自动识别材料碳足迹，这一技术在《绿色建筑评价标准GB/T 50378—2019（2024年修订）》中已有所体现。最后，可再生能源集成市场前景广阔。AI技术可通过光伏发电量预测、储能系统优化等手段，提升建筑绿电自用率。基于智能协同的绿色建筑项目将占新建建筑的50%，市场规模将突破400亿元。

(3) 消费升级机遇

智能协同技术还在推动建筑行业的消费升级，这一趋势在公共建筑和高端住宅市场尤为明显。在公共建筑方面，智能协同技术通过"体验优化""运维智能化"等手段，提升了建筑的社会价值。高端住宅市场则通过"个性化定制""全周期服务"实现了消费升级。智能协同住宅市场规模将大幅提升。这一机遇不仅提升了客户体验，更推动了行业从"产品导向"向"服务导向"转型，为行业注入了新的活力。

总体而言，建筑行业的智能协同发展离不开AI技术和BIM技术的应用。AI技术的智能化分析和建模以及BIM技术的全生命周期管理和协调，共同为建筑行业带来了更精确、高效和可靠的设计、施工和运维管理。随着技术的不断创新和发展，AI与BIM的智能协同应用将持续推动建筑行业的转型与发展，为人们创造更美好、更智能化的生活环境。

9.4 智能协同工程应用

9.4.1 生成式设计与优化

在传统建筑设计流程中，设计师往往需耗费大量时间查阅规范、绘制草图、反复修改，设计周期漫长且易受个人经验局限。而AI、BIM等技术的介入，给设计工作注入一股强大的创新活力。

(1) 方案设计阶段

借助生成式AI大模型，人工智能能够根据场地的地理信息、周边环境因素以及使用功能需求，生成多元化的设计方案。这些方案并非凭空臆造，而是基于对海量优秀建筑案例的深度学习，融合最新设计趋势与规范要求，既保证创新性，又符合专业标准。它可以挖掘隐藏在其中的设计规律和美学原则，包括建筑外观、空间布局、流线组织等。基于AI的设计软件，在大型商业综合体项目的设计中，以往团队需两周完成的概念设计，如今借助AI仅用三天便可拿出多套可供选择的方案，方案通过率较以往提升30%，大幅缩短设计周期，降低人力成本，实现图纸从“笔下生花”到“智能生成”。

人工智能能够同时分析设计方案的经济性、采光性、通风性以及能耗情况。以采光性为例，其运用光线追踪算法模拟不同时间段阳光照射到建筑各部位的情况，从而优化窗户大小、朝向和建筑整体布局，保障充足且合理的自然采光。在能耗分析方面，人工智能建立能耗模型，计算不同气候条件下建筑的冷热负荷，对比不同绝缘材料、建筑体型系数对能耗的影响，得出最节能的设计策略。这就像是给建筑设计了一位专业的能量“分析师”，精打细算每一丝能源的消耗，不仅提升设计质量，还充分体现绿色环保的理念。

(2) 在深化设计阶段

BIM技术将建筑的各种信息整合到一个三维信息数据库中，实现各专业设计的协同作业。在结构设计中，AI算法能快速分析不同结构形式的力学性能，优化构件尺寸与布置，在确保结构安全的同时实现材料用量最省。电气、给排水等专业设计，AI可根据建筑空间布局与使用需求，自动进行管线综合设计，精准避开碰撞冲突，提高设计质量与施工可行性。这一过程中，新技术如同不知疲倦的“智能助手”，帮助设计师从烦琐重复的基础工作中解脱出来，将更多精力投入到创意构思与方案优化上，推动建筑设计从经验驱动向数据与智能驱动转变。

在实际项目中，基于人工智能的结构设计方法和结构优化算法已经取得了令人瞩目的效果。通过案例分析，工程师们能够验证这些新方法在不同项目中的适用性和优越性。例如，在高层建筑设计中，设计者利用人工智能优化算法，能够在考虑多种因素的情况下，迅速找到最经济的结构形式。通过效果评估，这些方法在提高设计效率、减少材料消耗和降低成本等方面取得了显著的成果。建筑结构设计＋AI目前已实现基于竖向构件和建筑图纸的梁自动布置（图9-3），布梁准确率达到95%以上，可AI一键自动布置梁，提高建模效率。

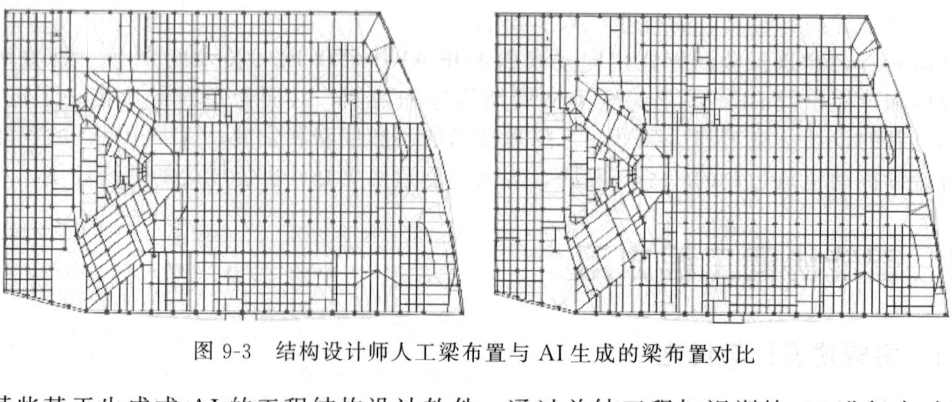

图9-3 结构设计师人工梁布置与AI生成的梁布置对比

某些基于生成式AI的工程结构设计软件，通过总结工程知识训练AI进行自动设计，从而提高设计效率，可推广应用至铁路、公路、市政等行业领域的各专业。如图9-4，为AI智能推荐线路的走向。

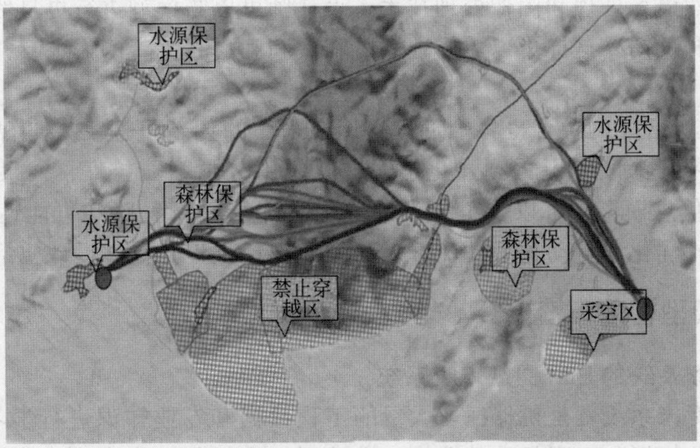

图 9-4　AI 智能推荐线路走向

(3) 出图渲染方面

出图渲染方面，BIM 模型借助 AI 渲染插件构思渲染（图 9-5），不再是用 AI 辅助美化，而是真正地从无到有给出渲染图，并能根据需求给出十几种不同的构思灵感，日均出渲染图 400 张以上。

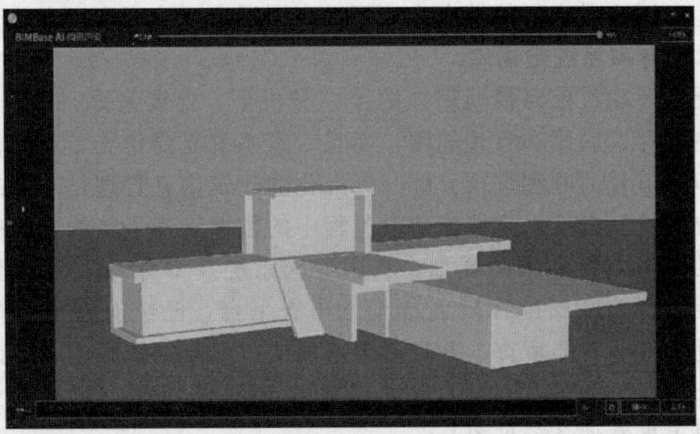

图 9-5　构思渲染 Idea Render 渲染简单模型图

(4) 生成式设计的实施优势

生成式设计的实施优势主要体现在以下四个方面：

① BIM 和人工智能相结合，可以提高工程设计的效率。通过使用 BIM 技术，可以将设计过程中的各种数据整合为一个模型，这样可以减少重复劳动，并方便团队成员之间的协作。而人工智能技术的加入，可以进一步提高 BIM 的智能化水平。智能算法和分析工具可以对 BIM 模型进行高效的数据分析和处理，从而帮助设计师在较短的时间内做出准确的决策。

② BIM 和人工智能的融合对工程设计的质量提升也起到了重要作用。将人工智能引入设计过程中，可以提供更加全面、精确和客观的数据分析。人工智能可以通过学习和分析大量的历史设计数据，发现隐藏在数据中的有用信息，并辅助设计师做出更加优化的设计决策。利用人工智能技术预测材料的耗用情况、建筑性能以及施工期间的风险等，能够大大减少后期的错误和成本。

③ BIM 和人工智能的结合还可以提供更好的设计和交流体验。在设计过程中，设计师可以利用 BIM 的三维模型和虚拟现实技术，以更直观、更真实的方式展现设计方案。而结

合人工智能的自然语言处理和图像处理技术，设计师可以与模型进行更自然的交流，提供更精确的设计细节和反馈。这样可以更好地满足客户和利益相关者的需求，并减少设计中的误解和沟通障碍。

④ BIM 和人工智能的融合也将给工程设计带来新的创新机遇。人工智能技术正在不断发展，从机器学习到深度学习再到强化学习，其应用范围不断扩大，效果不断提升。结合 BIM 的大数据和信息模型，可以为工程设计提供更多的创新思路和可能性。利用人工智能技术可以实现设计优化和自动化等功能，从而加速设计过程并提高设计质量。

9.4.2 图纸模型智能审查

(1) 基于专家系统的BIM图纸审查系统

通俗来说，专家系统就是机器抓取大量的工程数据和专业知识进行学习和逻辑训练后，成为一个具备专业知识和工程经验的系统，它被用于模拟行业中专家在决策时的思维过程，针对实际工程中遇到的问题给出决策和解决方案。

传统的图纸审查需要大量的人力资源，要求审图人员具备完备的专业知识和丰富的实际工程经验，并且在审查过程中考虑人为因素的干扰，还可能出现误判、漏判的问题。为了提高图纸审查效率和审查正确率，基于专家系统的 BIM 图纸审查系统已成为 AI 在工程领域应用的一个重要方向。专家系统以大量的工程数据和专业知识库作为基础，能弥补传统审图流程中审图效率低、审图容错率低的缺点，从而提高图纸审查速度和审查的正确率。

(2) BIM技术和专家系统数据库

在互联网发展以及建筑信息模型理念的推广契机下，需要考虑 BIM 技术实施时建筑模型信息的数据信息储存、调用和管理问题，而且专家系统需要建立专业的、完善的知识库作为基础才有助于审图流程的顺利进行。统一标准化的建筑信息管理是未来的趋势，结合当下的云计算、云存储等计算机技术来探索建设过程中的数据管理是新的发展趋势。因此，针对 BIM 技术中各个专业的特性和审图规则，利用专家系统技术弥补人为因素的缺点。在智能审查方面，国内相关智能审查和 BIM 智能辅助审查平台，已经能够实现嵌入规范条文，支持各种空间类型的全专业智能审查，并且不限定图层、不限制图画法，支持三维图纸模型审查。目前，湖南、湖北、广东、上海、深圳等地的 BIM 报审平台已初步建成并开始应用。某市工程建设项目审批管理系统见图 9-6。

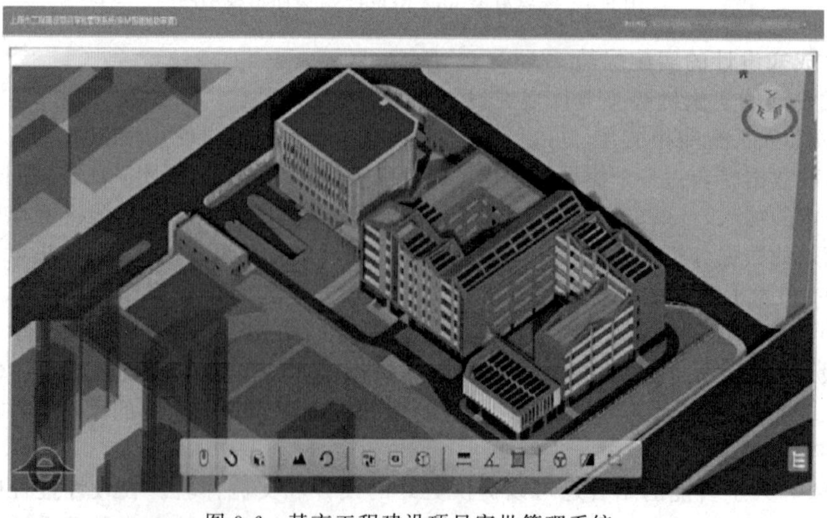

图 9-6　某市工程建设项目审批管理系统

9.4.3 施工过程智能管控

在新技术加持下，施工过程智能管控正朝着无人化、智能化方向大步迈进，构建起全新的智慧工地生态。

(1) 施工现场人员管理方面

AI 人脸识别与智能安全帽的结合，实现施工现场人员的精准考勤、实时定位与轨迹追踪。工人进入工地，刷脸即可完成身份验证与考勤登记，安全帽内置的定位与传感器设备，能实时上传工人位置信息，一旦工人靠近危险区域或出现异常行为，系统立即发出警报，在保障人员安全的同时，也为施工调度提供准确的人员分布数据。例如，在某大型住宅建设项目中，通过此类 AI 人员管理系统，施工人员违规行为发生率降低 40%，项目管理者能随时掌握各工种人员出勤与作业动态，合理调配人力资源，使工程进度整体提前 15%。

(2) 施工安全

新技术在这方面堪称“安全卫士”。基于计算机视觉的 AI 视频分析系统，全天不间断监测施工现场，能精准识别未佩戴安全帽、高空违规作业、火灾隐患等安全风险，第一时间发出警报并通知相关人员处理。塔吊、施工电梯等大型机械设备上安装的 AI 智能监控装置，利用传感器收集设备运行数据，通过 AI 算法预测故障风险，提前安排维护保养，防止设备突发故障引发安全事故。某桥梁建设工地引入 AI 安全监控系统后，安全事故发生率显著下降，因设备故障导致的停工时间缩短 60%，有效保障项目顺利推进。

施工质量控制一直是建筑施工中的关键环节。人工智能推动质量检测向智能化、自动化方向发展。图像识别技术在施工现场大显身手，它可以检测建筑墙面平整度是否达标、混凝土浇筑是否存在缺陷等。通过深度学习技术分析大量优质建筑和有缺陷建筑的图片数据，人工智能能够准确分辨出正常与异常的施工情况。超声波检测与人工智能融合，对构件内部的缺陷进行精准定位和定量分析。例如，在桥梁工程中，利用超声波传感器采集混凝土内部的声学信号，人工智能能快速分析这些信号，确定是否存在气孔、裂缝等质量问题，大大提高质量检测的准确性和效率。

在施工安全管理上，利用传感器网络实时监测施工现场的环境参数，如温度、湿度、噪声以及有害气体浓度等。当某项参数超出安全阈值时，系统会自动发送警报通知相关人员。摄像头集成的行为分析技术可以对工人的操作行为进行监测，识别出是否存在违规操作，比如未正确佩戴安全帽、高处作业未系安全带等，及时提醒纠正，降低安全事故的发生概率。例如，一家大型建筑企业引入智能安全管理系统后，通过人工智能对施工现场进行实时监控和智能预警，安全事故发生率显著降低。

(3) 物料与设备管理

借助物联网与 AI 技术，建筑材料从采购、运输、入库到使用的全过程实现智能化管控。通过在材料包装上粘贴 RFID 标签，结合智能仓储系统，可实时掌握材料库存数量、位置与保质期等信息，避免材料浪费与积压。在设备管理中，AI 根据设备运行数据进行故障预测与健康管理，合理安排设备维护计划，提高设备利用率并延长使用寿命。在一个市政基础设施项目中，运用 AI 物料与设备管理系统后，材料浪费率降低了 20%，设备闲置时间减少了 35%，为项目节约大量成本。

(4) 施工进度管理

施工进度管理变得更加科学、高效。AI 结合建筑信息模型与实时采集的施工现场数据，对施工进度进行动态模拟与分析，及时发现潜在延误风险，自动调整施工计划与资源分配，确保项目按计划推进。例如，某超高层建筑施工项目，利用 AI 进度管理系统，提前识别出因天气与工序衔接问题可能导致的工期延误，通过优化施工顺序和增加资源投入，成功将项目工期缩短了 3 个月。

在施工进度管理中，人工智能能够根据项目的整体目标、施工工艺和资源投入状况，制订科学合理的施工计划。通过与全球定位系统（GPS）、射频识别技术（RFID）等相结合，实时追踪建材、施工设备以及人员的位置和状态。比如在大型建筑项目中，智能安全帽中的 RFID 技术可以记录工人的出勤情况、工作区域以及工作时间等信息，人工智能系统分析这些数据后，及时发现施工环节中的瓶颈或潜在延误风险，并通过智能算法调整施工计划。同时，利用图像识别技术分析施工现场录像，能够识别建筑结构的施工进度，与预定计划对比，一旦出现偏差，可即时发出通知，以便管理人员及时采取措施，确保项目按进度推进。

(5) 智能建筑设备与机器人应用

智能建筑设备是人工智能在建设领域应用的重要体现。智能照明系统能够根据环境光线强度以及人员活动情况自动调节亮度。通过安装在室内不同位置的光线传感器和人体红外感应设备，收集环境信息并传输给人工智能控制器。例如，在白天光照充足时，自动关闭部分照明灯具；当人员离开某个区域后，灯光自动熄灭。智能空调系统通过学习房间内的温度、湿度变化规律以及人员的舒适度反馈，自适应调整运行功率和温度设定，以达到最佳的舒适度与节能效果。

建筑机器人成为建造过程中的高效“劳动力”。混凝土搅拌、浇筑机器人能够精确控制混凝土的配合比和浇筑量，利用导航技术，按照预设路径准确作业，提高施工的精准度和一致性。例如，某高端住宅项目中使用的混凝土浇筑机器人，能够在复杂的建筑结构中完成高精度浇筑任务，大大减少了人工操作可能出现的误差。具有自主学习能力的砌墙机器人，可以快速学习不同墙体的尺寸和施工要求，高效、整齐地砌筑砖块，从而明显提升作业效率和质量。

从砌墙机器人、喷涂机器人到钢筋加工机器人，它们能够承担一些重复性、危险性高的工作，不仅提高施工效率和质量，还能降低人工成本和安全风险。例如，在某装配式建筑项目中，砌墙机器人按照预设程序精准作业，一天能完成的砌墙工作量相当于 10 名熟练工人的工作量，且墙体垂直度和平整度误差更小，有效提升了工程质量。各类建筑智能机器人见图 9-7。

内墙打磨机器人　室内辊涂机器人　墙纸铺贴机器人　2.4m车库喷涂机器人　螺杆洞封堵机器人

室内喷涂机器人　腻子涂敷机器人　4.5m车库喷涂机器人　混凝土天花打磨机器人　地坪漆涂敷机器人

图 9-7　各类建筑智能机器人

人工智能还支持机器人之间、机器人与施工设备以及管理人员之间的协同作业。基于物联网和人工智能的协同平台，不同功能的机器人和设备可实现信息共享与交互。比如在大型工厂建设项目中，搬运机器人、安装机器人和塔吊通过协同平台实时沟通，形成了一条高效有序的施工流水线。同时，管理人员可以通过移动终端随时获取机器人和设备的工作状态，及时调度指挥，实现施工现场的全方位智能化管理。智能建筑设备与机器人应用后的施工现场管理如同指挥一场宏大的“建造交响乐”，每个机器人和设备都是其中和谐有序的演奏者，共同完成高质量的建造任务。

9.4.4　基于人工神经网络的 BIM 项目成本预测研究

人工神经网络（artificial neural network，ANN）是一种模拟人脑神经系统信息传输、信息处理过程的一种人工智能技术。人工神经网络技术最大的特点是具备学习能力、自我组织能力和推理能力。BIM 技术具备强大的碰撞测试能力和工程量统计能力，能够快速地计算工程量和成本。

现阶段 BIM 计算大多用于大型项目的全生命周期建设过程，而大型项目往往具有工程规模大、工作周期长、技术难度大、工种数量多、人员流动性大的特点，相应的工程成本也是一个庞大的数值。因此，在项目建设前针对项目全生命周期进行成本预测，减少不必要的人力资源、材料资源的消耗，提高资源的利用率等方面的研究是必要的。

人工神经网络技术由于具备学习能力和推理能力，在项目数据库和 BIM 模型信息的支持下，根据时间维度和成本维度的影响，能给项目成本预测提出一套最优的实施方案。经过 BIM 模型的信息采集、神经网络学习训练和结果修正后，基于人工神经网络的模式能够快速生成一套基于时间、成本维度的成本预测结果，以及对应的方案实施路线，从而实现成本预测和优化，并减少实际建设过程中出现的资源浪费问题。

9.4.5　智能监测与运维管理

(1) 智能监测

① 传感器技术与数据采集。智能监测与维护在土木工程中的实现离不开传感器技术的应用。传感器的应用使得工程结构能够实时、精准地获取各种数据。加速度、位移、温度等

多种传感器的联合使用，为结构健康的全面监测提供了可靠的数据基础。这些传感器通过实时数据采集，为工程师提供了对结构状态的深入洞察，从而为智能监测奠定了坚实的技术基础。

② 人工智能在结构健康监测中的应用。传感器采集到的庞大数据需要通过人工智能技术进行高效分析和处理。人工智能在结构健康监测中的应用主要包括数据挖掘、模式识别和预测分析。通过深度学习等技术，系统能够识别结构的异常行为，提前发现潜在问题。人工智能还可以实现对结构性能的实时评估，为工程师提供及时的决策支持，降低维护成本，提高结构的安全性。

③ 智能维护系统的设计与实施。基于传感器技术和人工智能的结构监测为智能维护系统的设计提供了基础。智能维护系统通过对结构健康数据的分析，能够实现对结构状况的自动评估，并提出相应的维护建议。这种系统不仅能够实现故障的早期预警，还可以优化维护计划，提高维护效率。通过实时监测和智能维护系统，土木工程可以实现更加可持续和智能的运营管理。

(2) 运维管理：数据驱动下的精细化运营

建筑运维阶段，同样是新技术大显身手的舞台。依托物联网技术，电梯、空调、照明、消防系统等建筑设备得以互联互通，实时采集运行数据并上传至智慧运维平台。

① 基于大数据分析和AI算法，运维人员可以对设备运行状态进行实时监测和故障预测。例如，通过分析电梯运行的速度、加速度、门开关次数等数据，提前预测电梯可能出现的故障，及时安排维修，避免电梯故障事件发生。对于空调系统，根据室内外温度、湿度以及人员活动情况，自动调整空调运行参数，在实现节能降耗的同时，提高室内舒适度。

② 数字孪生技术在运维管理中也发挥着重要作用。它通过构建与真实建筑完全一致的虚拟模型，实时反映建筑实体的运行状态。运维人员可以在虚拟模型上进行各种模拟操作，如设备维修模拟、应急演练模拟等，提前制订最佳运维方案。同时，数字孪生模型还能结合历史数据和实时数据，对建筑的能耗、结构健康状况等进行分析评估，为建筑的可持续运营提供决策支持。

③ 在能源管理方面，新技术助力建筑实现节能减排目标。智能电表、水表、气表等设备实时采集能源消耗数据，通过能源管理系统进行分析和优化。例如，根据建筑不同区域的使用情况和能源消耗规律，自动调整照明、空调等设备的开启时间和功率，实现能源的合理分配和高效利用。建筑能耗大模型可以根据天气、人员、运行情况等更智能地预测建筑能耗，通过合理预测可以更好地节能。

借助移动互联网和物联网技术，运维人员可以通过手机APP随时随地接收设备报警信息、查看设备运行数据、进行远程操作等。例如，当消防系统检测到火灾隐患时，能立即向相关运维人员发送手机推送通知，运维人员可以通过APP查看现场视频监控，远程启动消防设备进行处理，大大提高运维响应速度和效率。

目前在建设行业，AI与BIM的结合在多个环节有广泛应用，为建设全生命周期持续创造价值。随着AI技术的不断发展和集成，未来的工程建设将朝着更高效、更智能、更可持续的方向发展！

BIM与AI的深度融合已超越技术叠加，成为建筑业提质增效的核心引擎。在政策与技术的双轮驱动下，掌握“国产平台＋跨界协同＋智能算法”能力者将引领行业新生态。

本章思考题

1. 什么是人工智能？
2. 人工智能的核心技术基础是什么？
3. 智能协同的概念与内涵是什么？
4. 基于智能协同的行业发展现状如何？
5. 智能协同的未来趋势如何？
6. 智能协同工程的应用体现在哪些方面？

在线习题

第 10 章 BIM 工程实例——项目应用效果及 BIMbase 建模操作

10.1 工程实例一

10.1.1 项目概况

天津 117 大厦项目位于天津高新区中央商务区，见图 10-1。总建筑面积 84.7 万 m^2，总用钢量 27.9 万 t，混凝土用量 61 万 m^3。天津 117 大厦的主塔楼高度为 597m，为中国结构第一高楼。

图 10-1 天津 117 大厦全景

天津 117 大厦主塔楼的结构形式为巨型框架-核心筒-巨型斜撑结构。塔楼首层建筑平面的尺寸由 65m 沿竖向逐渐内收至约 45m，结构平面长宽比为 1 ∶ 1。项目承建方式采用采购-施工总承包模式。项目总承包主要分为三部分内容，分别是：

① 自行完成的工程：主体结构、防水工程、砌筑工程、保温工程、装饰工程等；

② 业主认可的分包内容：幕墙、电梯、弱电、停车场系统等；

③ 业主指定的分包：自来水、有线电视、燃气、变配电等。

10.1.2 BIM 技术的应用

BIM 技术的应用体现在策划体系、专项应用体系和综合管理体系这三大体系中。

(1) 策划体系

主要包括应用目标、应用范围、实施标准、组织架构、软硬件配置等。

① 管理目标。通过 BIM 技术的应用实现提高深化设计的质量和效率；提高总承包管理能力；

提高现场施工方案的科学性及合理性；提高工程实施中的协调管理能力和信息沟通效率等。

② 应用范围。项目在全生命周期中的应用范围主要体现在规划、设计、施工和运维等方面。

③ 实施标准制定。主要包括 BIM 实施导则、BIM 系统技术标准等。还包括与项目相关的实施方案、工作规范、模型标准、交付标准等。

④ 软件配置。项目采用 Revit、MagiCAD、Tekla、Navisworks、广联达算量软件、BIM5D 等软件进行工程模型的构建及应用。

(2) BIM 专项应用体系

BIM 专项应用体系主要包括模型创建、碰撞检查、优化设计、预制加工、施工协调、三维算量等。

① 各专业模型构建

图 10-2　土建专业模型

a. 土建专业。土建专业模型采用 Revit 软件构建，见图 10-2。

项目中，BIM 建模采用了分层、分专业的模型绘制原则，将建筑模型与结构模型分开绘制，最后整合为一体，见图 10-3。

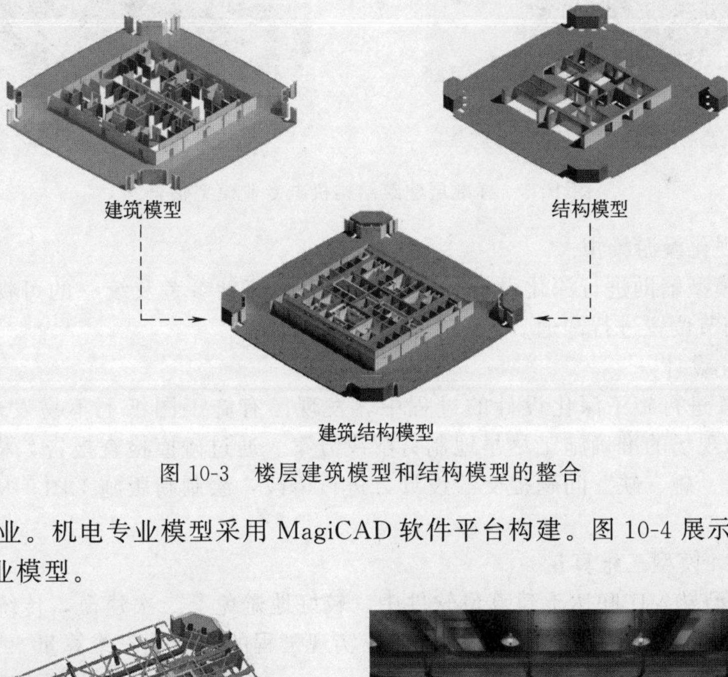

图 10-3　楼层建筑模型和结构模型的整合

b. 机电专业。机电专业模型采用 MagiCAD 软件平台构建。图 10-4 展示了用 MagiCAD 制作的机电专业模型。

图 10-4　MagiCAD 制作的机电专业模型

c. 钢结构专业。钢结构专业模型采用 Tekla 软件平台构建。

② 多专业模型整合

项目各专业通过使用统一的建模标准实现了模型轻量化。标准层建筑结构机电专业模型整合见图 10-5。

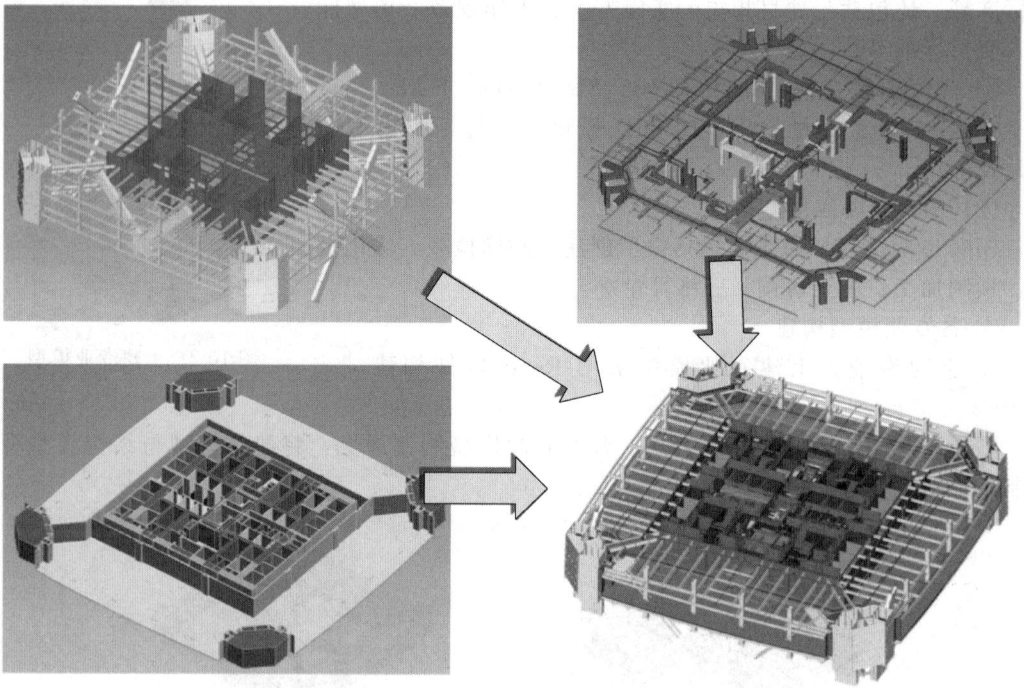

图 10-5　标准层建筑结构机电专业模型整合

③ 三维可视化漫游模拟

基于 BIM 模型辅助进行深化设计，提供了精准的信息参考及统一的可视化环境，可有效促进团队对细节位置进行沟通。

④ 三维深化设计

在应用 BIM 进行施工深化设计的过程中，发现已有施工图纸上不易发现的设计盲点，找出关键点，为现场的准确施工尽早地制订解决方案。通过碰撞检查报告，将深化设计图中存在的“错、漏、碰、缺”问题提交给设计方进行修改，绘制新版施工图，从而更好地指导工程施工。

⑤ 基于 BIM 模型三维算量

将 Revit 模型导入广联达土建算量软件中，较好地避免了二次建模，传统的算量建模工作变为模型检查，充分利用 BIM 模型的优势，实现工程的智能化三维算量。

⑥ 施工协同管理

在总平面布置、现场施工管理等方面使用三维模型展示的方式，让工程技术人员更直观地对设计意图进行分析和理解。

项目充分利用 BIM 技术，进行虚拟施工，将工程信息整合在一个可视化的三维模型中，直观准确地反映工程细部的施工工艺，对实际施工进度与进度计划实施动态管理，发挥协同效应，缩短工期。

(3) 综合管理体系

通过广联云建立 BIM 信息共享平台，作为 BIM 团队数据管理、任务发布和信息共享的平台。通过信息管理平台，完成计划管理、生产管理、图档管理、合约管理等工作。

同时，在本项目中，借助平板电脑等移动设备，可以实现在施工现场同步浏览模型、及时便捷地发现质量安全问题等信息，便于施工人员在现场更好地指导施工。

10.1.3 BIM 实施应用效果总结

在本项目实施中，BIM 技术展现了巨大优势。主要包括：

(1) 缩减工期

基于 BIM 的进度管理应用，提升项目计划的可行性。通过施工工艺和方案模拟，对施工组织设计及专项施工方案提出优化建议，实现工期优化。

(2) 减少错误

应用 BIM 技术开展深化设计，通过管线综合、碰撞检查提出工程施工优化建议，提前发现图纸设计问题，避免施工过程中的返工，节约项目成本。

(3) 统一标准

统一标准包括统一数据交互标准，统一各专业建模规范，统一 BIM 工作规范、流程和制度，统一 BIM 成果交付标准，从而规范了后续大型项目的 BIM 施工准则。

(4) 高效协同

通过 BIM 模型直观、准确地展现施工过程、关键节点、现场问题细节，进行可视化方案交底，大幅提高了沟通效率。

10.2 工程实例二

10.2.1 项目概况

龙湖金融岛项目位于国家中心城市郑州的核心地段——郑东新区北龙湖，由日本建筑大师矶崎新领衔规划设计，被称为“河南陆家嘴”（图 10-6）。金融岛包含内环和外环，内环 19 栋，外环 24 栋。中国建筑第五工程局有限公司承接外环 8 个地块，建筑业态为酒店、公寓、5A 级写字楼，地下 4 层，地上 22 层，建筑高度 99.8m，总建筑面积约 88 万 m^2，合同额约 50 亿元。

图 10-6 金融岛项目实景图

本项目难点主要体现在以下五个方面。

① 工程为省级地标建筑，社会关注度高，质量目标为鲁班奖，施工质量要求高。

② 项目参建单位众多，有6家建设单位、5家监理单位、30余家设计单位、100多家分包单位，总包管理难度大。

③ 工程周边为现有龙湖，临湖而建，地下水位高，深基坑工程及防水工程是施工难点。

④ 本项目地下室由外侧的4层与外环路相连，内侧紧邻地下综合管廊，同时，受到3条穿湖隧道、2条地铁线、4个地铁车站的相互影响。

⑤ 各地块地下结构相连为一个基坑，深基坑面积约12万m^2，深度14.5m，施工难度大。

10.2.2 BIM应用内容

本项目通过应用BIM技术得到了显著效益。经统计，项目运用BIM技术发现各专业碰撞约3900个，优化图纸约1500张，可预测经济效益约550万元，时间效益约50天；借助BIM技术，实现全员懂BIM，达到熟练操作的水平，培养了更多的BIM专业技术人才。

BIM应用的内容主要体现在以下四个方面。

① 通过创建全专业三维模型，进行土建、机电等各专业碰撞检测、图纸深化优化，充分发挥BIM的应用价值。

② 针对本项目复杂深基坑工程止水帷幕、土方开挖、内支撑拆除等关键工序进行深度模拟，分析不利因素，优化施工方案，指导现场顺利施工。

③ 借助BIM5D平台进行项目管理的综合应用，为项目增值赋能。

④ 结合项目特点，探索BIM＋VR＋AR、深基坑计算分析、BIM＋进度云、BIM＋轻量化平台应用研究，探索数字工地建设新方向，实现现场零星用工、物资验收、进度计量等数据资料实时上传、自动归集。

10.2.3 BIM实施过程

(1) BIM技术应用

根据项目预先制订的BIM建模标准流程，创建土建、机电等标准化模型，为BIM技术扩展提供基础数据。建模过程中，各模型文件、构件按楼栋、专业、楼层、构件编号进行统一命名，统一管理，为BIM技术拓展应用提供了模型基础。如模型文件命名格式为：项目简称-创作者-专业-楼号-分层．后缀。建立专业色彩选用标准，避免颜色碰撞。同时，针对不同设计院的图纸及相同设计院不同专业的图纸，定义通用坐标系，统一轴网文件，选定地下室外墙边线角点作为基点，保证模型整合准确无误。

(2) 图纸会审及深化

① 土建专业图纸会审及深化。项目建模过程中，发现重大图纸问题15个，如BIM工作人员在建模过程中发现负四层换撑板带下存在狭小半封闭区间，即肥槽（图10-7）。外侧为排桩，内侧为地下室外墙，顶部有间隙性换撑板带，肥槽宽度仅为0.5～1m，工人作业面狭小，材料、器械等堆放、周转困难，施工难度大。

图10-7 项目肥槽部位的深化模型

由于本项目基坑开挖条件发生变化，需对原基坑设计图纸进行变更，利用基坑计算软件进行三维受力分析，找到基坑变形最大的部位，确定基坑危险点的具体位置。经四方研讨确定，拟在上述危险点处增加型钢斜撑，利用BIM技术对型钢斜撑进行三维排布

（图 10-8），见缝插针，避让内支撑及主体结构框架梁柱，共增加型钢斜撑 48 根，出具型钢布置图 2 张。

② 机电专业图纸会审及深化。针对机电工程进行专业间管线碰撞检查、管线综合排布（图 10-9），特别是在复杂区域，利用三维模型可以快速高效地发现 CAD 图纸中存在的“错、碰、漏、缺”等各种问题，避免返工，形成图纸会审记录 500 多条，形成管线综合优化图纸 50 余张。

图 10-8 型钢斜撑的三维排布

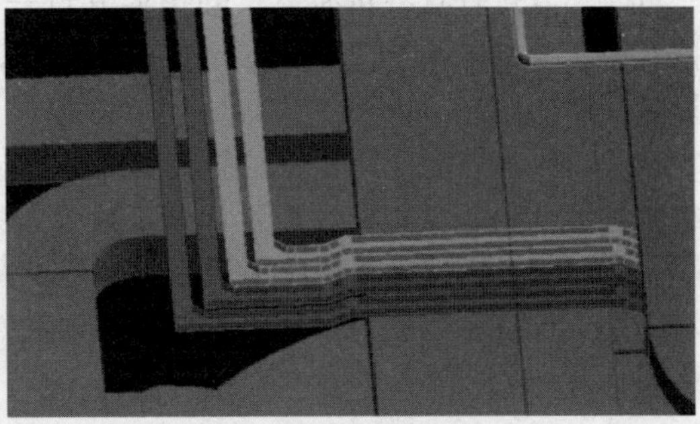

图 10-9 管线综合排布

(3) 场地布置及优化

本项目深基坑设计有一道钢筋混凝土内支撑，塔吊位置需避开内支撑，同时还要避开主体结构框架梁、柱，并满足顶升附壁和后期拆除要求，布置难度极大。通过基坑支护图纸与主体结构图纸整合并建立群塔模型进行优化，实现塔吊的布置优化（图 10-10）。

图 10-10 塔吊位置优化

10.2.4 BIM 综合应用

项目引入广联达 BIM5D 平台，在生产、进度、施工日志、劳务用工、质量安全和工程量管理等方面综合应用，为项目增值赋能。

① BIM5D 平台将巡检排查过程可视化、标准化，有针对性地对风险源进行排查，排查记录清晰准确可追溯，达到了零安全事故的管理目标。

②将生产任务与模型挂接，将进度任务指定到人，实现进度精细化管理，有效避免了施工任务不清晰、生产管理混乱等现象的发生。通过 BIM5D 平台自动整合生产信息并生成施工日志，解决了施工日志编写困难、记录信息不准确等问题。

③利用移动端设备记录现场每个施工流水工种的人员数量，一方面为生产经理在劳务用工投入方面提供数据依据；另一方面有效避免了劳务纠纷风险。通过 BIM5D 平台进行工程量统计，方便快捷，促进项目工程量精细化管控，减少现场材料浪费。

10.2.5 BIM技术研究

①BIM+VR+AR技术研究。应用VR技术，设置3间VR安全体验馆，对现场人员进行安全体验、教育、交底。利用15个三维质量样板代替实体样板，并开发手机APP，实现现场人员随时随地进行样板学习及交底。目前，虚拟质量样板APP已升级至3.0版本，样板库也在不断完善和更新。

②深基坑计算分析研究。利用深基坑计算软件进行深基坑三维受力分析，找到土方开挖、内支撑拆除等工况下的基坑变形危险点，形成作业指导书，指导现场土方开挖和内支撑拆除顺序。

③BIM+进度云计算。结合BIM5D平台数据，研发进度云计算平台，结合项目特点，编制进度计划，反算资源配置计划，减少人为推算导致的人力、物资浪费。

④BIM+轻量化平台应用研究。通过共享BIM5D平台的零星用工、进度计量、人员投入、物资设备等数据，实现资源管理实时化、便捷化、轻量化，为项目成本归集及核算提供数据支撑。

10.3 工程实例三

10.3.1 项目概况

某高层住宅小区项目共11栋楼，建筑总面积约12.3万m^2，地下室面积2.36万m^2，地上楼栋建筑面积9.67万m^2（包含小区主出入口大门、小区配套工程、配套商业或公建）。

本工程项目的特点及应用BIM的优化如下：

① 场地狭小，运输和周转难度大。应用BIM技术，优化场地空间布置。

② 二次结构砌体工程砌筑量大，质量要求高。应用BIM技术，提高效率。

③ 本项目采用木模板施工，木模板施工用量大，常规技术手段难以较为精准地控制木模板工程量。采用BIM技术对木模板进行精细化管理。

④ 施工周期短、班组多，管理难度大，需要施工模拟和进度计划把控。

⑤ 现场文明施工要求高。应用BIM技术，结合标准化，对施工现场进行标准化布置，通过可视化技术全面提高对工程临建的质量安全管理。

10.3.2 项目的BIM应用目标及应用方案

(1) 项目的BIM应用目标

项目BIM目标主要包括以下三点。

① 通过施工现场布置的三维方案，保证现场临建施工质量、安全与规范。

② 有针对性地对重难点专项工程的施工工艺工序动画推演。

③ 通过必要的BIM项目协同管理平台，提升项目数字化管理标准。

(2) BIM的应用方案

在BIM技术应用实施方面，运用BIMMAKE等一系列软件，实现BIM应用方案有效落地，主要体现在：

① BIM建模：依据设计图纸及相关规范，构建建筑、结构、机电（含给排水、暖通、电气等）等全专业的BIM模型，满足协同设计与后续应用深度要求。

② 施工场地策划：基于场地条件与施工方案，创建三维施工现场布置模型。

③ 渲染效果制作：对完成的关键区域或整体 BIM 模型进行可视化渲染处理，生成高质量、具有真实感的效果图，用于方案展示、汇报及宣传。

④ 二次结构砌体深化设计：对砌体填充墙等二次结构进行精细化设计，出具包含砌块排布图、构造节点详图的深化图纸，并精确统计相应砌体工程量。

⑤ 木模板深化设计：针对混凝土构件（如墙、柱、梁、板），进行木模板体系深化设计，形成面板拼装图、支撑体系布置方案及节点详图，并精确计算模板材料消耗量。

⑥ 进度管控：编制详细的施工进度计划，绘制清晰的网络图/模型（如关键路径法 CPM），用以指导施工、分析关键节点并进行动态跟踪调整。

⑦ 工序动画制作：利用 BIM 模型制作关键施工工艺或复杂节点的三维可视化工序动画，直观展示施工流程与技术要点，辅助技术交底与施工指导。

⑧ 数字化项目管理平台：应用数字化项目管理平台，实现 BIM 模型、深化图纸、进度计划、工序动画等过程成果的集中存储与实时上传，有效跟踪项目进展并加强平台数据管理。

10.3.3　BIM 主要应用过程及成果

(1) BIM 建模

本项目为高层住宅项目，单体多，工期短，前期建模压力大。BIM 工程师利用广联达 BIMMAKE 软件，将项目 GTJ 算量模型进行转换，并在 BIMMAKE 中输出实物量进行对比分析，为项目提供数据参考，保障数据准确性。图 10-11 为 BIM 建模造价 GTJ 模型和清单工程量表，图 10-12 为 BIMMAKE 模型和构件混凝土工程量统计表。

清单工程量 ▾　设置分类条件　选择工程量　设置批量导出　显示房间、组合构件量

	混凝土强度等级	楼层	名称	土建汇总类别	工程量名称										
					体积(m3)	模板面积(m2)	脚手架面积(m2)	截面周长(m)	梁净长(m)	轴线长度(m)	梁侧面面积(m2)	截面面积(m2)	截面高度(m)	截面宽度(m)	高大模板体积(m3)
1	C30	第-2层	KL1(2#汽车坡道)	梁	2.091	17.1402	30.5876	3.6	11.4511	18.739	13.6168	0.36	1.2	0.6	0
2				小计	2.091	17.1402	30.5876	3.6	11.4511	18.739	13.6168	0.36	1.2	0.6	0
3			KL2(2#汽车坡道)	梁	2.1008	16.9804	31.9376	1.8	11.9565	13.8813	13.8738	0.18	0.6	0.3	0
4				小计	2.1008	16.9804	31.9376	1.8	11.9565	13.8813	13.8738	0.18	0.6	0.3	0
5			KL3(2#汽车坡道)	梁	1.0499	7.5564	18.9	1.6	7	7.5	6.9024	0.15	0.5	0.3	0
6				小计	1.0499	7.5564	18.9	1.6	7	7.5	6.9024	0.15	0.5	0.3	0
7			KL4(2#汽车坡道)	梁	2.1	15.1685	37.7997	4.8	13.9999	15.1611	14	0.45	1.5	0.9	0
8				小计	2.1	15.1685	37.7997	4.8	13.9999	15.1611	14	0.45	1.5	0.9	0
9			L1(2#汽车坡道)	梁	1.0497	7.463	18.8943	1.6	6.9979	7.3479	6.9979	0.15	0.5	0.3	0
10				小计	1.0497	7.463	18.8943	1.6	6.9979	7.3479	6.9979	0.15	0.5	0.3	0
11			L2(2#汽车坡道)	梁	2.1012	15.1358	37.8	3.2	14	14.7248	14.016	0.3	1	0.6	0
12				小计	2.1012	15.1358	37.8	3.2	14	14.7248	14.016	0.3	1	0.6	0
13			小计		10.4926	79.4443	175.9192	16.6	65.4054	77.3541	69.4069	1.59	5.3	3	0
14		小计			10.4926	79.4443	175.9192	16.6	65.4054	77.3541	69.4069	1.59	5.3	3	0
15			10#KL10(2)	梁	0.545	5.3847	14.1695	1.4	5.4498	5.8515	4.99	0.1	0.5	0.2	0
16				小计	0.545	5.3847	14.1695	1.4	5.4498	5.8515	4.99	0.1	0.5	0.2	0
17			10#KL102(1)	梁	0.1874	1.5151	3.975	1.5	1.5	1.6946	1.5001	0.125	0.5	0.25	0
18				小计	0.1874	1.5151	3.975	1.5	1.5	1.6946	1.5001	0.125	0.5	0.25	0
19			10#KL103(1)	梁	0.128	1.216	4.16	1.2	1.6	1.8	1.28	0.08	0.4	0.2	0
20				小计	0.128	1.216	4.16	1.2	1.6	1.8	1.28	0.08	0.4	0.2	0
21			10#KL104(1)	梁	1.97	11.397	27.58	1.8	9.85	10.2	9.55	0.2	0.5	0.4	0
22				小计	1.97	11.397	27.58	1.8	9.85	10.2	9.55	0.2	0.5	0.4	0
23			10#KL107(1)	梁	0.3132	1.6105	6.2869	1.6	2.3724	2.4724	2.4509	0.1375	0.55	0.25	0
24				小计	0.3132	1.6105	6.2869	1.6	2.3724	2.4724	2.4509	0.1375	0.55	0.25	0

图 10-11　BIM 建模造价 GTJ 模型和清单工程量表

(2) 施工场地策划与效果渲染

BIM 工程师在项目中，应用 BIMMAKE 对现场场地布置进行建模（图 10-13）和三维检查，保证各施工阶段施工场地的高利用率、高周转性、安全性及便捷性。通过 BIM 建模，与技术负责人反复沟通确认，完成整体三维场地布置模型。利用 BIMMAKE 的渲染能力，提升三维展示效果。

(3) 二次结构、砌体深化设计

BIM 工程师使用 BIMMAKE 软件，一键可以排布整片墙体（图 10-14～图 10-16），快速便捷，并可以生成 CAD 施工图和工程量。细部施工图用于进行事前材料加工和技术交

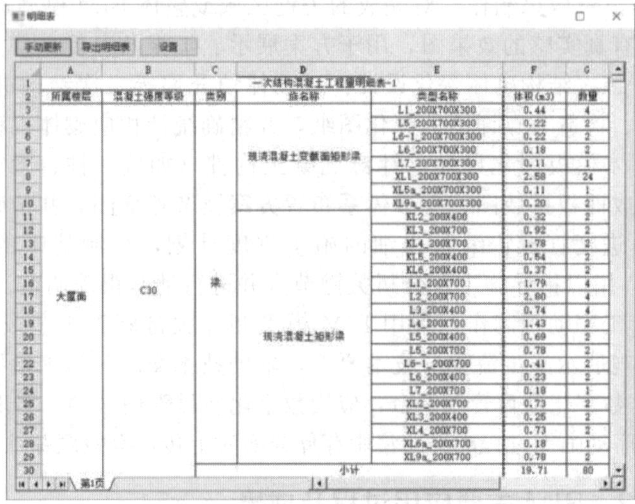

一次结构混凝土工程量明细表-1						
所属楼层	混凝土强度等级	类别	族名称	类型名称	体积(m3)	数量
大屋面	C30	梁	现浇混凝土变截面矩形梁	L1_200X700X300	0.44	4
				L5_200X700X300	0.22	2
				L6-1_200X700X300	0.22	2
				L6_200X700X300	0.18	2
				L7_200X700X300	0.11	1
				XL1_200X700X300	2.58	24
				XL5a_200X700X300	0.11	1
				XL9a_200X700X300	0.20	2
			现浇混凝土矩形梁	KL2_200X400	0.32	2
				KL3_200X700	0.92	2
				KL4_200X700	1.78	2
				KL5_200X400	0.54	2
				KL6_200X400	0.37	2
				L1_200X700	1.79	4
				L2_200X700	2.80	4
				L3_200X400	0.74	4
				L4_200X700	1.43	2
				L5_200X400	0.69	2
				L5_200X700	0.78	2
				L6-1_200X700	0.41	2
				L6_200X400	0.23	2
				L7_200X700	0.18	1
				XL2_200X700	0.73	2
				XL3_200X400	0.25	2
				XL4_200X700	0.73	2
				XL6a_200X700	0.18	1
				XL9a_200X700	0.78	2
		小计			19.71	80

图 10-12 BIMMAKE 模型和构件混凝土量统计表

图 10-13 BIMMAKE 对现场场地布置进行建模

底，减少砌筑中材料的损耗，提高了施工效率，避免了返工修补导致的浪费和工期延误，BIM 成果落地到项目现场，为项目创造价值。

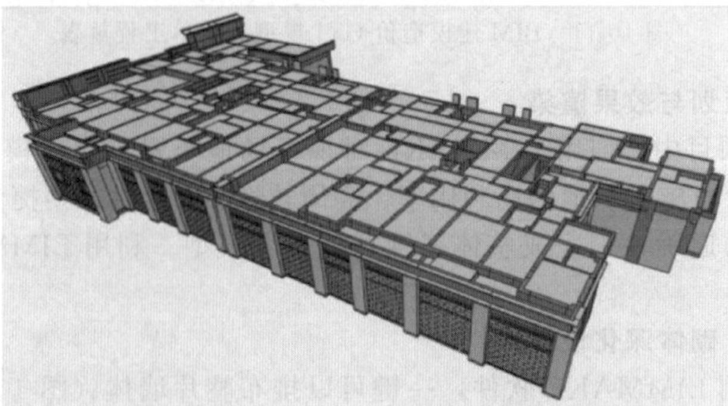

图 10-14 单楼层砌体排布

图 10-15　单墙排布结果

图 10-16　现场实际砌块排布

(4) 木模板深化设计

现场采购核量参考 BIMMAKE 模板深化量，实现了模板材料的精细化管理。本项目要求二层以上使用铝合金模板，首层使用木模板。在以往项目中，由于缺乏精细工程量的参考依据，浪费量较大。BIM 工程师与技术负责人交流技术要求与参数后，使用 BIMMAKE 软件一键整层配模（图 10-17），导出详细配料表，为项目提供了采购与核量的精细化参考依据。

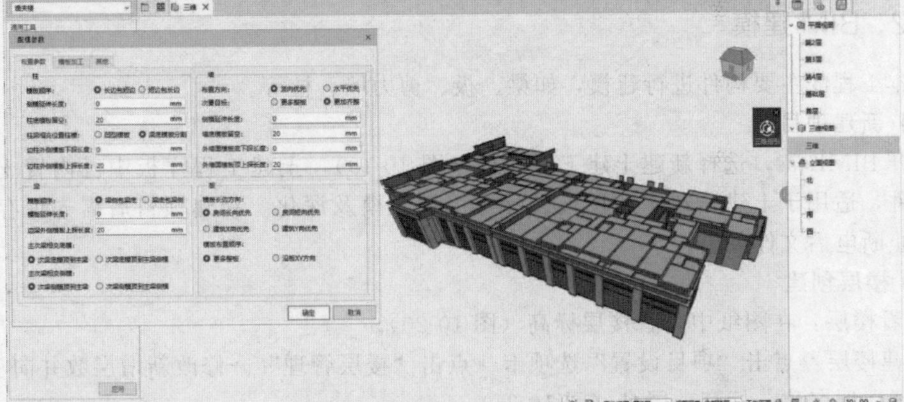

图 10-17　木模板排布示意图

(5) 进度管控、工序动画、数字项目管理

BIM 工程师通过斑马进度制作施工进度计划网络图，利用前锋线保障了项目工期，使用 Revit 完成了项目机电模型的创建，利用 BIMMAKE 工序动画制作了重要节点工序，并且在全过程中，及时将成果上传至集团项目管理平台，实现了集团、项目、员工三方对项目的数字化跟踪与管理，保障了项目整体目标的达成。

10.3.4 效益与意义

在项目实施中，BIM 工作与技术工作同步推进，其应用有效避免了返工，节省工期 20 天。通过精细化管理砌体与模板材料，项目提升了经济效益，节约费用 10 余万元。借助 BIMMAKE 软件，成功实现了多方面 BIM 施工应用的落地。同时，本项目对普通高层住宅项目 BIM 要求与标准的实践，以及对低投入、高产出的企业施工 BIM 模式的探索，均具有示范意义。

10.4 BIMBase 建模操作

10.4.1 工程概况

本项目为某在建公共建筑，包括地下 2 层、地上 12 层。其中地下 2 层为车库、消防水池水泵房、配电室、设备用房等配套用房；地上 1～3 层为门厅、接待及自用房；地上 4～6 层功能为住宿休息用房。地上 7～10 层功能为接待、会议、学习、图书室、培训、办公等用房；地上 11、12 层，功能为办公、储藏室、接待室、更衣室等。屋顶机房层为楼梯间、电梯机房、水箱间等附属用房。图 10-18 为项目立面效果图。

图 10-18　项目立面效果图

工程总建筑面积为 32781.19m^2，建筑高度为 47.40m（室外地坪至女儿墙高度），地下机动车车库及停车位共计 138 个，建筑设计使用年限为 50 年，建筑类别为一类高层公共建筑，民用建筑工程设计等级为一级。

10.4.2 BIM 建模

对本工程的主要构件进行建模，如梁、板、剪力墙、柱等。

(1) 新建项目

打开 BIMBase，选择新建土建工程样板（图 10-19），土建工程样板中已内置土建工程常用构件，适用于土建、砌体和模板设计等工程建模及深化。新建项目后需先保存项目文件，防止断电后文件丢失。

(2) 楼层创建

① 看楼层：在图纸中查看楼层标高（图 10-20）。

② 建楼层：点击“项目设置”选项卡→点击“楼层管理”→修改新增层数并向上插入 1 层→设置楼层名称、标高、层高（图 10-21）。

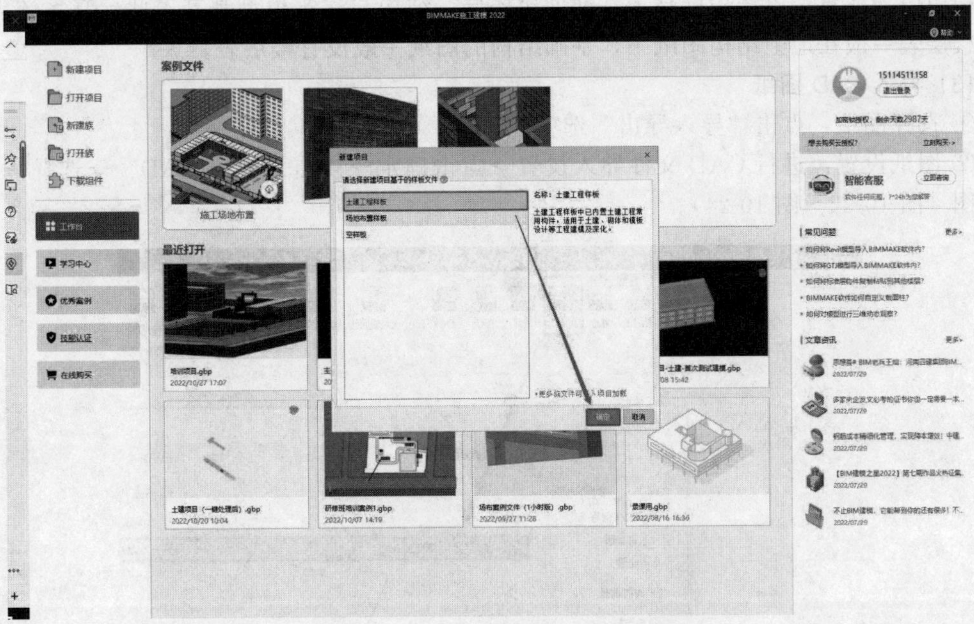

图 10-19　新建土建工程样板

屋面	9.000	
3	6.000	3.00
2	3.000	3.00
1	0.000	3.00
层号	标高 /m	层高

图 10-20　构面楼层标高

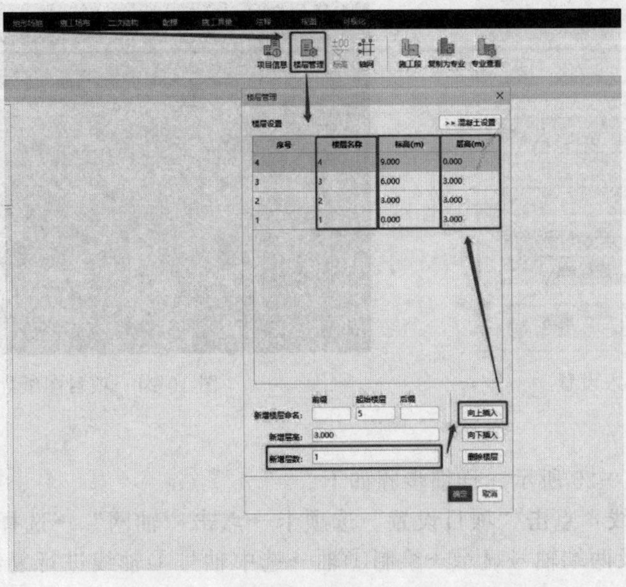

图 10-21　设置楼层名称、标高、层高

在建模中应当注意，以结构标高为基准创建楼层，结构与建筑模型都基于此标高系统创建；结构楼层表一般在地上结构图纸中，基础结构的图纸一般没有楼层表。

（3）导入 CAD 图纸

① 选择图纸：点击“导入导出”选项卡。

② 图纸设置：进行 CAD 文件导入设置→点击确定→点击“导入 CAD”→选择一层柱平面图（图 10-22～图 10-24）。

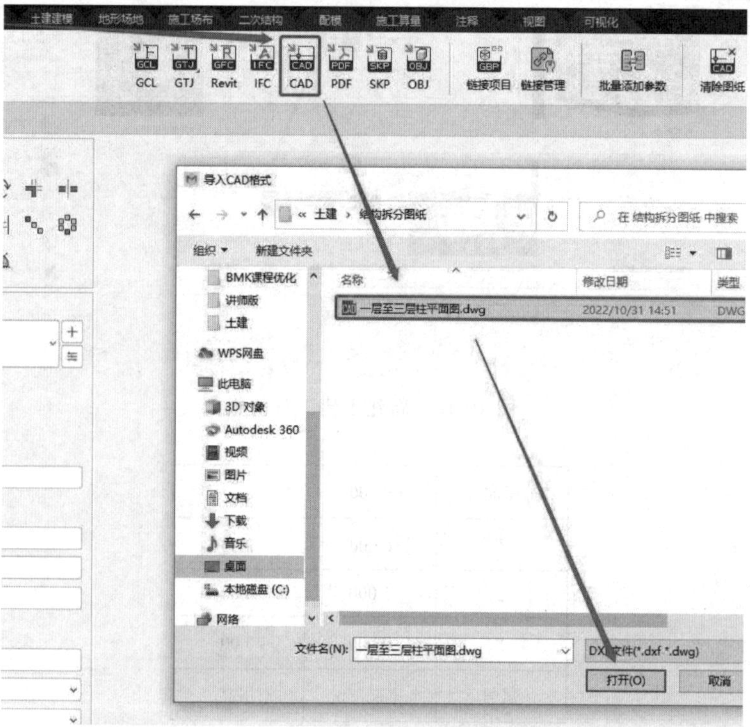

图 10-22　导入项目图纸

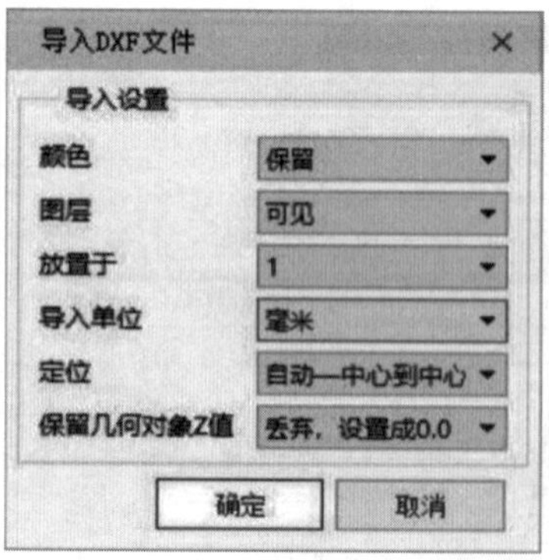

图 10-23　导入设置

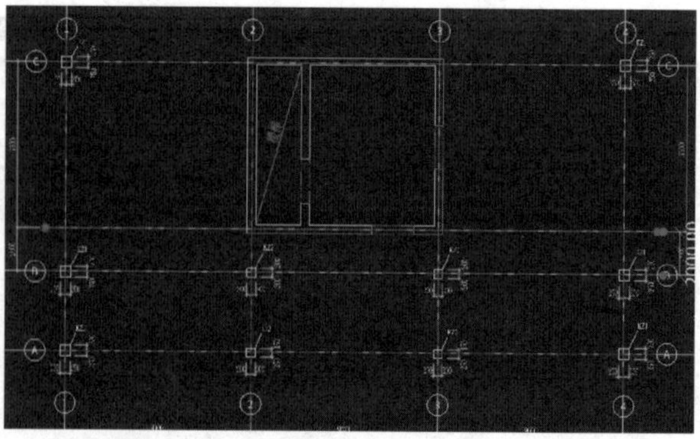

图 10-24　项目图纸导入后

（4）创建轴网

创建轴网如图 10-25 所示。详细步骤如下。

① 绘制竖向轴线：点击“项目设置”选项卡→点击“轴网”→选择绘制方式→在左侧面板中设置轴号①及两端轴号显示→绘制①轴→选中轴号①轴线进行复制，依次对②、③、④、⑤轴号进行粘贴。

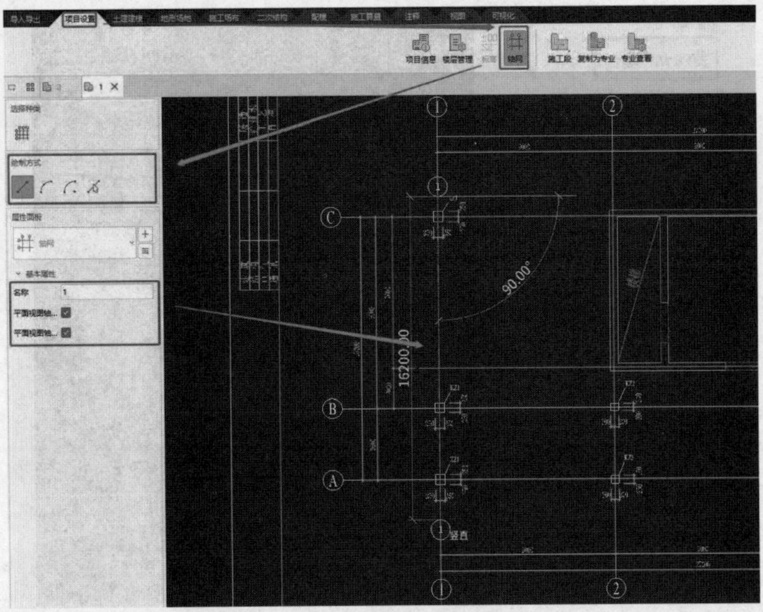

图 10-25　编辑轴网信息

② 绘制水平轴线：绘制轴线Ⓐ→在左侧面板中将轴号改为Ⓐ→选中轴号Ⓐ轴线进行复制，依次粘贴Ⓑ、Ⓒ、Ⓓ轴号。

③ 绘制辅助轴线：复制一条轴线至辅助轴线上→在左侧面板中将名称改为“辅助轴线1”→去掉两端轴号显示。

(5) 土建构件的创建

① 柱

创建柱类型：切换至 1 层平面视图→点击“土建建模”选项卡→点击“绘制柱”→在左侧面板中点击“”→命名→设置尺寸（400×400、500×500），如图 10-26 所示。

放置：在左侧面板中勾选左下角点→将底部标高关联至 1 层，顶部标高关联至 2 层→点击布置，如图 10-27 所示。

图 10-26　创建柱类型

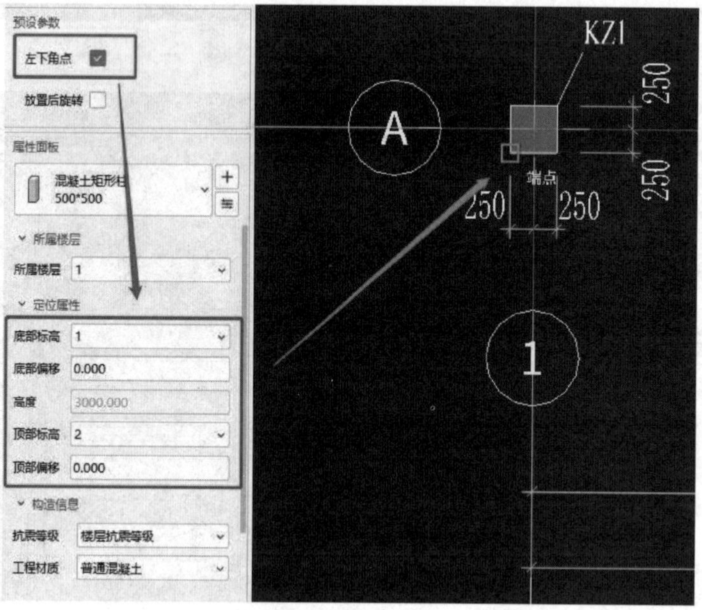

图 10-27 放置柱

② 剪力墙

图纸准备：导入 1 层剪力墙图纸（图 10-28）→隐藏 1 层柱图纸。

创建类型：点击“土建建模”选项卡→点击“墙”→在左侧面板中点击“+”→命名→设置厚度（墙 1 厚度 400mm、墙 2 厚度 300mm）。

放置：在左侧面板中勾选“内边线”→将底部标高关联至 1 层，顶部标高关联至 2 层→画线布置。如图 10-29 所示。

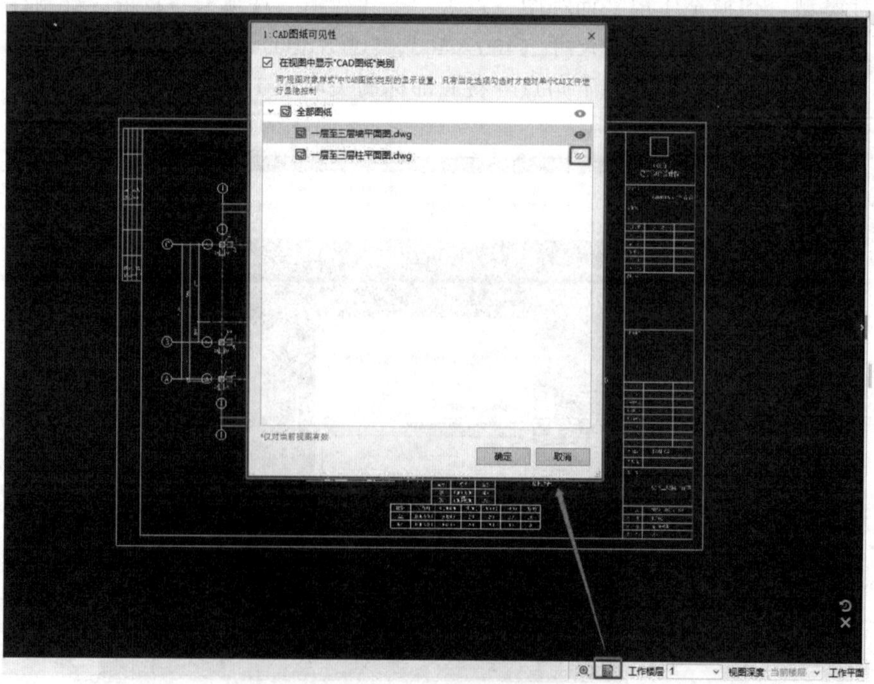

图 10-28 导入剪力墙图纸

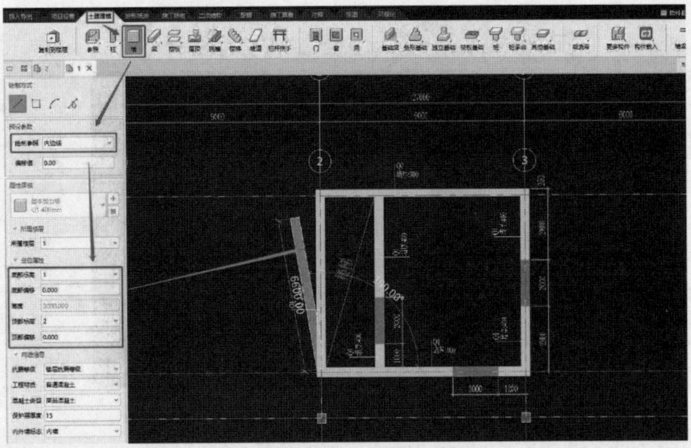

图 10-29　创建并放置剪力墙

③ 梁

图纸准备：切换至 2 层平面视图→导入 2 层梁图纸。

创建类型：点击“土建建模”选项卡→点击“绘制梁”→在左侧面板中点击“创建类型”→命名→设置尺寸。创建梁类型如图 10-30 所示。

放置：预设参数中，绘制参照选择内边线→划线布置 1 道 KL1→选中 1 道 KL1→右键点击选择“创建类似实例”，如图 10-31 所示。

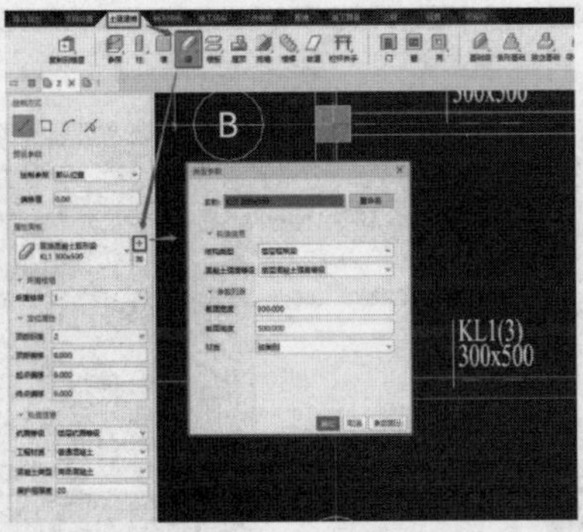

图 10-30　创建梁类型

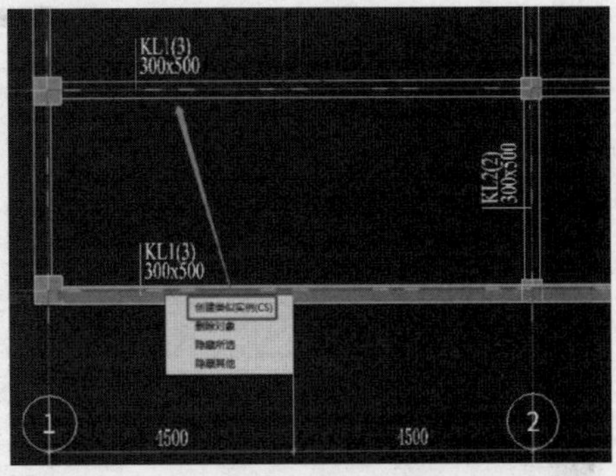

图 10-31　放置梁

④ 板

图纸准备：导入 2 层板图纸→隐藏 2 层板图纸。

创建类型：点击“土建建模”选项卡→点击“绘制楼板”（图 10-32）→在左侧面板中点击“创建类型”→命名→设置厚度。

放置：选择绘制方式（直线绘制）→绘制板轮廓线，如图 10-33 所示。

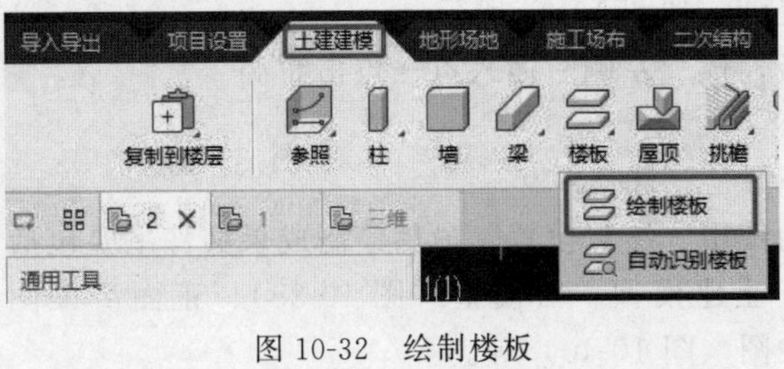

图 10-32　绘制楼板

第 10 章

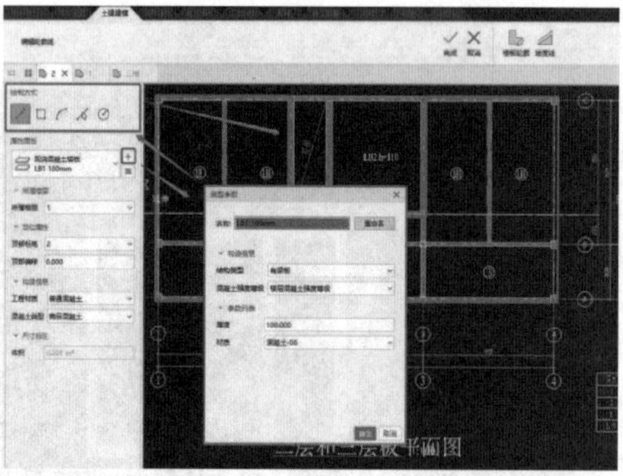

图 10-33 绘制板轮廓线

⑤ 砌体墙

图纸准备：切换至 1 层平面视图→导入首层平面图→隐藏 1 层其他图→右侧显示过滤中，将梁、楼板的眼睛标识勾掉。如图 10-34 所示。

创建类型：点击“二次结构”选项卡→点击“砌体墙”→在左侧面板中点击“创建类型”→命名→设置厚度。如图 10-35 所示。

放置：在左侧面板中选择“内边线”→将底部标高关联至 1 层，顶部标高关联至 2 层→画线布置。

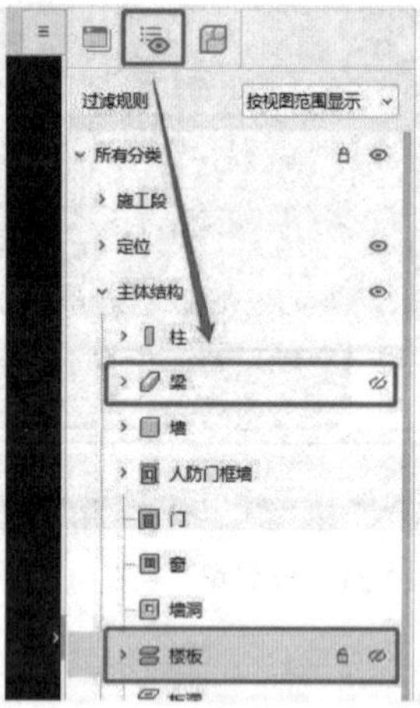

图 10-34 隐藏其他构件

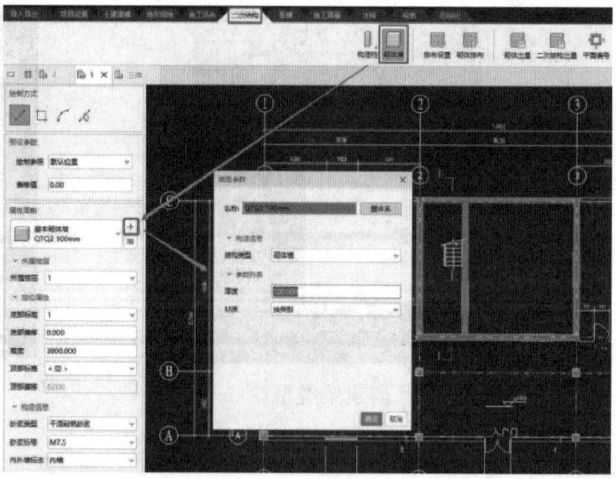

图 10-35 创建砌体墙并设置厚度

(6) 门、窗

创建类型：点击“土建建模”选项卡→点击“门”/“窗”→在左侧面板中点击“创建类型”→命名→设置尺寸，如图 10-36 所示。

放置：在左侧面板勾选“左侧”插入点→点击布局。

10.4.3 建模成果

本工程通过软件的使用、参数设置，最后绘制成果文件主要包括：地下结构模型、主体结构模型（图 10-37)、土建模型、云模型（图 10-38)、正面渲染图、鸟瞰图（图 10-39)、道路渲染图、环境渲染图（图 10-40）等。

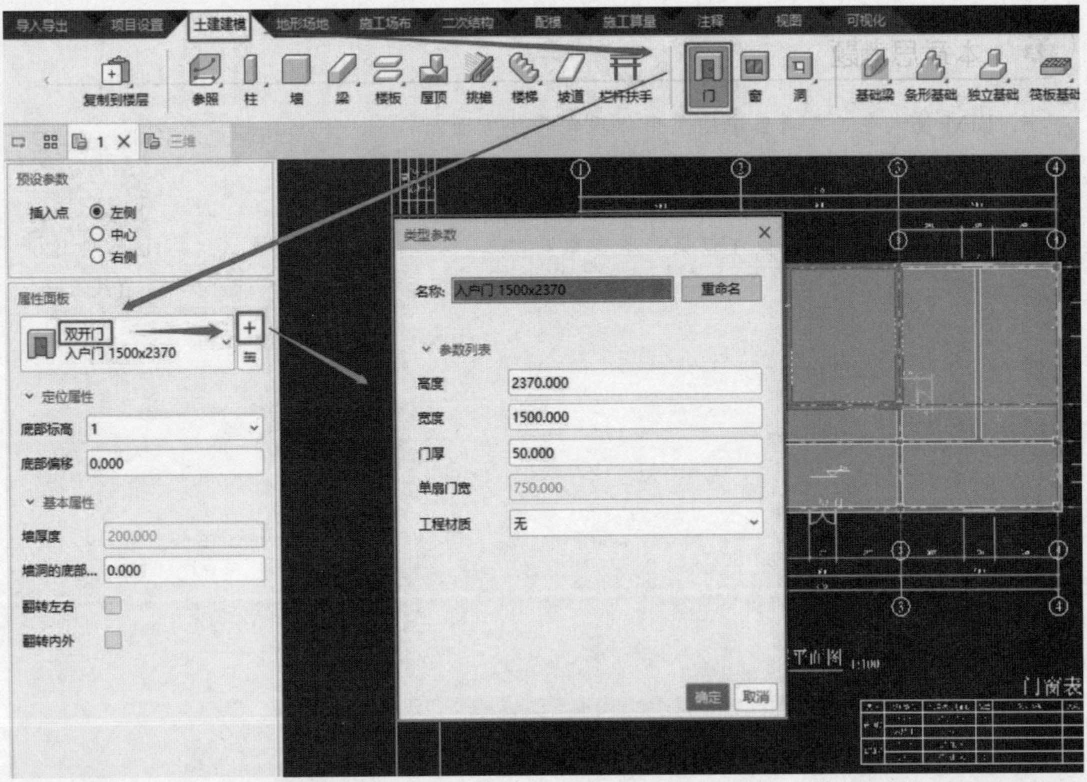

图 10-36　创建门类型

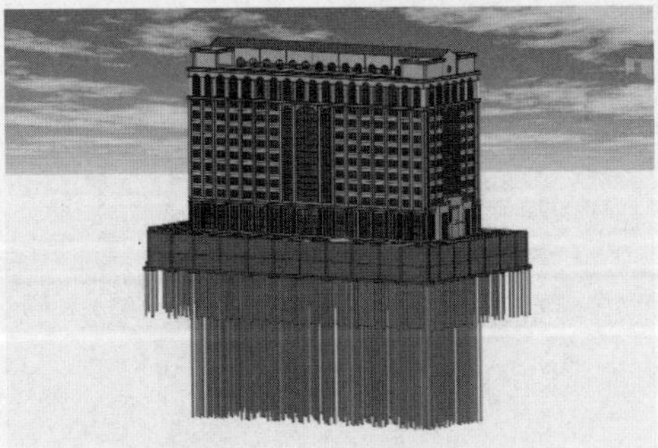

图 10-37　主体结构模型

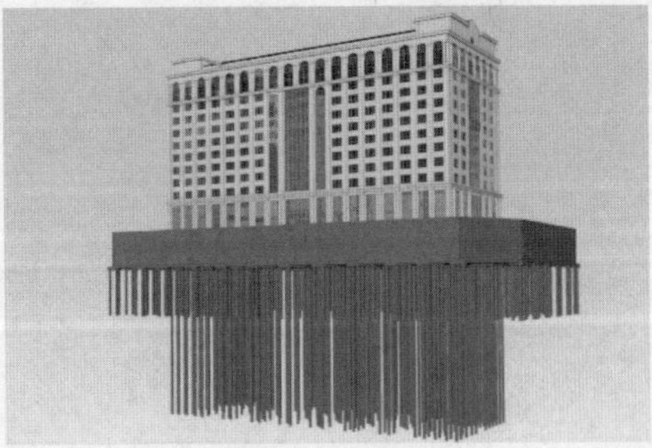

图 10-38　云模型

图 10-39　鸟瞰图

图 10-40　环境渲染图

本章思考题

1. BIM 技术在工程项目中的应用体现在哪些方面？
2. BIM＋VR＋AR 技术在工程项目中有哪些应用？
3. 工程项目中 BIM 技术的应用目标如何设定？
4. BIMBase 软件建模操作包括哪些步骤？

在线习题

参考文献

［1］ 中华人民共和国住房和城乡建设部．建筑信息模型应用统一标准 GB/T 51212—2016［S］．北京：中国建筑工业出版社，2017．

［2］ 中华人民共和国住房和城乡建设部．建筑信息模型施工应用标准 GB/T 51235—2017［S］．北京：中国建筑工业出版社，2018．

［3］ 中华人民共和国住房和城乡建设部．建筑信息模型分类和编码标准 GB/T 51269—2017［S］．北京：中国建筑工业出版社，2018．

［4］ 中华人民共和国住房和城乡建设部．建筑信息模型存储标准 GB/T 51301—2018［S］．北京：中国建筑工业出版社，2019．

［5］ 李楠，张东宁．装配式建筑施工［M］．北京：化学工业出版社，2022．

［6］ 刘占省，张雪峰．BIM 基本理论［M］．北京：机械工业出版社，2018．

［7］ 黄奇帆，朱岩，王铁宏，王广斌．中国建筑产业数字化转型发展研究报告［M］．北京：机械工业出版社，2018．

［8］ 李建成．BIM 应用·导论［M］．上海：同济大学出版社，2015．

［9］ 许蓁．BIM 应用·设计［M］．上海：同济大学出版社，2016．

［10］ 丁烈云．BIM 应用·施工［M］．上海：同济大学出版社，2015．

［11］ 李云贵．建筑工程施工 BIM 深度应用——信息化施工［M］．北京：中国建筑工业出版社，2020．

［12］ 卫涛，李容，刘依莲．基于 BIM 的 Revit 建筑与结构设计案例实战［M］．北京：清华大学出版社，2017．

［13］ 卫涛．基于 BIM 的 Revit 装配式建筑设计实战［M］．北京：清华大学出版社，2018．

［14］ 卫涛，柳志龙，晏清峰．基于 BIM 的 Revit 机电管线设计案例教程［M］．北京：机械工业出版社，2021．

［15］ 我知教育．Revit＋Lumion 中文版从入门到精通（建筑设计与表现）［M］．北京：清华大学出版社，2019．

［16］ 杨宝明．BIM 改变建筑业［M］．北京：中国建筑工业出版社，2016．